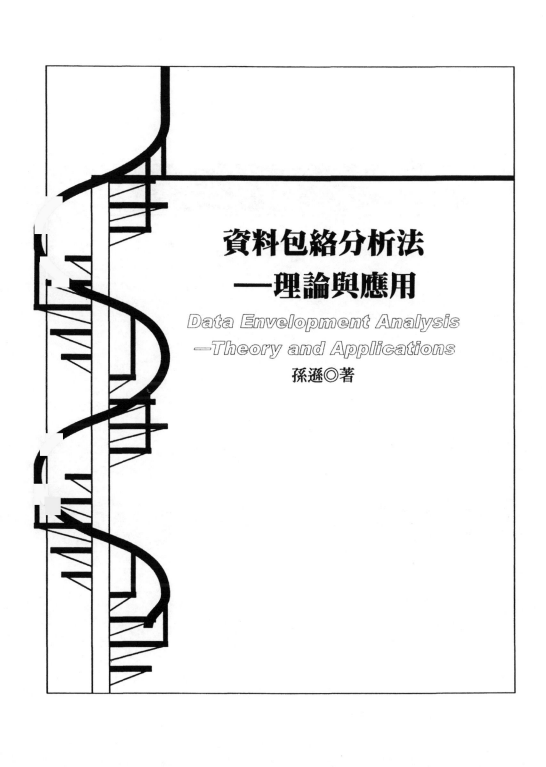

資料包絡分析法
—理論與應用

Data Envelopment Analysis
—Theory and Applications

孫遜◎著

本書獻給

吾妻——淑茜與子女——婷及文禮

序言

　　資料包絡分析法（Data Envelopment Analysis, DEA）係由 Charnes, Cooper and Rhode 於 1978 年所提出，以生產邊界（production frontier）作為衡量效率的基礎，並以數學模式求得生產邊界，且無須預設生產函數模式，可以將目標之投入、產出資料透過數理規劃模式，求出生產邊界，將各決策單位（decision making unit, DMU）之實際資料與生產邊界比較，即可衡量出各決策單位之相對效率及相對無效率的程度，及達到相對效率的改善建議目標。

　　截至今日，許多學者針對實務需要發展出其他 DEA 模式，國際知名期刊已刊登出許多篇應用 DEA 來評估企業或非事業營利機構生產力與績效管理的文章，國外也有出版 DEA 理論與應用的研究專書。然而，國內對 DEA 理論與應用卻無專書做系統的介紹。因此在不瞭解 DEA 理論狀況下，研究者常作錯誤引用與分析。為此本書作者嘗試為國內學術界與實務界撰寫一本有關於 DEA 的專書，以理論介紹為基礎，實務應用為導向，不涉及過多數理推導，應用部分採本土化個案研究，使讀者淺顯易懂。

　　本書內容以學術研究者與實務業者為主體，其目的在於提供讀者有關 DEA 理論的最新發展及實務應用。為達此目的，本書的撰寫參考國際期刊最近有關 DEA 理論與應用研究成果，深入淺出的介紹 DEA 基本理論，並藉由實例說明，使得讀者能成功地將 DEA 理論應用至管理實務中。

　　本書共二篇，十章與八個案。第一篇為理論篇，對 DEA 理論做

系統介紹，共有 10 章。第 1 章緒論、第 2 章 CCR 模式、第 3 章 DEA 替代模式、第 4 章規模報酬、第 5 章 DEA 延伸模式、第 6 章 DEA 特性、限制與應用程序、第 7 章 DEA 軟體、第 8 章 DEA 書籍與相關網站、第 9 章 DEA 文獻目錄（1978-2003）、第 10 章績效評估方法。第二篇為應用篇，共計八個案。本篇以八個本土化個案為研究對象，採不同 DEA 模式來分析其營運績效，使得讀者能瞭解 DEA 之應用。個案 1 台北市綜合醫院營運績效評估、個案 2 電腦數位控制車床評選、個案 3 國內航空公司營運績效評估、個案 4 台北市聯營公車經營績效評估、個案 5 陸軍聯合保修場維修績效評估、個案 6 國管院各系所辦學績效評估、個案 7 我國製造業生產力評估、個案 8 台灣地區地方法院檢察署辦案績效評估。

　　本書得以完成，作者首先要感謝揚智文化給予作者這次著作的機會；其次要感謝中國技術學院的支持；再來要感謝作者所指導的國防管理學院研究生方楠、胡信正、梅興邦、陳俊杰、陳武宏、張江忠、邱淑菁、成詩雅、鄭大星、張舒斐的參與本書中資料與文獻的蒐集與整理；同時要感謝筆者內人的體諒與鼓勵，使得作者可以全心投入完成著作。

　　最後，作者雖以戒慎恐懼的態度來撰寫本書，然疏漏之處在所難免，尚請碩學先進不吝指正。

孫遜　謹識

於中國技術學院企管系

shinn.sun@msa.hinet.net

0928-821-097

目錄

理論篇

第 1 章　緒論

1.1 Farrell 效率觀念

Farrell(1957)提出〈生產效率衡量(the measurement of productive efficiency)〉一文，以「非預設生產函數」代替「預設函數」來預估效率值，奠立資料包絡分析法理論基礎。本小節將該篇文章理論要點做一探討，陳述如下。

他首先提出以生產前緣衡量效率的觀念，利用線性規劃（ mathematical programming ）的方法求出確定性無參數效率前緣（ deterministic non-parametric efficiency frontier ），即效率生產函數（ efficiency production function)。「確定性」係指企業體之技術水準相同，面對相同的生產前緣線。而「無參數效率前緣」則指未對投入與產出間預設某種特定生產函數。

他於文中提出三個主要的基本假設：

一、生產前緣（ production frontier ）是由最有效率的單位構成，較無效率的單位皆在此邊緣之下。

二、固定規模報酬（ constant returns to scale, CRS ）增加一單位的投入，可以得到一等比例之產出。

三、生產邊界是突向（ convex ）原點的，每點之斜率皆為負值。

利用實際被評估單位與效率前緣的相對關係求出被評估單位的效率值，衡量出的效率稱為技術效率（technical efficiency）。技術所謂技術效率是指企業在現有的技術上，以一定水準投入項目所能產生的最大可能產出。落在生產前緣線上的被評估單位，則稱為有效率單位，其效率值為 1。若再考慮成本函數之項目價格比，則可求出價格效率（price efficiency）。價格效率係指在既定的價格比率與技術效率下，投入項目之成本為所有項目組合中之最低。同時達到為技術效率及價格效率則稱之為總效率（overall efficiency），總效率為技術效率及價格效率二者的乘積。即 OE = TE ×PE，其中 OE 是總效率、TE 是技術效率、PE 是價格效率，圖 1.1 說明三種效率之關係。

假設使用二項投入 X_1、X_2，一項產出 Y，I I'為滿足技術效率的等產量曲線（isoquant），表示生產一單位 Y 所需要 X_1-X_2 的最小可能生產組合;另假設 X_1-X_2 價格比固定（KK'斜率表示）的情形下，此時 C 點之技術效率為 OB/OC，價格效率為 OA/OB，總效率為 = OA / OC，即總效率為技術效率與價格效率之乘積，表示如下：

$$OE \quad = \quad TE \quad \times \quad PE$$
$$OA / OC = (OB / OC) \times (OA / OB)$$

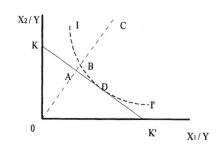

對於 C 點而言
TE = OB / OC
PE = OA / OB
OE = OA / OC

對於 D 點而言
TE = OD / OD = 1
PE = OD / OD = 1
OE = 1
總效率為 1

圖 1.1　Farrell 效率前緣圖

以圖 1.1 來看，如果想改善 C 點的技術效率值，在同樣產出之下必須減少投入，使原投入組合點由 C 點移至 B 點，此時該決策單位在技術上有效率，但價格上仍無效率；唯有將投入組合點由 B 點移至 D 點，方可同時滿足技術效率與價格效率最大。

Farrell（1957）以「非預設生產函數」觀念建立數學規劃模式，評估美國 48 州農業之技術效率。其評估方法主要在於相對概念，即在 48 州資料中找出生產最有效率的樣本，組成最有效率平面（等產量曲面），其他各州每單位產出投入由最有效率樣本加權平均，找出最佳情況鄰近樣本組合，取其組合係數總和之倒數為效率。

Farrell 的研究建立了 DEA 非預設生產函數方式衡量效率的雛形，然而其處理之問題仍僅限於單一產出的情況。直到 Charnes, Cooper and Rhodes（1978）依據 Farrell（1957）之效率衡量觀念，建立了一般化之數學模式，使正式定名為資料包絡分析法（DEA）。它利用了 Farrell and Fieldhouse （1962）的包絡線（envelope）理論及

Farrell（1957）的確定性無參數法，發展出一種用來評估多投入與多產出的相對效率值。相關的 DEA 理論與模式，將討論於本書理論篇各章中。

1.2 DEA 基本觀念

資料包絡分析法（DEA）係以生產邊界（product frontier）作為衡量效率的基礎，並以數學模式求得生產邊界，且無須預設生產函數模式，可以將目標之投入、產出資料透過數學模式，求出生產邊界，將各決策單位（decision making unit, DMU）之實際資料與生產邊界比較，即可衡量出各決策單位之相對效率及相對無效率的程度，及達到相對效率的改善建議目標。

包絡線（envelopment）是 DEA 效率評估模式的理論基礎。在經濟意義上是指最有利的投入產出所形成的前緣，即「基於投入資料，決定之最大產出」藉由直線或是曲線將這些效率單位連結起來，構成之效率前緣線（efficiency frontier），將這些效率單位包絡起來。

DEA 是由所有被評比對象形成的集合中，找尋各決策單位投入項及產出項之權數，使得各決策單位在相同限制條件下，達到最大的效率。在限制式完全相同情況下，將每一決策單位的投入與產出當作目標式來求得最大效率值。

DEA 方法在幾何學意義上的解釋，是利用包絡線原理，將所有決策單位的投入項與產出項投射到空間中並尋找其最低的邊界（效率前緣線）。凡是落在邊界上的 DMU，表示其投入與產出組合是有效率

　　的；若是落在達界右邊的 DMU，則表示其投入與產出組合是無效率的，而效率前緣係以所有樣本資料(包括有效率與無效率的樣本)採線性規劃的方法求出。我們可以用簡單的一項產出，二項投入的工廠為例，來說明效率前緣的觀念。假設現在有六家生產工廠使用不同人力工時組合（如技師、一般工人）的投入以生產出相同的產品，這些資料與圖示如表 1.1 與圖 1.2 所示。

表 1.1　生產工廠投入產出表

決策單位	投入項		產出項
	(X_1)	(X_2)	Y
A	1	6	1
B	2	3	1
C	4	2	1
D	6	2	1
E	3	6	1
F	5	5	1

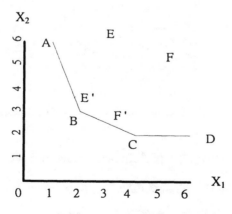

圖 1.2　工廠效率分布圖

　　圖 1.2 上每一點代表每家生產工廠為達成相同產出水準之下所使用不同組合的投入。A 工廠使用 1 單位的 X_1，與 6 單位的 X_2。B 工廠使用 2 單位的 X_1，與 3 單位的 X_2。C 工廠使用 4 單位的 X_1，與 2 單位的 X_2。D 工廠使用 6 單位的 X_1，與 2 單位的 X_2 的投入組合。而 E 工廠使用 3 單位的 X_1，與 6 單位的 X_2，與 A、B 兩家工廠比較之下，E 工廠明顯使用過多的投入。同理亦適用於 F 工廠，與 B、C 兩家工廠比較明顯使用過多的投入。因此 A、B、C、D 比 E、F 使用相對較少的投入以生產相同的產出，是屬於相對有效率生產工廠，並構成一條效率前緣，包絡住比較下相對無效率的工廠 E、F。表 1.2 為各工廠的效率參考組合。

表 1.2　效率參考組合表

決策單位	效率參考組合表	參考次數
A	-	1
B	-	2
C	-	1
D	-	0
E	A、B	
F	B、C	

　　這些效率參考組合的工廠（efficiency reference set, ERS）是線性規劃程式解的基本向量，也就是這些效率參考組合工廠之實際投入與產出構成凸向原點的曲線，將無效率工廠包圍住，形成一條包絡曲線，代表著可以使用與無效率工廠一樣多的投入而生產出相同或更多的產出。換句話說，這些無效率單位的效率參考組合是最接近類似無

效率單位的投入與產出組合。

D 工廠因為沒有其他的工廠可作為比較，在 DEA 的文獻中，稱之為自我評估者（self-evaluator）。當所作的研究中出現許多均自我評估者時，通常表示所選取的樣本具有異質性的資料，或規模大小間具有差異性；進而影響到分析結果的正確性。

對無效率 E、F 工廠而言，從原點連接到 E、F 點，表示該所工廠的實際投入組合；而從原點連接到 E'、F'各點，表示在現有產出水準之下，最佳的投入組合。因此 E 工廠的技術效率等於 OE'/OE，在相同的產出水準之下，為維持現有相同的投入比率，必須分別減少 X_1 與 X_2，使投入與產出移至 E'，以達到有效率的生產，同樣的 F 工廠的技術效率值為 OF'/OF。

1.3 DEA 發展近況

Charnes, Cooper and Rhodes（1978）提出 CCR 模式後，許多學者不斷投入這個研究領域。Seiford（1996）撰寫一篇期刊論文，探討 DEA 的演進。他將 DEA 理論研究歸納為五大區域：一、確定性 DEA 模式；二、隨機 DEA 模式；三、其他理論（如模糊理論、統計學）與 DEA 模式整合；四、是其他方法（如回歸分析、指標分析）與 DEA 之比較研究及五、資料變異與敏感度分析。確定性 DEA 模式是經常被學者與實務界所應用，截自 2000 年為止，計有十三種確定性 DEA 模式。因此，本小節僅針對確定性 DEA 模式之發展，依年代順序，將模式名稱、作者與模式特性重點說明如表 1.3。

表 1.3　確定性 DEA 模式

簡稱	全名	作者 （年代）	模式特性
CCR-I CCR-O	Input/output oriented Charnes-Cooper-Rhodes model	Charnes, Cooper and Rhodes （1978）	在固定規模報酬假設下，運用線性規劃模式辨識有、無效率的決策單位（DMU）。當決策單位效率值為 $\theta<1$ 或 $\theta=1$ 且至少存在一組非零寬鬆變數，稱 CCR 無效率。若 $\theta=1$ 且所有寬鬆變數均為 0，則稱 CCR 效率。本模式缺點乃在評估效率時無法說明是投入過量或產出不足的現象。
Multiplicative	Input/output oriented multiplicative models	Charnes et al.（1983）	假設投入項間、產出項間具有非線性間關係，將 CCR 模式中目標函式與限制式中等變數等加式改為乘積，將目標函式中分子與分母取對數，求出效率值。本模式較少在 DEA 文獻中應用。
BCC-I BCC-O	Input/ output oriented Banker-Charnes-Cooper model	Banker, Charnes and Cooper （1984）	假設在變動規模報酬下，運用線性規劃模式辨識有、無效率的決策單位。連結所有有效率的決策單位的前緣線為折線具有內凹的特性。本模式可解決 CCR 在弱效率下，無法進一步解釋投入過多與產出不足的問題。此模式與 CCR 模式有相同的生產可能性集合與變動，在效率目標方程式直接處理變數寬鬆的問題。
FDH	Free Disposal Hull	Deprins, Simar and Tulkens （1984）	此生產可能集合的投入值至少大於等於相對所觀察的投入值，而產出值小於等於所觀察的產出值。在限制式中加入 $\sum \lambda=1$ 與 $\lambda_j \in \{0,1\}$ 的限制，代表所有觀察 DMU 的權數值不是全部為 0 便是選定唯一真正觀察的 DMU$_j$其權數值 $\lambda_j=1$。因非零寬鬆變數未在目標方程式中出現，表示忽略非零的寬鬆變數或等價地滿足弱效率，可看成指定寬鬆變數為 0。此模式的優點：選擇真正地觀察績效、提供納入選定無效率 DMUs 的評估方式。
Window analysis	Input/output oriented window analysis under constant /variable returns-to-scale	Charnes et al.（1985）	將一固定時間週期視為一個窗口，此時間窗口可當成一個 DMU，藉以來增加 DMU 數量。其中時間週期，可以月、季、半年或、全年為一窗口。

（續）表 1.3　確定性 DEA 模式

簡稱	全名	作者（年代）	模式特性
NCN-I-C NCN-I-V NCN-O-C NCN-O-V	Input/output oriented uncontrollable (non-discretionary variable models under constant /variable returns-to-scale	Banker and Morey（1986a）	將無法藉管理改善的變數與可藉由管理改善的因素分開，修改 CCR model 為 NCN model。
CAT-I-C CAT-I-V CAT-O-C CAT-O-V	Input/output oriented categorical variable model of efficiency under constant/ variable returns-to-scale	Banker and Morey（1986b）	區分決策者「無法控制」與「可控制」兩種分類變數（categorical variable）。「無法控制」類別變數－決策者無法藉改善提升至層級較高的類別。「可控制」類別變數－決策者可選擇停留在該類別或是改善提升至層級較高的類別。運用層級分類法（hierarchical category）區別差異程度並分類，以評估決策單位的類別效率。分類模式可與其他效率評估模式合用，如 CCR、 BCC、IRS……等；分類的層級越高，所評估的決策單位數目越多（因包含分類層級較低的決策單位）；代表可控制資訊越多，生產可能集合越大。處理「無法控制的類別變數」最低層級類別僅須評估此類別的決策單位的效率，後續提升一個層級後，則須評估此層與最低層兩個層級的決策單位效率，以此類推，到最高層級時，則評估所有決策單位的效率。處理「可控制的類別變數」先組織 H 層或較高層的決策單位集合與被評估的決策單位；若評估決策單位有效率則檢查參考集、參考點與分類層級，並選擇適當的參考點與類別層；若評估決策單位無效率則紀錄在效率前緣的參考集與參考點，若已是最高層級則則檢查參考集、參考點與分類層級，並選擇適當的參考點與類別層。否則提升至 H+1 層重新評估。

（續）表 1.3 確定性 DEA 模式

簡稱	全名	作者 （年代）	模式特性
AR-I-C AR-I-V AR-O-C AR-O-C	Input / output oriented assurance region models under constant/ variable returns-to-scale	Thompson et al.（1986）	考量某些投入或產出項的重要性，在 DEA 限制式中加入某二投入項／產出項權數比率之上下界，來求得效率值。
CR-I-C CR-I-V CR-O-C CR-O-C	Input / output oriented cone ratio models under constant/ variable returns-to-scale	Charnes et al.（1990）	將投入項與產出項權數可行解區域限制於 polyhedral convex cone 中，由藉多維非負向量來表示之。權數可行解區域可由專家判斷或 CCR 中有效率決策單位群之最佳投入項與產出項權數，來作選擇。
Additive	Additive model	Ali and Seiford（1990）	結合 CCR 投入與產出導向兩種模式成為單一模式。與 BCC 模式的生產可能集合與效率前緣線相同。同時考量決策單位投入過多與產出不足情況，找出無效率決策單位與效率前緣線之間的最大距離，即在 ADD 效率下找出無效率決策單位的最適寬鬆變數。本模式無法解決各決策單位有不同投入與產出要素的問題。
CEM	Cross-efficiency method	Doyle and Green（1993）	為從有效率單位中區別出真正有效率者，Doyle and Greeen（1993）修正 Sexton et al.（1986）之模式提出 aggressive and benevolent 方法。目標 DMU 之投入項（產出項）是扣除本身以外，其他 DMUs 投入項(產出項)之總和。再將投入或產出項代入 DEA 模式中，求得效率值。

（續）表 1.3　確定性 DEA 模式

簡稱	全名	作者（年代）	模式特性
Supper efficiency	Supper-efficiency model	Andersen and Petersen（1993）	為從有效率單位中區別出真正有效率者，Andersen and Petersen（1993）修正 Banker et al.（1984）之 BCC 模式，不納入 Slacks。在限制式中，目標 DMU 之投入項與產出項（產出項）是扣除在外，以求得效率值。
SBM-I-C SBM-I-V SBM-O-C SBM-O-V	Input / output oriented slacks-based measure model of efficiency under constant/ variable returns-to-scale	Tone（1997）	將"dimension free"、"units invariant"與"monotone"的性質導入 Additive model 中，以評估各決策單位在不同投入與產出要素基準下效率問題，此效率值稱為 SBM－效率。SBM 效率值範圍從 0～1 涵蓋辨識無效率的決策單位。SBM 效率值不大於 CCR 效率值，若決策單位具 CCR 效率則亦具 SBM 效率反之亦然。
IRS-I IRS-O	Input/output oriented increasing returns-to-scale models	Cooper, Seiford and Tone（2000）	放寬 BCC 模式中凸集（$\sum \lambda =1$）限制，使權數總和介於下界 L 與上界 U 之間，擴大運用的範圍即 $L \leq \sum \lambda \leq U$。如當 $L=0, U=\infty$ 時，對應 CCR 模式；當 $L=U=1$ 時，對應 BCC 模式；當 $L=1, U=\infty$ 即 $\sum \lambda \geq 1$ 時，則為規模報酬遞增模式。可視為產出增加的比例至少與投入增加的比例一樣多。
DRS-I DRS-O	Input/output oriented decreasing returns-to-scale models		當 $L=0, U=1$ 即 $\sum \lambda \leq 1$ 時，則為規模報酬遞減模式。可視為產出增加的比例至多與投入增加的比例一樣多。
GRS-I GRS-O	Input/output oriented generalized returns-to-scale models	Cooper, Seiford and Tone（2000）	當規模報酬可控制於允許容差範圍內，即令權數總和介於 $L \leq 1, U \geq 1$ 之間，則為一般規模報酬模式。

（續）表 1.3 確定性 DEA 模式

簡稱	全名	作者（年代）	模式特性
Bilateral	Bilateral model	Cooper, Seiford and Tone （2000）	比較不同兩群組間之效率，以無母數排序總合檢定（nonparametric rank-sum test）來比較兩群組間之效率差異。
Revenue-C Revenue-V	Revenue efficiency models under constant/ variable returns-to-scale	Cooper, Seiford and Tone （2000）	運用 Cooper et al.（2000）修改 Färe et al. model 增加限制式 $L \leq \sum \lambda \leq U$ ， $\lambda \geq 0$ 。令 $0 \leq \sum \lambda \leq \infty$ 時，可計算在固定規模報酬下的收益效率； $\sum \lambda \leq 1$ 時，可計算在變動規模報酬下的收益效率。此模式允許產出項目可產生替代作用，亦即產出項目不須同時增加。
Cost-C Cost-V	Cost efficiency models under constant/ variable returns-to-scale	Cooper, Seiford and Tone （2000）	運用 Cooper et al.修改 Färe et al. model 增加限制式 $$L \leq \sum \lambda \leq U ， \lambda \geq 0 。$$ $$0 \leq E_C = \frac{c_o Y_o / c_o X_o}{c_o Y^* / c_o X^*} \leq 1$$ 令 $0 \leq \sum \lambda \leq \infty$ 時，可計算在固定規模報酬下的成本效率； $\sum \lambda \leq 1$ 時，可計算在變動規模報酬下的成本效率。此模式允許投入項目可產生替代作用，亦即投入項目不須同時增加。
Profit-C Profit-V	Profit efficiency models under constant/ variable returns-to-scale	Cooper, Seiford and Tone （2000）	Färe et al.（1985）從單位成本與單位利潤的觀點看分配效率（allocative efficiency）。定義限制式 $$Y_r = \sum_{j=1}^{n} Y_{rj}\lambda_j, r = 1,...,s$$ $$X_i = \sum_{j=1}^{n} X_{ij}\lambda_j, i = 1,...,m$$ 中所有變數限制為非零變數， $p_r, c_i > 0$ 代表在目標方程式 x_i, y_r 變數的單位價格與單位成本。Cooper et al.（2000）修改 Färe et al. model 增加一組限制式 $L \leq \sum \lambda \leq U$ 。此模式不允許有替代作用產生，亦即投入產出項須同時減少或增加，且生產可能集合與 Färe et al. model 不同。

（續）表 1.3 確定性 DEA 模式

簡稱	全名	作者 （年代）	模式特性
Ratio-C Ratio-V	Ratio efficiency model under constant/ variable returns-to-scale	Cooper, Seiford and Tone（2000）	結合成本與收益模型建立收益／成本的比例模式， $0 \le E_{RC} = \dfrac{p_o Y_o / c_o Y_o}{p_o Y^* / c_o Y^*} \le 1$，在 $E_{RC} = 1$ 情況下具比 例效率。令 $0 \le \sum \lambda \le \infty$ 時，可計算在固定規模 報酬下的成本效率；$\sum \lambda \le 1$ 時，可計算在變動 規模報酬下的成本效率。
SBM supper efficiency	Slacks-based-measure super efficiency model	Cooper, Seiford and Tone（2000）	修正 Tone（1997）之 SBM 模式，將 Slacks 納入以從有效率單位中區別出真正有效率者。在限制式中，目標 DMU 之投入項與產出項（產出項）是扣除在外，以求得效率值。

1.4 本書架構

　　本書共二篇，理論篇與應用篇。第一篇為理論篇，對 DEA 理論做系統介紹。第二篇為應用篇，其目的在於使讀者瞭解 DEA 之應用與分析，以八個本土化個案為對象，採用不同 DEA 模式來作說明。

　　第一篇理論篇，共有十章（第 1 章～第 10 章）。第 1 章緒論、第 2 章 CCR 模式、第 3 章 CCR 替代模式、第 4 章規模報酬、第 5 章 DEA 延伸模式、第 6 章 DEA 特性、限制與應用程序、第 7 章 DEA 應用軟體、第 8 章 DEA 書籍與相關網站、第 9 章 DEA 文獻目錄（1978-2003）、第 10 章績效評估方法。

　　第二篇應用篇，共計八個個案（個案 1～8）。個案 1 台北市立綜合醫院營運績效評估、個案 2 電腦數位控制車床評選、個案 3 國內航空公司營運績效評估、個案 4 台北市聯營公車績效評估、個案 5 陸軍聯合保修場維修績效評估、個案 6 國管院各系所辦學績效評估、個案 7 我國製造業生產力評估、個案 8 台灣地區地方法院檢察署辦案績效評估。

第 2 章　CCR 模式

2.1 分數規劃模式

　　Charnes, Cooper and Rhodes（CCR）（1978, 1979, 1981）採用固定經濟規模報酬假設，即增加一部分投入，同時會使產出也有相對一部分的增加。假設有一生產可能集合（production possibility set）P，其中 P 有 n 個性質相同（homogeneous）的決策單位（DMU），每一個 DMU_j（ $j = 1, \ldots, n$ ）使用 m 項投入 x_i（ $i = 1, \ldots, m$ ），生產 s 項 y_r（ $r = 1, \ldots, s$ ）。若要評估第 k 個 DMU（以 DMU_k 表示）的效率，則可以下列投入與產出比率求之：

$$h_k = \frac{\sum_{r=1}^{s} u_r y_r}{\sum_{i=1}^{m} v_i x_i}$$

y_r =第 r 個產出項數量；

u_r =第 r 個產出項權數；

x_i =第 i 個投入項數量；

v_i =第 i 個投入項權數。

　　將此一觀念應用到同時 n 個 DMUs 之比較上，Charnes et al.

（1978）以下面分數規劃（fractional programming）模式，估計一個目標 DMU_o 之效率值：

$$\text{maximize: } h_o = \frac{\sum_{r=1}^{s} u_r y_{ro}}{\sum_{i=1}^{m} v_i x_{io}}$$

$$\text{subject to } \frac{\sum_{r=1}^{s} u_r y_{rj}}{\sum_{i=1}^{m} v_i x_{ij}} \le 1; \quad j = 1,\dots,n \quad\quad (2.1)$$

$$v_r, u_i \ge \varepsilon$$

$$r = 1,\dots,s;\ i = 1,\dots,m$$

h_o=目標 DMU 之效率值；

y_{rj}=第 j 個 DMU 之第 r 個產出項數量；

x_{ij}=第 j 個 DMU 之第 i 個投入項數量；

u_r, v_i 定義同前；

ε =非阿基米德常數（non-archimedean constant），即極小的正數；

　其目的是使所有 u_r, v_i 均為正。

第（2.1）式中的限制是每一個 DMU 的「實際產出（virtual output）」與「實際投入（virtual input）之比值，其值介於[0,1]之間，不應超過 1。u_r, v_i 之最佳值係由（2.1）式估計各 DMU 之效率值中所獲得，不需由決策者事前決定。h_o=1，則此受評估 DMU 有效率；$h_o < 1$，則受評估 DMU 為無效率。由於在（2.1）模式中，每

一 DMU 皆要以其投入與產出當作目標函數一次，而其他 DMU 的投入與產出則均當成限制式，故以此種方法估計效率是公平的、客觀的，屬於相對比較。

2.2 線性規劃模式

由於（2.1）之分數規劃模式非線性劃模式，求解不易。為將分數規劃模式轉換為線性劃模式，可先令（2.1）目標函式中之分母 $\sum_{i=1}^{m} v_i x_{io} = 1$，在將之加入限制式中。原（2.1）限制式中之不等式，分子與分母各乘以 $\sum_{i=1}^{m} v_i x_{ij}$，即可得修正之線性規劃模式：

$$\text{maximize} \quad h_o = \sum_{r=1}^{s} u_r y_{r0}$$

$$\text{subject to} \quad \sum_{r=1}^{s} u_r y_{rj} - \sum_{i=1}^{m} v_i x_{ij} \leq 0 \qquad (2.2)$$

$$\sum_{i=1}^{m} v_i x_{io} = 1$$

$$-u_r \leq -\varepsilon$$

$$-v_i \leq -\varepsilon$$

模式（2.2）提供經濟學上的聯繫，因為目標在追求最大實際產出，受限於單位實際投入且實際投入不超過實際產出的條件。Charnes et al. (1985) 指出這意謂者滿足經濟學上所謂的 Pareto 最佳化條件，

因為最大效率值的增加，僅可藉由某些投入項數量的增加或某些產出項數量的減少而達成。

2.3 對偶命題

Boussofiane et al.（1991）指出，在模式（2.2）中，因變數個數（m+s）小於限制式個數（n+s+m+1），故將（2.2）式轉換成對偶命題（dual），可以減少限制式的個數為（s+m），使得該模式的計算更具有效率。（2.2）式之對偶命題（dual）為：

$$\text{minimize} \quad \theta - \varepsilon(\sum_{i=1}^{m} s_i^- + \sum_{r=1}^{s} s_r^+)$$

$$\text{subject to} \quad 0 = \theta x_{io} - \sum_{j=1}^{n} x_{ij}\lambda_j - s_i^- \qquad (2.3)$$

$$y_{ro} = \sum_{j=1}^{n} y_{rj}\lambda_j - s_r^+$$

$$\lambda_j, s_i^-, s_r^+ \geq 0, \quad \text{for } i = 1,\ldots,m; \; r = 1,\ldots,s; \; j = 1,\ldots,n$$

s_i^- =第 i 個投入項之差額變數；

s_r^+ =第 r 個產出項之差額變數；

λ_j =第 j 個 DMU 之權數，其目的在為被評估 DMU 提供所有產出項的上界限制與所有投入項的下界限制；

$\theta = DMU_o$ 所有投入量等比率所減之尺度（scale）；

其餘變數定義同前。

受評估 DMU_o 的 CCR 效率可能會出現下列三種結果：

1. 若 θ <1，則判定 DMU_o 無 CCR 效率。

2. 若 $\theta = 1$，但 s_i^- 或（且）s_r^+ 不為 0，則 DMU_o 具發散效率（radial efficiency）或稱弱效率（weak efficiency），不具 CCR 效率，即 Farrell 效率。

3. $\theta = 1$ 且 s_i^-、s_r^+ 為 0，DMU_o 具 CCR 效率，即稱為 Pareto-Koopmans 效率。Pareto-Koopmans 效率係指一個有效率 DMU 若且唯若改善其任一投入或產出，不會使得某些投入或產出變得更差。

　　若僅改變投入（或產出）項比例，便可達到有效率，則稱該 DMU 具技術無效率（technical inefficiency）。不僅改變投入（或產出）項的比例，且須減少部分投入項數量或增加部分產出項數量，才會達到有 CCR 效率，則稱該 DMU 具混合無效率（mixed inefficiency）。

2.4 參考群體與效率改善

一、參考群體

　　對於無效率之 DMU_o 而言，可經由與有效率之參考集合（reference set）做比較，得知其為何被評估為無效率的原因。無效率 DMU_o 參考集合（reference set）E_o 界定如下：

$$E_o = \{j \mid \lambda_j^* > 0\} (j \in \{1, \ldots, n\}). \tag{2.4}$$

其最佳解可以下面等式表示：

$$\theta^* x_o = \sum_{j \in E_o} x_j \lambda_j^* + s^{-*} \tag{2.5}$$

$$y_o = \sum_{j \in E_o} y_j \lambda_j^* - s^{+*} \tag{2.6}$$

（2.5）與（2.6）式可被解釋為：

1. $x_o \geq \theta^* x_o - s^{-*} = \sum_{j \in E_o} x_j \lambda_j^*$

   $x_o \geq$ technical – mix inefficiency ＝正的觀察投入量組合 （2.7）

2. $y_o \leq y_o + s^{+*} = \sum_{j \in E_o} y_j \lambda_j^*$

   $y_o \leq$ 觀察產出量+產出短缺 ＝ 正的觀察產出量組合 （2.8）

二、效率改善

當 DMU 評估結果為無效率時，DEA 利用將各有效率單位邊界點連接起來形成一個效率邊界的方式，並以此邊界作為效率衡量的基礎，經由對各產出及投入項作差額變數分析，可提供各決策單位在目前經營情況下，有關資源使用情形的資訊，不但可做為目標設定的基準，亦可瞭解受評估單位尚有多少改善空間。對一無效率之 DMU_o，其投入產出為（x_o, y_o）。要改善其效率，在投入項需減少 θ^* 之比值與過多的 s^{-*}；在產出項需增加短缺的 s^{+*}。淨投入改善 Δx_o 與淨產出改善 Δy_o 可由下面二個計算式求得：

$$\Delta x_o = x_o - (\theta^* x_o - s^{-*}) = (1 - \theta^*) x_o - s^{-*} \tag{2.9}$$

$$\Delta y_o = s^{+*} \tag{2.10}$$

因此，無效率 DMU_o 之效率邊界投射（CCR projection）為：

$$\hat{x}_o = x_o - \Delta x_o = \theta^* x_o - s^{-*} \leq x_o \tag{2.11}$$

$$\hat{y}_o = y_o + \Delta y_o = y_o + s^{+*} \geq y_o \tag{2.12}$$

三、範例

　　為了說明如何運用參考群體與差額變數來改善無效率決策單位，假設一生產可能集合有五個決策單位，一個投入項與一個產出項，如表 2.1 所示。

表 2.1　範例 2.1

DMU	P1	P2	P3	P4	P5
Input	2	3	6	9	5
Output	2	5	7	8	3

經由模式（2.3）計算，可得各決策單位之 θ, λ, s^-, s^+：

1.決策單位 P1 之 $\theta^* = 0.6$, $\lambda_D^* = 0.4$, $s^{-*} = s^{+*} = 0$。

2.決策單位 P2 為有效率單位。

3.決策單位 P3 之 $\theta^* = 0.36$, $\lambda_D^* = 0.6$, $s^{-*} = s^{+*} = 0$

4.決策單位 P4 之 $\theta^* = 0.36$, $\lambda_D^* = 0.6$, $s^{-*} = s^{+*} = 0$

5.決策單位 P5 之 $\theta^* = 0.36$, $\lambda_D^* = 0.6$, $s^{-*} = s^{+*} = 0$

再使用（2.11）與（2.12），可求得無效率決策單位之改善空間。

說明如下：

1.決策單位 P1 之 $\hat{x} = 0.4 \times 3 = 1.2$（-40%）；$\hat{y} = 2$（無改變）

2.決策單位 P3 之 $\hat{x} = 0.7 \times 6 = 4.2$（-30%）；$\hat{y} = 7$（無改變）

3.決策單位 P4 之 $\hat{x} = 0.53 \times 9 = 4.8$（-46.67%）；$\hat{y} = 8$（無改變）

4.決策單位 P5 之 $\hat{x} = 0.36 \times 5 = 1.8$（-64%）；$\hat{y} = 3$（無改變）

圖 2.1 說明效率改善與差額變數關係，P2 點位於效率前緣線上。
以 P5 為例，為改善其效率值，P5 點需移到效率前緣線上的 P5CCR
點，此時 P5CCR 點的效率值等於 1，成為相對有效率的單位。而投
入量 X1 需減少 3.2 ，產出量不變（仍為 3）。

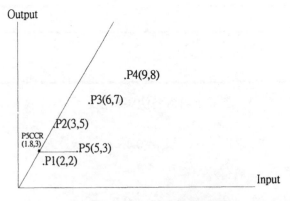

圖 2.1 DEA 等量曲線圖

2.5 CCR 產出導向模式

　　DEA 模式導向區分爲投入導向與產出導向 。投入導向，在生產現有產出水準之下，其模式目標在追求投入極小化，如（2.1）。產出導向，在使用現有投入水準之下，其的模式目標在追求產出極大化。CCR 產出導向分數規劃式模式如下：

minimize　$h_o = \dfrac{\sum_{i=1}^{m} v_i x_{io}}{\sum_{r=1}^{s} u_r y_{ro}}$

subject to　$\dfrac{\sum_{i=1}^{m} v_r x_{ij}}{\sum_{r=1}^{s} u_r y_{rj}} \geq 1; \qquad j = 1,\ldots,n$　　　　（2.13）

$v_r, u_i \geq \varepsilon$

$r = 1,\ldots,s;\ i = 1,\ldots,m$

（2.13）式之線性規劃式爲：

minimize　$h_o = \sum_{i=1}^{m} v_i x_{i0}$

subject to　$-\sum_{r=1}^{s} u_r y_{rj} + \sum_{i=1}^{m} v_i x_{ij} \leq 0$　　　　（2.14）

$\sum_{r=1}^{s} u_r y_{ro} = 1$

$u_r \geq \varepsilon$

$$v_i \geq \varepsilon$$

（2.14）式之對偶問題如（2.15）式所示：

$$\text{maximize} \quad \theta + \varepsilon (\sum_{i=1}^{m} s_i^- + \sum_{r=1}^{s} s_r^+)$$

$$\text{subject to} \quad 0 = \theta y_{ro} - \sum_{r=1}^{s} y_{rj}\lambda_j + s_r^+ \qquad (2.15)$$

$$x_{io} = \sum_{j=1}^{n} x_{ij}\lambda_j + s_i^+$$

$$\lambda_j, s_i^-, s_r^+ \geq 0, \quad \text{for } i = 1,\ldots,m; \ r = 1,\ldots,s; \ j = 1,\ldots,n$$

對於未達效率之 DMU 可利用（2.16）與（2.17）式調整之

$$\hat{x}_o = x_o - \Delta x_o = x_o - s^{-*} \leq x_o \qquad (2.16)$$

$$\hat{y}_o = y_o + \Delta y_o = \theta y_o + s^{+*} \geq y_o \qquad (2.17)$$

第 3 章　DEA 替代模式

3.1 BCC 模式

一、投入導向 BCC 模式

　　Banker, Charnes and Cooper（1984）提出 BCC 模式，擴大 CCR
模式效率觀點與運用範圍。因為 CCR 模式無法說明一個具弱效率之
DMU，其無效率是由技術無效率或者是規模無效率所造成的造成。
BCC 模式假設變動規模報酬（variable returns to scale, VRS），即部分
投入增加，不會使得產出項亦會有相對一部分的增加。再引用
Shephard（1970）距離函數觀念，導出與 CCR 相同的模式。此模式
可計算 DMUs 的純技術效率（pure technical efficiency）、規模效率
（scale efficiency）及規模報酬（returns to scale）。BCC 投入導向之分
數規劃式如下：

$$\text{maximize} \quad h_o = \frac{\sum_{r=1}^{s} u_r y_{ro} - u_o}{\sum_{i=1}^{m} v_i x_{io}}$$

$$\text{subject to} \quad \frac{\sum_{r=1}^{s} u_r y_{rj} - u_o}{\sum_{i=1}^{m} v_i x_{ij}} \leq 1; \qquad j = 1, \ldots, n \qquad (3.1)$$

$$v_r, u_i \geq \varepsilon$$

$$r = 1, \ldots, s; \ i = 1, \ldots, m$$

　　將分數規劃式轉換為線性劃模式，可先令（3.1）目標函式中之分母 $\sum_{i=1}^{m} v_i x_{io} = 1$，在將之加入限制式中。原（3.1）限制式中之不等式，分子與分母各乘以 $\sum_{i=1}^{m} v_i x_{ij}$，即可得 BCC 之線性規劃模式：

$$\text{maximize} \quad h_o = \sum_{r=1}^{s} u_r y_{r0} - u_o$$

$$\text{subject to} \quad \sum_{r=1}^{s} u_r y_{rj} - \sum_{i=1}^{m} v_i x_{ij} - u_o \le 0 \tag{3.2}$$

$$\sum_{i=1}^{m} v_i x_{io} = 1$$

$$-u_r \le -\varepsilon$$

$$-v_i \le -\varepsilon$$

　　（3.2）式之對偶命題如（3.3）所示：

$$\text{minimize} \quad \theta - \varepsilon(\sum_{i=1}^{m} s_i^- + \sum_{r=1}^{s} s_r^+)$$

$$\text{subject to} \quad 0 = \theta x_{io} - \sum_{j=1}^{n} x_{ij}\lambda_j - s_i^- \tag{3.3}$$

$$y_{ro} = \sum_{r=1}^{s} y_{rj}\lambda_j - s_r^+$$

$$\sum_{j=1}^{n} \lambda_j = 1$$

　　經（3.2）式計算，若 $\theta = 1$ 且差額變數 s^{-*} 及 s^{+*} 均為 0 的情況下，則一個 DMU 具 BCC 效率。因 BCC 模式較 CCR 模式在模式中多了 $\sum_{j=1}^{n} \lambda_j = 1$ 的限制式，使得 BCC 模式可行解區域為 CCR 模式之子集合，故 $\theta_{CCR}^* \le \theta_{BCC}^*$。

　　BCC 模式的生產前緣受 DMU 爲凸集合影響，故效率前緣爲折線且具內凹特性。雖 BCC 模式可分析造成弱效率的原因，但是未說明如何改善差額變數對相對效率的影響。對於無 BCC 效率之 DMU_o 而言，可經由與有效率之參考集合（reference set）做比較，得知其爲何被評估爲無效率的原因。無效率 DMU_o 參考集合（reference set）E_o 界定如下：

$$E_o = \{j \mid \lambda_j^* > 0\} (j \in \{1,\ldots,n\}). \tag{3.4}$$

其最佳解可以下面等式表示：

$$\theta_{BCC}^* x_o = \sum_{j \in E_o} x_j \lambda_j^* + s^{-*} \tag{3.5}$$

$$y_o = \sum_{j \in E_o} y_j \lambda_j^* - s^{+*} \tag{3.6}$$

（3.5）與（3.6）式可被解釋爲：

1. $x_o \geq \theta_{BCC}^* x_o - s^{-*} = \sum_{j \in E_o} x_j \lambda_j^*$

　　$x_o \geq$ pure technical – technical inefficiency =正的觀察投入量組合（3.7）

2. $y_o \leq y_o + s^{+*} = \sum_{j \in E_o} y_j \lambda_j^*$

　　$y_o \leq$ 觀察產出量+產出短缺 ＝ 正的觀察產出量組合　　　　（3.8）

　　對一無效率之 DMU_o，其投入產出爲（x_o, y_o）。要改善其效率，在投入項需減少 θ_{BCC}^* 之比值與過多的 s^{-*}；在產出項需增加短缺的 s^{+*}。淨投入改善 Δx_o 與淨產出改善 Δy_o 可由下面二個計算式求得：

$$\Delta x_o = x_o - (\theta_{BCC}^* x_o - s^{-*}) = (1 - \theta_{BCC}^*)x_o - s^{-*} \quad (3.9)$$

$$\Delta y_o = s^{+*} \quad (3.10)$$

因此，無效率 DMU_o 之效率邊界投射（BCC projection）為：

$$\hat{x}_o = x_o - \Delta x_o = \theta_{BCC}^* x_o - s^{-*} \le x_o \quad (3.11)$$

$$\hat{y}_o = y_o + \Delta y_o = y_o + s^{+*} \ge y_o \quad (3.12)$$

二、產出導向 BCC 模式

BCC 產出導向分數規劃式模式如下：

minimize $h_o = \dfrac{\sum_{i=1}^m v_i x_{io} - v_o}{\sum_{r=1}^s u_r y_{ro}}$

subject to $\dfrac{\sum_{i=1}^m v_r x_{ij} - v_o}{\sum_{r=1}^s u_r y_{rj}} \ge 1; \quad j = 1,\ldots,n \quad (3.13)$

$\quad v_r, u_i \ge \varepsilon$

$\quad r = 1,\ldots,s; \ i = 1,\ldots,m$

（3.13）式之線性規劃式為：

minimize $h_o = \sum_{i=1}^m v_i x_{i0} - v_o$

subject to $\sum_{i=1}^m v_i x_{ij} - \sum_{r=1}^s u_r y_{rj} - v_o \le 0 \quad (3.14)$

$\quad \sum_{r=1}^s u_r y_{ro} = 1$

$$u_r \geq \varepsilon$$

$$v_i \geq \varepsilon$$

（3.14）式之對偶問題如（3.15）式所示：

maximize　$\theta + \varepsilon(\sum_{i=1}^{m} s_i^- + \sum_{r=1}^{s} s_r^+)$

subject to　$0 = \theta y_{ro} - \sum_{r=1}^{s} y_{rj}\lambda_j + s_r^+$ 　　　　　　（3.15）

$$x_{io} = \sum_{j=1}^{n} x_{ij}\lambda_j + s_i^+$$

$$\sum_{j=1}^{m} \lambda_j = 1$$

$$\lambda_j, s_i^-, s_r^+ \geq 0, \quad \text{for } i = 1,\ldots,m; \ r = 1,\ldots,s; \ j = 1,\ldots,n$$

對於未達效率之 DMU 可利用（3.16）與（3.17）式調整之

$$\widehat{x}_o = x_o - \Delta x_o = x_o - s^{-*} \leq x_o \qquad\qquad (3.16)$$

$$\widehat{y}_o = y_o + \Delta y_o = \theta_{BCC}^* y_o + s^{+*} \geq y_o \qquad\qquad (3.17)$$

3.2　Additive 模式

等加模式（additive model）係將產出導向與投入導向整合在一個 DEA 模式中，可區分為 Additive BCC 與 Additive CCR 二種模式。茲說明如下：

一、Additive BCC

Charnes et al.（1985b）首先提出等加模式的觀念，Banker et al.
（1989）進一步對此模式作了詳盡的說明。Additive BCC 的線性規劃
模式如（3.18）式所示：

$$\text{minimize} \quad \theta_o = \sum_{i=1}^{m} v_i x_{i0} - \sum_{r=1}^{s} u_r y_{ro} + u_o$$

$$\text{subject to} \quad \sum_{i=1}^{m} v_i x_{ij} - \sum_{r=1}^{s} u_r y_{rj} + u_o \geq 0 \qquad (3.18)$$

$$u_r \geq \varepsilon$$

$$v_i \geq \varepsilon$$

（3.18）式之對偶問題如（3.19）式所示：

$$\text{maximize} \quad \sum_{i=1}^{m} s_i^- + \sum_{r=1}^{s} s_r^+$$

$$\text{subject to} \quad x_{io} = \sum_{j=1}^{n} x_{ij} \lambda_j - s_i^+ \qquad (3.19)$$

$$y_{ro} = \sum_{r=1}^{s} y_{rj} \lambda_j - s_r^+$$

$$1 = \sum_{j=1}^{m} \lambda_j$$

$$\lambda_j, s_i^-, s_r^+ \geq 0, \quad \text{for } i = 1, \ldots, m; \ r = 1, \ldots, s; \ j = 1, \ldots, n$$

若且爲若一個 DMU 有 BCC 效率且差額變數 s^{-*} 及 s^{+*} 均爲 0 的
情況下，則一個 DMU 具 Additive-BCC 效率。對於未達效率之 DMU

可利用（3.20）與（3.21）式調整之：

$$\widehat{x}_o = x_o - \Delta x_o = x_o - s^{-*} \le x_o \qquad (3.20)$$

$$\widehat{y}_o = y_o + \Delta y_o = y_o + s^{+*} \ge y_o \qquad (3.21)$$

二、Additive CCR

Ali and Seifrod（1993）提出 Additive CCR 模式，其線性規劃模式如（3.22）式所示：

$$\text{minimize } \theta_o = \sum_{i=1}^{m} v_i x_{i0} - \sum_{r=1}^{s} u_r y_{ro}$$

$$\text{subject to } \sum_{i=1}^{m} v_i x_{ij} - \sum_{r=1}^{s} u_r y_{rj} \ge 0 \qquad (3.22)$$

$$u_r \ge \varepsilon$$

$$v_i \ge \varepsilon$$

（3.22）式之對偶問題如（3.23）式所示：

$$\text{maximize } \sum_{i=1}^{m} s_i^- + \sum_{r=1}^{s} s_r^+$$

$$\text{subject to } x_{io} = \sum_{j=1}^{n} x_{ij} \lambda_j - s_i^+ \qquad (3.23)$$

$$y_{ro} = \sum_{r=1}^{s} y_{rj} \lambda_j - s_r^+$$

$$\lambda_j, s_i^-, s_r^+ \ge 0, \quad \text{for } i = 1, \dots, m; \ r = 1, \dots, s; \ j = 1, \dots, n$$

　　若且為若一個 DMU 有 CCR 效率且差額變數 s^{-*} 及 s^{+*} 均為 0 的情況下，則一個 DMU 具 Additive-CCR 效率。對於未達效率之 DMU 可利用（3.24）與（3.25）式調整之：

$$\hat{x}_o = x_o - \Delta x_o = x_o - s^{-*} \leq x_o \qquad (3.24)$$

$$\hat{y}_o = y_o + \Delta y_o = y_o + s^{+*} \geq y_o \qquad (3.25)$$

3.3 SBM 模式

　　Tone（2001）提出以差額變數為基礎（Slacks-Based Measure），來修正 Ali & Seiford（1993）的等加 DEA 模式。SBM 模式滿足下列二個定理：

1.單位不變性（Units invariant）：DMUs 之效率值不因原投入與產出項評量單位 之改變而有所變動。例如，一個 DMU 以汽油加侖為投入項之衡量單位與英里為產出項之衡量單位，來評量效率值。現若改以汽油公升為投入項之衡量單位與公里為產出項之衡量單位，則其效率值應與前者相同，此為單位不變性。

2.單調性（Monotone）：投入過多與產出過少之差額變數應逐漸減少。

　　一個 DMU 之 SMB 效率值可以下列分數規劃是求之：

$$\text{minimize} \quad \rho = \frac{1 - (1/m)\sum_{i=1}^{m} s_i^- / x_{io}}{1 + (1/s)\sum_{r=1}^{s} s_r^+ / y_{ro}} \qquad (3.26)$$

subject to $\quad x_{io} = \sum_{j=1}^{n} x_{ij}\lambda_j - s_i^-$

$y_{ro} = \sum_{r=1}^{s} y_{rj}\lambda_j - s_r^+$

$\lambda_j, s_i^-, s_r^+ \geq 0$

其中 $0 < \rho \leq 1$ ，ρ 為使用 s_i^-, s_r^+ 所構成之指數，且滿足單位不變性與單調性。若 $\rho^* = 1$ ，則 DMU 有 SBM 效率。

上述模式可引進一數量變數 t（>0）來作轉換，這樣的轉換並不會使 ρ 作改變。令模式（3.26）目標函式之分子與分母各乘以 t，再將分母移至限制式中，使得目標函示再求得分子極小化。轉換後之 SBMt 非線性規劃式為：

minimize $\quad \tau = t - \dfrac{1}{m}\sum_{i=1}^{m} ts_i^- \big/ x_{io}$ $\qquad$ （3.27）

subject to $\quad 1 = t + \dfrac{1}{s}\sum_{r=1}^{s} ts_r^+ \big/ y_{ro}$

$x_{io} = \sum_{j=1}^{n} x_{ij}\lambda_j - s_i^-$

$y_{ro} = \sum_{r=1}^{s} y_{rj}\lambda_j - s_r^+$

$\lambda_j, s_i^-, s_r^+, t \geq 0$

模式（3.27）是用以解決非線性規劃的問題，因模式中含有 $ts_r^+ (r = 1,\ldots,s)$。為了要轉換成線性規劃式，令：

$S_i^- = ts_i^-, \quad S_r^+ = ts_r^+, \quad \Lambda_j = t\lambda_j$

SBMt 之線性規劃式則可以下列算式表示：

$$\text{minimize} \quad \tau = t - \frac{1}{m}\sum_{i=1}^{m}S_i^-\big/x_{io} \qquad (3.28)$$

$$\text{subject to} \quad 1 = t + \frac{1}{s}\sum_{r=1}^{s}S_r^+\big/y_{ro}$$

$$tx_{io} = \sum_{j=1}^{n}x_{ij}\Lambda_j - S_i^+$$

$$ty_{ro} = \sum_{r=1}^{s}y_{rj}\Lambda_j - S_r^+$$

$$\Lambda_j, S_i^-, S_r^+, t \geq 0$$

模式（3.27）加入數量變數 t 後，其最佳解爲 $(\tau_j^*, \Lambda_j^*, S_i^{-*}, S_r^{+*}, t^*)$。現將最佳解還原，則可重新定義 SBM 之最佳解爲：

$$\rho_j^* = \tau_j^*, \quad \lambda_j^* = \Lambda_j^*\big/t^*, \quad s_i^{-*} = S_i^{-*}\big/t^*, \quad s_r^{+*} = S_r^{+*}\big/t^* \quad (3.29)$$

若一個 DMU 有 SBM 效率，則其差額變數 s^{-*} 及 s^{+*} 均爲 0。對於未具有 SBM 效率之 DMU 可利用下列二調整其目標改善水準：

$$\hat{x}_o = x_o - \Delta x_o = x_o - s^{-*} \leq x_o \qquad (3.30)$$

$$\hat{y}_o = y_o + \Delta y_o = y_o + s^{+*} \geq y_o \qquad (3.31)$$

3.4　FDH 模式

Deprins et al.（1984）年首先提出 FDH，再由 Tulkens（1993）對方法與理論作進一步的界定與說明，認爲效率決策單位（DMUs）只受實際觀察績效值影響，其參考群體的選擇是實際發生的觀察

DMU，而非理論所推導出的虛擬 DMU，既生產可能集合為：

$P_{FDH} = \{(\bar{x}, \bar{y}) | \bar{x} \geq \bar{x}_j, \bar{y} \leq \bar{y}_j, \bar{x}, \bar{y} \geq 0, j = 1, \ldots, n\}$，$\bar{x}_j$、$\bar{y}_j$ 分別

為 DMUj 之投入項與產出項向量。因此其效率前緣線呈現出階梯式的

前緣方式，而不是一般 DEA 法所呈現出的包絡曲線，這種結果造成

幾乎所有的 DMU 皆為有效率，因此較無法區隔出何者為真正有效

率。FDH 模式可以下列混合整數規劃式來表示：

minimize θ （3.32）

subject to $\theta \bar{x}_o - X\lambda \geq 0$

$\bar{y}_o - Y\lambda \leq 0$

$e\lambda = 1, \lambda_j \in \{0,1\}$

X 與 Y 為 DMUs 投入項與產出項矩陣。

3.5 Cross Efficiency 模式

Sexton et al.（1986）提出交叉效率評量（cross efficiency

measure），用來區隔真正有效率的 DMUs。交叉效率觀念係以特定

DMU_l 的第 i 投入項的權數（v_{il}）與第 r 產出項的權數（u_{rl}），作

為 DMU_k 的第 i 投入項（x_{ik}）的權數與第 r 產出項（y_{rk}）的權數，

$E_{kl} = \dfrac{\displaystyle\sum_{r=1}^{s} u_{rl} y_{rk}}{\displaystyle\sum_{i=1}^{m} v_{il} x_{ik}}$ 則稱為 DMU_l 的交叉效率或自評效率（self-rated efficiency）；Doyle & Green（1994）稱爲簡單效率（simple efficiency）。

Sexton et al.（1986）的交叉效率模式主要目的在於極大化自評效率─

$$E_{kk} = \frac{\sum_{r=1}^{s} u_{rk} y_{rk}}{\sum_{i=1}^{m} v_{ik} x_{ik}}$$ ，其次極小化除 DMU_k 外的其餘 DMU_l 的交叉

效率總合。線性規劃式如下：

$$\text{maximize} \quad E_{kk} = \frac{\sum_{r=1}^{s} u_{rk} y_{rk}}{\sum_{i=1}^{m} v_{ik} x_{ik}} \quad \text{(primal goal)} \tag{3.33}$$

$$\text{subject to} \quad E_{kl} = \frac{\sum_{r=1}^{s} u_{rk} y_{rl}}{\sum_{i=1}^{m} v_{ik} x_{il}} \leq 1$$

$$\sum_{i=1}^{m} v_{ik} x_{ik} = 1$$

$$v_{ij}, u_{rj} \geq 0, \forall i \ \& \ r, j = 1, \cdots, m$$

$$\text{minimize} \ (n-1) A_k = \sum_{l \neq k} E_{kl} = \sum_{l \neq k} \frac{\sum_{r} u_{rl} y_{rk}}{\sum_{i} v_{il} x_{ik}} \quad \text{(secondary goal)}$$

$$\tag{3.34}$$

應用 Sexton et al.（1986）的模式於同儕比較時，採用的權數過於主觀，且所採用的投入／產出項之權數並非唯一，易使同儕比較結果產生偏誤。Doyle & Green（1994）提出修正模式，來修正此一問題。該模式之線性規劃式如下：

$$\text{minimize} \quad B_k = \sum_{r=1}^{s} (u_{rl} \sum_{l \neq k} y_{rk}) - \sum_{i=1}^{m} (v_i \sum_{l \neq k} x_{ik}) \tag{3.35}$$

$$\text{subject to} \quad E_{kl} = \frac{\displaystyle\sum_{r=1}^{s} u_{rk}\, y_{rl}}{\displaystyle\sum_{i=1}^{m} v_{ik}\, x_{il}} \le 1, \forall l \ne k$$

$$\sum_{i=1}^{m} v_{ik}\, x_{ik} = 1$$

$$\sum_{r=1}^{s} u_{rk}\, y_{rk} - \theta_{kk} \sum_{i=1}^{m} v_{ik} x_{ik} = 0$$

$$v_{ij}, u_{rj} \ge 0, \forall i\, \&\, r,\, j = 1, \cdots, m$$

其中 DMU_k 為目標 DMU、θ_{kk} 為 DMU_k 的 CCR 效率或簡單效率、$\sum_r (u_r \sum_{l \ne k} y_{rk})$ 與 $\sum_i (v_i \sum_{l \ne k} x_{ik})$ 為綜合（composite）DMU 的加權產出與加權投入組合。

經由上述模式的計算，可求得各個投入／產出項的權數，將權數代入目標函示中，即可求得 DMU_l 以 DMU_k 為目標的交叉效率 E_{kl}。運用交叉效率導入同儕比較，可使 DMU 間差異更加顯著與客觀，透過此方式各 DMU 的交叉效率矩陣（cross-efficiency matrix, CEM）如圖 3.2。

目標 DMU	受評 DMU						同儕評估 效率平均
	1	*2*	*3*	*4*	*5*	*6*	
1	$\boldsymbol{E_{11}}$	E_{12}	E_{13}	E_{14}	E_{15}	E_{16}	A_1
2	E_{21}	$\boldsymbol{E_{22}}$	E_{23}	E_{24}	E_{25}	E_{26}	A_2
3	E_{31}	E_{32}	$\boldsymbol{E_{33}}$	E_{34}	E_{35}	E_{36}	A_3
4	E_{41}	E_{42}	E_{43}	$\boldsymbol{E_{44}}$	E_{45}	E_{46}	A_4
5	E_{51}	E_{52}	E_{53}	E_{54}	$\boldsymbol{E_{55}}$	E_{56}	A_5
6	E_{61}	E_{62}	E_{63}	E_{64}	E_{65}	$\boldsymbol{E_{66}}$	A_6
平均同儕相互 評估效率值	E_1	E_2	E_3	E_4	E_5	E_6	

圖 3.2 交叉效率矩陣圖

　　計算交叉效率的目的再使自我評估效率最大及平均同儕相互評估效率最小。CEM 法具有選擇最佳方案之功能，全盤考量變數屬性後，再作最佳選擇。決策者可依需要限制權數及運用同儕比較方式，獲得受評估 DMU 的權數。Baker & Talluri（1997）認為在 CEM 中適當加入權數限制，可反應決策者偏好。

　　透過 CEM 計算平均同儕相互評估效率值，選擇最大效率值作為選擇 DMUs 優先順序參考（Doyle & Green, 1994）。Baker & Talluri（1997）亦提出假正指標（false positive index, FPI）測量各 DMU 從同儕比較（peer-appraisal）到自我比較（self-appraisal）的差異，差異愈小表示該 DMU 效率愈佳，此法可輕易排列 DMU 順序供決策者評選，無須採用最大平均同儕相互評估效率。FPI 的計算式如下：

$$FPI = 100\% \times (\theta_{kk} - (\sum\nolimits_{j} \theta_{kp} / n) / (\sum\nolimits_{j} \theta_{jk} / n) \qquad (3.36)$$

　　其中 θ_{kk} 為 DMU_k CCR 效率；$(\sum\nolimits_{j} \theta_{jp} / n)$ 為 CEM 平均交叉效率。

3.6 Multiplicative 模式

　　Charnes et al.（1982）提出乘積模式（multiplicative model），用以評量目標 DMU 之相對效率。該模式假設 DMUs 之投入項間或產出間項具乘積形式，可以下述算式表示之：

$$\prod_{r=1}^{s} y_{ro}^{u_r} \quad 和 \quad \prod_{i=1}^{m} x_{io}^{v_i} \ , \quad j=1,\ldots,n \tag{3.37}$$

上述算式的構建類似於幾何平均數的構建；為避免柏拉圖無效率（Pareto inefficiencies），指數 u_r 和 v_i 均為正值，且大於 1。

產出導向乘積模式之分數規劃式模式如下：

$$\begin{aligned} \text{maximize} \quad & \prod_{r=1}^{s} y_{ro}^{u_r} \Big/ \prod_{i=1}^{m} x_{io}^{v_i} \\ \text{subject to} \quad & \prod_{r=1}^{s} y_{rj}^{u_r} \Big/ \prod_{i=1}^{m} x_{ij}^{v_i} \le 1, \ j=1,\ldots,n \\ & u_r, \ge 1, \ r=1,\ldots,s \\ & v_i, \ge 1, \ i=1,\ldots,m \end{aligned} \tag{3.38}$$

對上述模式分子與分母取為對數，產出導向乘積模式之線性規劃模式如下：

$$\begin{aligned} \text{maximize} \quad & \sum_{r=1}^{s} u_r \widetilde{y}_{ro} - \sum_{i=1}^{m} v_i \widetilde{x}_{io} \\ \text{subject to} \quad & \sum_{i=1}^{m} \widetilde{x}_{ij} - \sum_{r=1}^{s} u_r \widetilde{y}_{rj} \le 0, \ j=1,\ldots,n \\ & -u_r, \le -1, \ r=1,\ldots,s \\ & -v_i, \le -1, \ i=1,\ldots,m \end{aligned} \tag{3.39}$$

其中 $\widetilde{x}_{io}$ 與 $\widetilde{y}_{ro}$ 為 DMU_o 之投入項與產出項取對數後之值。

模式（3.39）之對偶命題，如下所示：

$$\text{miniimize} \quad -\sum_{r=1}^{s} s_r^+ - \sum_{i=1}^{m} s_i^-$$

$$\text{subject to} \quad \sum_{i=1}^{m} \widetilde{x}_{ij} \lambda_j + s_i^- = \widetilde{x}_{io}, \quad j = 1,\ldots,n \qquad (3.40)$$

$$\sum_{r=1}^{s} \widetilde{y}_{rj} \lambda_j - s_r^+ = \widetilde{y}_{ro}, \quad j = 1,\ldots,n$$

Charnes et al.（1982）提出三個有關乘積模式定理，說明如下：

1. DMU_o 有效率若在模式（3.39）中有最佳解，若且為若所有 差額變數皆為零。

2. 若 DMU_k 在模式（3.39）中有最佳基本解，則 DMU_k 為有效 率。

3. 一個無效率 DMU_o 之效率改善目標可以下列二式求得：

$$-\widehat{x}_o = -\widetilde{x}_o + s^{*-} \qquad (3.41)$$

$$\widehat{y}_o = \widetilde{y}_o + s^{*+} \qquad (3.42)$$

3.7　Window Analysis

Charnes et al.（1985a）提出窗口分析（window analysis），將同 一個 DMU 在各個不同時期的表現當作不同的 DMU 來處理，用以增 加 DMU 樣本數及檢視 DMU 效率穩定性。窗口分析尚有四個重要的 功能：一、決定適當窗口長度（一窗口中所涵蓋之期數）與窗口次數； 二、探索趨勢與季節對各 DMU 的影響依；三、偵測錯誤資料（或異 常資料）；四、藉由效率一致性，發覺有效率 DMUs。

　　本小節以大學管理學院爲例，來說明窗口分析之應運。假設管理學院有 6 個系所，使用 85 至 90 年度資料來進行分析。若以各系所三年度表現爲一窗口，共有四個移動窗口（85-87、86-88、87-89 與 88-90 年度）；每一窗口有 18 　（$3 \times 6 = 18$）個 DMUs，共計 72 個 DMUs。首先探任何 DEA 模式，對第一窗口（85-87）中之 18 個 DMUs 進行效率分析。接著陸續進行其他三次窗口分析後，則可求得個系所不同時期窗口分析效率值，如表 3.1 所示。

表 3.1　窗口分析效率值表

DMU	85	86	87	88	89	90	平均數	變異數	群組
會計系所	100.0	100.0	100.0				95.51	73.693	III
		100.0	86.80	100.0					
			74.66	100.0	100.0				
				100.0	100.0	84.62			
統計系所	81.77	54.39	32.76				48.94	598.281	IV
		79.35	45.45	32.06					
			100.0	32.31	32.31				
				32.31	32.31	32.31			
企管系所	100.0	97.39	100.0				98.67	14.980	II
		86.61	100.0	100.0					
			100.0	100.0	100.0				
				100.0	100.0	100.0			
資管系所	100.0	100.0	100.0				92.07	123.324	IV
		100.0	69.01	93.47					
			80.10	81.13	100.0				
				81.13	100.0	100.0			
法律系所	100.0	69.40	58.02				81.52	377.939	IV
		73.14	57.29	100.0					
		48.99	85.71	100.0					
				85.71	100.0	100.0			
國貿系所	100.0	100.0	100.0				99.07	10.286	II
		100.0	100.0	100.0					
			88.89	100.0	100.0				
				100.0	100.0	100.0			

註：群組 I：極小變異；群組 II: 小變異；群組 III: 中變異；群組 IV: 大變異。

第 4 章 規模報酬

4.1 CCR 規模報酬

本小節採用經濟學的觀點，首先以圖 4.1 來說明爲說規模報酬（returns-to-scale, RTS）之觀念。圖 4.1 中 A 爲總產出圖，x 爲投入量，y 爲產出量。$y = f(x)$ 爲生產函數，一個 DMU 有此一函數關係，且在生產前緣線上，實值得管理者注意。生產可能集合中之點 N，較無法爲管理者所關切。圖 4.1.B 爲平均產出圖，說明平均生產力（$a.p = y/x$）與邊際生產力（$m.p = dy/dx$）的關係。y/x 爲圖 4.1.A 中原點至 y 點之直線斜率，dy/dx 爲對 y 點所在之 $f(x)$ 微分所得。

圖 4.1.B 顯示，平均生產力隨著 x 而逐漸增加，直至 x_o 後才開始下降。相同地，邊際生產力亦隨著 x 而逐漸增加，直至 $f(x)$ 所在之反射點後才開始下降。在 x_o 左側，邊際生產力大於平均生產力，產出部分改變大於投入。在 x_o 右側，邊際生產力小於平均生產力，投入部分改變大於產出。

對 y/x 中之 x 微分，可求得最大平均生產力：

$$\frac{d(y/x)}{dx} = \frac{xdy/dx - y}{x^2} = 0$$

此時 $x > 0$，則

$$e(x) = \frac{xdy}{ydx} = \frac{d \ln y}{d \ln x} = 1 \qquad\qquad (4.1)$$

$e(x)$ 則定義爲經濟學上的彈性（elasticity），用來評量產出部分的改變相對應於投入部分的改變。在 x_o 時，平均生產力最大。此時 $e(x) = 1$，而 $dy/dx = y/x$，顯示產出對投入改變之比率不變。

$e(x)$ 亦可解釋固定規模報酬（constant returns to scale, CRS），因爲 dy/y 之產出增加的部分等於 dx/x 之投入增加的部分。在 x_o 左側，邊際生產力大於平均生產力，則屬規模報酬遞增（increasing returns to scale, IRS）。在 x_o 右側，邊際生產力小於平均生產力，則屬規模報酬遞減（decreasing returns to scale, DRS）。

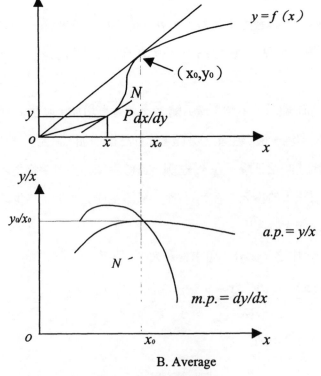

圖 4.1 規模報酬圖

當有多個投入時，則可將生產函數 $y = f(x)$ 改寫爲下式：

$$y = f(\theta x_1, \theta x_2, \ldots, \theta x_m)$$

θ 爲一個數量變數；當 $\theta > 1$，代表規模增加的部分。爲使投入混合固定（input mix constant），規模彈性（elasticity of scale）可以下式表示之：

$$e(x) = \frac{\theta dy}{y d\theta} \qquad (4.2)$$

當 $e(x) > 1$ 則屬規模報酬遞增；當 $e(x) < 1$ 則屬規模報酬遞減；當 $e(x) = 1$ 則處屬固定規模報酬。上述分析是從前緣線上之一點 $(x_1, x_2, \ldots, x_m)$，且不會改變投入部分，這就是所謂投入混合固定。

爲了處理多投入與多產出及不在前緣線上點（如 N 與 N'）之發生，可運用 CCR 效率來消除由於規模報酬所造成的無效率。Banker & Thrall（1992）認爲 CCR 模式除 CRS 特性，還可用來決定一個目標 DMU 是否處於 IRS 或 DRS。Banker & Thrall（1992）假設 DMU_O 之投入與產出（x_{io}, y_{ro}）在效率前緣線上，運用 CCR，可求得 DMU_O 的最佳解（$\lambda_1^*, \lambda_2^*, \ldots, \lambda_n^*$）。最佳解之規模報酬，可以下述條件來作判斷：

1.若任一最佳解其 $\sum_{j=1}^{n} \lambda_j^* = 1$ 時，則 DMU_O 爲 CRS。

2.若任一最佳解其 $\sum_{j=1}^{n} \lambda_j^* > 1$ 時，則 DMU_O 爲 DRS。

3.若任一最佳解其 $\sum_{j=1}^{n} \lambda_j^* < 1$ 時，則 DMU_O 爲 IRS。

4.2 BCC 規模報酬

　　本小節修正圖 4.1，以圖 4.2 來說明爲一個簡化且符合實際應用的規模報酬狀況。圖 4.2.A 爲總產出圖，$y = f(x)$ 爲生產函數，爲一折線線性生產函數（piecewise function）。圖 4.2.A 中之 D 點代表擁有最小投入值，反映出爲了要達到產出水準，至少所需的投入資源。圖 4.2.B 爲平均產出圖，說明平均生產力（$a.p = y / x$）與邊際生產力（$m.p = dy / dx$）未交叉在 x_o。因爲對平均生產力之投入項微分後，其值並不在 x_o 上，故造成邊際生產力成階梯狀（staircase-like form）。

　　圖 4.2.B 顯示，平均生產力隨著 x 而逐漸增加，直至 x_o 後才開始下降。不相同地，邊際生產力水準維持固定且偏高，不隨 x 而有所增加，直至 f（x）所在之反射點後才開始下降，邊際生產力水準維持不變且較低。在 x_o 左側，邊際生產力大於平均生產力，產出部分改變大於投入。在 x_o 右側，邊際生產力小於平均生產力，投入部分改變大於產出。

　　Banker & Thrall（1992）假設 DMU_O 之投入與產出（x_o, y_o）在 效 率 前 緣 線 上 ， 運 用 BCC， 可 求 得 DMU_O 的 最 佳 解（$u_{1o}^*, u_{2o}^*, \ldots, u_{so}^*$）。BCC 模式最佳解之規模報酬，需滿足下述條件：

1.若任一最佳解其 $\sum_{r=1}^{s} u_{ro}^* = 0$ 時，則 DMU_O 爲 CRS。

2.若任一最佳解其 $\sum_{r=1}^{s} u_{ro}^* > 0$ 時，則 DMU_O 爲 DRS。

3.若任一最佳解其 $\sum_{r=1}^{s} u_{ro}^* < 0$ 時，則 DMU_O 爲 IRS。

A. Total Output

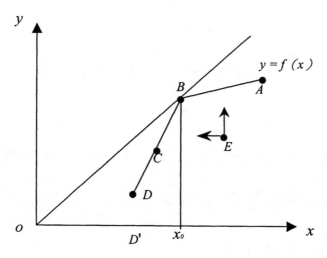

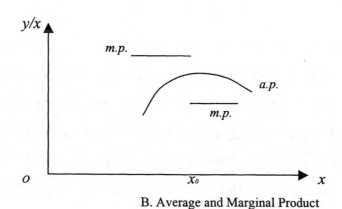

B. Average and Marginal Product

圖 4.2 BCC 規模報酬圖

Banker & Thrall（1992）將 RTS 特性與 CCR/BCC 模式相結合，
提出下述定理：

1.BCC 模式之所有最佳解 $\sum_{r=1}^{s} u_{ro}^* > 0$，若且爲若 CCR 模式之所有最佳解 $\sum_{j=1}^{n} \lambda_j^* > 1$（DRS）。

2.BCC 模式之所有最佳解 $\sum_{r=1}^{s} u_{ro}^* < 0$，若且爲若 CCR 模式之所有最佳解 $\sum_{j=1}^{n} \lambda_j^* < 1$（IRS）。

3.BCC 模式之有些最佳解 $\sum_{r=1}^{s} u_{ro}^* = 0$，若且爲若 CCR 模式之有些有最佳解 $\sum_{j=1}^{n} \lambda_j^* = 1$（CRS）。

4.3 最適生產規模大小

一個有伯拉圖效率（Pareto-efficient）的 DMU_O，處於 IRS。DMU_O 可藉由逐步改善其規模大小（scale size），來增進其平均生產力。若這個有伯拉圖效率 DMU_O 處於 DRS，則可藉由逐步減少現有營運規模，來增進其平均生產力。僅有在這個 DMU_O 處於 CRS 時，其生產力不受規模大小邊際變動之影響。也就是說 DMU_O 不處於 CRS 時，可藉由改善其規模大小至規模報酬爲固定，來增進其平均生產力。一個有伯拉圖效率 DMU 處 CRS，且以最佳規模大小來營運，則稱爲最適生產規模大小（most productive scale size, MPSS）。

Ahn, Charnes and Cooper（1989）定義 MPSS 爲：

一個 DMU 具有 CCR 與 BCC 效率，且以固定規模報酬來營運，則這個 DMU 處於 MPSS。圖 4.3 爲最適生產規模大小圖，其中處 $\overline{BC}$ 線段之 DMU 處於 MPSS。

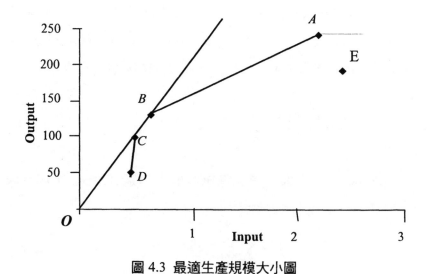

圖 4.3　最適生產規模大小圖

Cooper et al.（2000）爲以不等式取代（4.1）與（4.2）中之等式，並進一步衡量無方向（dimensionless）之尺度（scale），使用下列線性規劃式可計算出二個無方向數量之比率：

maximize $\quad \beta/\alpha$ $\qquad\qquad$ （4.3）

subject to $\quad \beta y_o \leq \sum_{j=1}^{n} y_{rj} \lambda_j$

$\qquad\qquad \alpha x_o \geq \sum_{j=1}^{n} x_{ij} \lambda_j$

$\qquad\qquad \sum_{j=1}^{n} \lambda_j = 1$

$\qquad\qquad \alpha, \beta \geq 0$

其中 α, β 代表投入／產出項目放大或縮小的乘數因子，即 $\alpha, \beta > 1$ 或 $\alpha, \beta < 1$ 應用於符合投入／產出項目的實際狀況。Cooper et al.（2000）認為一個 DMU_O 處 MPSS 之必要條件為：$\beta^*/\alpha^* = \max \beta/\alpha = 1$，其中 $\beta^* = \alpha^*$ 及差額變數均為零。

4.4 凸集合條件之寬放

Cooper et al.（2000）修正將 BCC 模式，寬放其模式之凸集合條件 $\sum_{j=1}^{n} \lambda_j = 1$。以下述限制式取而代之：

$$L \le \sum_{j=1}^{n} \lambda_j \le U \qquad (4.4)$$

其中 $L(0 \le L \le 1)$ 與 $U(1 \le U)$ 為 λ_j 總和的下界與上界；$L = 0$ 與 $U = \infty$ 相對應 CCR 模式；$L = U = 1$ 相對應 BCC 模式。

Cooper et al.（2000）運用（4.4）式，提出三種 DEA 模式：遞增規模報酬模式（The Increasing Returns-to-Scale Model）、遞減規模報酬模式（The Decreasing Returns-to-Scale Model）、一般化規模報酬模式（The Generalized Returns-to-Scale Model）。

一、遞增規模報酬模式

當 $L = 1$ 及 $U = \infty$，限制式為 $\sum_{j=1}^{m} \lambda_j \ge 1$，則稱為遞增規模報酬模式。投入導向遞增規模報酬模式為：

$$\text{minimize} \quad \theta - \varepsilon (\sum_{i=1}^{m} s_i^- + \sum_{r=1}^{s} s_r^+)$$

subject to $\quad 0 = \theta x_{io} - \sum_{j=1}^{n} x_{ij} \lambda_j - s_i^-$ $\qquad$ （4.5）

$$y_{ro} = \sum_{j=1}^{n} y_{rj} \lambda_j - s_r^+$$

$$\sum_{j=1}^{m} \lambda_j \geq 1$$

當 $L = 1$，此時產出項比例的增加大於等於投入項比例的增加。

二、遞減規模報酬模式

當 $L = 0$ 及 $U = 1$，限制式為 $\sum_{j=1}^{m} \lambda_j \leq 1$，則稱為遞減規模報酬模式。投入導向遞減規模報酬模式為：

minimize $\quad \theta - \varepsilon(\sum_{i=1}^{m} s_i^- + \sum_{r=1}^{s} s_r^+)$

subject to $\quad 0 = \theta x_{io} - \sum_{j=1}^{n} x_{ij} \lambda_j - s_i^-$ $\qquad$ （4.6）

$$y_{ro} = \sum_{j=1}^{n} y_{rj} \lambda_j - s_r^+$$

$$\sum_{j=1}^{n} \lambda_j \leq 1$$

當 $U = 1$，此時產出項比例的增加小於等於投入項比例的增加。

三、一般化規模報酬模式

當 $L \leq 1$ 及 $U \geq 1$，限制式為 $L \leq \sum_{j=1}^{m} \lambda_j \leq U$，則稱為一般化規模報酬模式。投入導向一般化規模報酬模式為：

minimize $\quad \theta - \varepsilon(\sum_{i=1}^{m} s_i^- + \sum_{r=1}^{s} s_r^+)$

$$\text{subject to} \quad 0 = \theta x_{io} - \sum_{j=1}^{n} x_{ij} \lambda_j - s_i^- \qquad (4.7)$$

$$y_{ro} = \sum_{j=1}^{n} y_{rj} \lambda_j - s_r^+$$

$$L \leq \sum_{j=1}^{n} \lambda_j \leq U$$

$L \leq 1$ 意謂者規模報酬可以 L 比例來作減少；$U \geq 1$ 意謂者規模報酬可以 U 比例來作增加。

Cooper et al.（2000）認為 CCR、BCC、IRS、DRS、GRS 等四個模式之效率值間有下列的關係：

$$\theta_{CCR}^* \leq \theta_{IRS}^*, \theta_{DRS}^*, \theta_{GRS}^* \leq \theta_{BCC}^*$$

4.5 技術效率之分解

一、規模效率（Scale Efficiency, SE）

Banker et al.(1984)提出 BCC 模式，用以區隔一個 DMU 無 CCR 效率是由於本身經營無效率或由於營運規模所造。CCR 模式所求得的效率稱為整體技術效率（global technical efficiency）或簡稱為技術效率（TE），無法看出一個 DMU 之規模效率（SE）。BCC 模式所求得的效率稱為局部純技術效率（local pure technical efficiency）或簡稱為純技術效率（PTE），可看出一個 DMU 之規模效率。Banker et al.（1984）將規模效率（Scale Efficiency, SE）定義為：

$$SE = \frac{\theta_{CCR}^*}{\theta_{BCC}^*} \qquad (4.8)$$

依據（4.7）式，技術效率可被分解爲：

技術效率（TE）＝純技術效率（PTE）×規模效率（SE）　　（4.9）

茲以圖 4.4 爲例，說明單一投入與單一產出之規模效率。

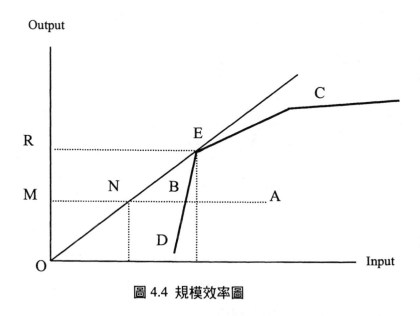

圖 4.4　規模效率圖

　　圖 4.4 中，O-N-E 直線比代表 CCR 模式之生產前緣線，D-B-E-C 爲 BCC 模式之生產前緣。A 爲一由實際投入與產出所組合之 DMU，A 之 CCR 效率值爲 MN/MA（技術效率）；A 之 BCC 效率值爲 MB/MA（純技術效率值）。由圖中可知，A 爲無純技術效率，其規模效率爲：

$$SE(A) = \frac{MN}{MA} \bigg/ \frac{MB}{MA} = \frac{MN}{MB}$$

因 $\overline{MN} < \overline{MB}$，故 $SE(A) < 1$。因此，A 之無技術效率是由於無純技術效率與無規模效率所導致。

二、混合效率（Mix Efficiency, Mix）

Cooper et al.（2000）提出產出導向 SBM 模式，以處理 SBM 模式中產出項之 s^-。其線性規劃式則可以下列算式表示：

$$\text{minimize} \quad \rho_{in} = 1 - \frac{1}{m} \sum_{i=1}^{m} s_i^- / x_{io} \tag{4.10}$$

$$\text{subject to} \quad x_{io} = \sum_{j=1}^{n} x_{ij} \lambda_j - s_i^-$$

$$y_{ro} = \sum_{r=1}^{s} y_{rj} \lambda_j - s_r^+$$

$$\lambda_j, s_i^-, s_r^+ \geq 0$$

其中模式（4.10）之最佳解為 $(\rho_{in}^*, \lambda^*, s^{-*}, s^{+*})$，$\rho_{in}^*$ 為投入導向 SBM 效率，為一種非放射（non-radial）的效率衡量。

Cooper et al.（2000）認為投入導向 SBM 效率 ρ_{in}^* 與投入導向 CCR 效率 θ_{CCR}^* 有下述的關係：

1. $\rho_{in}^* = \theta_{CCR}^*$ 若且為若投入導向 CCR 模式之所有最佳解均有產出項 s^- 值為零。

2. $\rho_{in} < \theta_{CCR}^*$ 若且為若投入導向 CCR 模式之所有最佳解顯示無投入混和效率（input mix efficiency）。

基於上述的觀察，Cooper et al.（2000）將混和效率（mix efficiency）定義為：

$$Mix = \frac{\rho_{in}^*}{\theta_{CCR}^*}. \tag{4.11}$$

因此，將非放射效率分解爲放射效率（radial efficiency）與混和效率：

投入導向 SBM 效率＝放射效率（TE）×混和效率（Mix）　（4.12）

利用（4.8），進一步可將非放射效率分解爲：

ρ_{in}^{*}＝混和效率（Mix）×純技術效率（PTE）×規模效率（SE）(4.13)

Cooper et al.（2000）認爲 SBM、投入 SBM、CCR 等三個模式之效率值間有下列的關係：

$$\rho^{*} \leq \rho_{in}^{*} \leq \theta_{CCR}^{*}$$

第 5 章　DEA 延伸模式

5.1 權數限制模式

一、確定區域模式（Assurance Region model, AR）

　　Thompson et al.（1986）提出確定區域模式（AR Model），即將各項投入與產出項目增加上限與下限的比例值，以求出更接近於真實的效率值。原始 CCR 模式中，投入與產出項權數是爲求得目標 DMU 之最佳效率值，由模式運匴而求得。這些權數未能考慮投入項變數或產出項變數之重要性，在經濟學上或管理意義上將無法做適當且合理的解釋。投入與產出重要性之範圍可以下列限制式賦予之：

$$\alpha_i^L \le v_i/v_1 \le \alpha_i^U \qquad i=1,...,m \qquad (5.1)$$

$$\beta_r^L \le u_r/u_1 \le \beta_r^U \qquad r=1,...,s \qquad (5.2)$$

　　上式中 α_i^L 及 α_i^U 表示二投入項重要性權數比（v_i/v_1）之下限與上限，β_r^L 及 β_r^U 表示產出項重要性權數比（u_r/u_1）之下限與上限。v_i 和 u_r 分別表示第 i 個投入項與第 r 個產出項的重要性權數。

　　將權數限制式加入 CCR 模式中，則可求得 CCR-AR 效率值。投入導向 CCR-AR 模式之數學式如下：

$$\text{maximize} \quad h_o = \sum_{r=1}^{s} u_r y_{r0}$$

$$\text{subject to} \quad \sum_{r=1}^{s} u_r y_{rj} - \sum_{i=1}^{m} v_i x_{ij} \leq 0 \qquad (5.3)$$

$$\sum_{i=1}^{m} v_i x_{iio} = 1$$

$$v_1 \alpha_i^L \leq v_i \leq v_1 \alpha_i^U$$

$$u_1 \beta_r^L \leq u_r \leq u_1 \beta_r^U$$

$$u_r, v_i > 0, j = 1, ..., n, r = 1, ..., s, i = 1, ..., m$$

其中 v_1、u_1 分別代表第 1 項投入與產出的重要權數；α_i^U、α_i^L 分別代表第 i 個投入項權數之相對重要性上下限比值；β_r^U、β_r^L 分別代表第 r 個產出項權數之相對重要性上下限比值。

Cooper et al.（2000）指出：AR 模式對投入產出項之權數決定其上限與下限有二種方法，一則可經由專家主觀認定之，另一方式可經由電腦運算後產生。

二、圓錐比例模式（Cone-Ratio Model, CR）

Charnes et al.（1990）提出圓錐比例模式（CR model），將投入與產出項權數限制於多面凸圓錐空間（polyhedral convex cone）。該模式假設投入項權數 v 存在於由 k 個正值方向向量（g_j）（$j = 1, ..., k$）所構成之圓錐空間。權數 v 則可以下列數學式表示之：

$$v = \sum_{j=1}^{k} \eta_j g_j \text{ 且 } \eta_j \geq 0 \, (\forall j) \qquad (5.4)$$

$$= A^T \eta,$$

其中 $A^T = (g_1, \ldots, g_k) \in R^{m \times k}$ 且 $\eta^T = (\eta_1, \ldots, \eta_k) \in R^{m \times k}$。圓錐空間 V 則可定義為：

$$V = A^T \eta. \tag{5.5}$$

同理，產出項權數 u 存在於由 1 個正值方向向量（d_j）（$j = 1, \ldots, l$）所構成之圓錐空間。圓錐空間 V 則可以下列數學式表示之：

$$U = \sum_{j=1}^{l} \gamma_j d_j \text{ 且 } \gamma_j \geq 0 \, (\forall j)$$

$$= B^T \gamma, \tag{5.6}$$

其中 $B^T = (d_1, \ldots, d_k) \in R^{m \times l}$ 且 $\gamma^T = (\gamma_1, \ldots, \gamma_k) \in R^{m \times l}$。

在由 A 與 B 矩陣所構成之圓錐空間 V 與 U 下，投入導向 CR-CCR 模式則可以下列數學式表示之：

maximize $\quad u^T x_o'$

subject to $\quad v^T y_o' = 1 \tag{5.7}$

$$-v^T X + u^T Y \leq 0$$

$$v \in V$$

$$u \in U$$

其中 $x_o^{'}$ 為目標 DMU 之投入項所構成之向量，$y_o^{'}$ 則為目標 DMU 之投入項所構成之向量。X 為所有 DMUs 之投入項所構成之矩陣，Y 為所有 DMUs 之投入項所構成之矩陣。

令 θ 為實數變數、$\lambda = (\lambda_1,\ldots,\lambda_n)^T$，模式（3.7）之對偶式可表示為：

minimize θ

subject to $\theta(Ax_o^{'}) - (AX)\lambda \leq 0$ （5.8）

$(By_o^{'}) - (BY)\lambda \leq 0$

$\lambda \geq 0$

5.2 非控制變數模式

Banker and Morey（1986）修正 CCR 模式，提出非控制變數模式（Non-controllable model, NCN model），來處理外生固定（exogenously fixed）變數的問題。因為傳統 CCR 與 BCC 模式均假設投入變數與產出變數可為管理者所控制。但現實生活中並不盡然，故當有些投入變數或產出變數無法為管理者所控制時，就不適宜使用 CCR 或 BCC 模式。產出導向 NCN-CRS 模式的線性規劃式如下所示：

maximize $\quad h_{j_o} + \varepsilon(\sum_{i \in D} s_i^- + \sum_{r \in D} s_r^+)$ （5.9）

Subject to $\quad x_{ij_o} = \sum_{j=1}^{n} x_{ij}\lambda_j + s_i^-, i \in C$

$$x_{ij_o} = \sum_{j=1}^{n} x_{ij} \lambda_j, i \in NC$$

$$h_{j_o} y_{rj_o} = \sum_{j=1}^{n} y_{rj} \lambda_j - s_r^+, r \in C$$

$$y_{rj_o} = \sum_{j=1}^{n} y_{rj} \lambda_j, r \in NC$$

$$s_i^-, s_r^+, \lambda_j \geq 0$$

其中 ε 為非阿基米德數、λ 為權重、與 (s_i^-, s_r^+) 為寬鬆變數、X 為投入項、Y 為產出項、$i, r \in C$ 代表可控制投入／產出項目、$i, j \in NC$ 代表非控制投入／產出項。

產出導向 NCN-VRS 模式的線性規劃式如下：

$$\text{maximize} \quad h_{j_o} + \varepsilon(\sum_{i \in D} s_i^- + \sum_{r \in D} s_r^+) \qquad (5.10)$$

$$\text{subject to} \quad x_{ij_o} = \sum_{j=1}^{n} x_{ij} \lambda_j + s_i^-, i \in C$$

$$x_{ij_o} = \sum_{j=1}^{n} x_{ij} \lambda_j, i \in NC$$

$$h_{j_o} y_{rj_o} = \sum_{j=1}^{n} y_{rj} \lambda_j - s_r^+, r \in C$$

$$y_{rj_o} = \sum_{j=1}^{n} y_{rj} \lambda_j, r \in NC$$

$$\sum_{j=1}^{n} \lambda_j = 1 \quad, \quad s_i^-, s_r^+, \lambda_j \geq 0$$

5.3　類別變數模式

一、群組比較模式（Categorical Model）

Tone（1997）提出群組比較模式，該模式適用於當 DMUs 可分類為 L 個類別群組。屬於 l 類別組之 DMU_o，其效率值可以運用不同 DEA 模式（如 CCR、BCC 等），採下列演算法求得：

演算法步驟

令 $k = l, l+1,..., L$，可重複下列步驟：

步驟 1

將一群 DMUs 按第 k 個類別群組，選擇 DMU_o 所屬之類別組，來進行效率分析。

步驟 2

1.若 DMU_o 被評為有效率，則進行步驟 3。

2.若 DMU_o 被評為無效率，紀錄其參考群體與前緣線上之投射值。若 $k=L$，則進行步驟 3。否則，以 $k+1$ 取代 k，並進行步驟 1。

步驟 3

檢視由步驟 2 中所求得之參考群體與前緣線上之投射值，並選擇出 DMU_o 之最適參考值與類別群組。

二、對等比較模式（Bilateral Model）

Tone（1993）提出對等比較模式，該模式假設 A 與 B 分別由 m 與 n 個 DMUSs 所構成之二個集合。A 群組中任一 DMU 相對於 B 組 DMUs 群體之效率，可以下列線性規劃模式求得：

$$\text{minimize }\theta \tag{5.11}$$

$$\text{subject to } \sum_{j\in B}\overline{x}_j\lambda_j \le \theta\overline{x}_a$$

$$\sum_{j\in B}\overline{y}_j\lambda_j \ge \overline{y}_a$$

$$\lambda_j \ge 0 \quad (\forall j\in B)$$

DMU_a 若爲 B 組之 DMUs 所包絡，則其效率值小於 1。否則；
DMU_a 之效率值大於 1。

爲了那一群組之效率較佳，可應用 Rank-Sum-Test 來進行 T 檢
定。在顯著水準爲 α，$T \le -T_{\alpha/2}$ 或 $T \ge -T_{\alpha/2}$，則拒絕虛無假設：
拒絕兩群體之效率屬於相同分配中，亦既群體 B 組之整體效率比 A
群體爲佳。T 值可以下列計算是求得：

$$T = \frac{RS - m(m+n+1)/2}{\sqrt{mn(m+n+1)/12}} \tag{5.12}$$

其中 RS 爲 A 群中 DMUs 之效率值排序之總和；$m(m+n+1)/2$
與 $m(m+n+1)/12$ 分別爲 S 在近似常態分配中之平均值與變異數。

5.4 配置模式

一、利潤目標模式（Profit Objective Models）

Färe et al.（1985）提出利潤目標模式，該模式認爲投入項與產
出項均可以單位價格與單位成本來計算，目標函數在求極大化利潤

（總價格—總成本）。該模式如下式所示：

$$\text{maximize} \quad \sum_{r=1}^{s} p_r y_r - \sum_{i=1}^{m} c_i x_i \tag{5.13}$$

$$\text{subject to} \quad y_{ro} = \sum_{j=1}^{n} y_{rj} \lambda_j - s_r^+, \quad r = 1,\dots,s$$

$$x_{io} = \sum_{j=1}^{n} x_{ij} \lambda_j + s_i^+, \quad i = 1,\dots,m$$

$$\lambda_j \geq 0 \quad \forall j,$$

其中 p_r、c_i 均為正值；p_r 為第 r 個投入項之單位價格，c_i 為第 i 個投入項之單位價格。y_r、x_i 定義如下：

$$y_r = \sum_{j=1}^{n} y_{rj} \lambda_j, \quad r = 1,\dots,s \tag{5.14}$$

$$x_o = \sum_{j=1}^{n} x_{ij} \lambda_j, \quad i = 1,\dots,m \tag{5.15}$$

Cooper et al.（1999）提出另外一種利潤目標模式，修正 Färe et al.（1985）之模式。該模式以 DEA 等加模式為基礎，採放射衡量（radial measure）／二個距離比之值，其目標函數在求極大化無效率目標 DMU 之收入損失（總收入—目標 DMU 之實際總收入）

$$\text{maximize} \quad \sum_{r=1}^{s} p_r s_r^+ + \sum_{i=1}^{m} c_i s_i^- \tag{5.16}$$

$$\text{subject to} \quad y_{ro} = \sum_{j=1}^{n} y_{rj} \lambda_j - s_r^+, \quad r = 1,\dots,s$$

$$x_{io} = \sum_{j=1}^{n} x_{ij} \lambda_j + s_i^+, \quad i = 1,\dots,m$$

$$\lambda_j \geq 0, s_r^+, s_i^- \; \forall i,j,r.$$

二、成本效率模式（Cost Efficiency Models）

Cooper et al.（2000）引用利潤效率觀念而提出成本效率模式，以 DMU 的實際成本與最適成本相比所得之效率值。成本模式的線性規劃式如下：

$$\text{minimize} \quad \sum_{i=1}^{n} c_{io} x_i \tag{5.17}$$

$$\text{subject to} \quad \sum_{j=1}^{n} x_{ij} \lambda_j \leq x_i \quad (i = 1, \dots, m)$$

$$\sum_{i=1}^{n} y_{rj} \lambda_j \geq y_{rj_o} \quad (r = 1, \dots, s)$$

$$L \leq \sum_{i=1}^{n} \lambda_j \leq U$$

$$\lambda_j \geq 0 \quad \forall j,$$

其中 c_{io}：DMU_o 的第 i 項投入項的單位成本（unit cost）。運用模式（5.11）可計算出一最佳解 (x^*, λ^*)，DMU_o 的成本效率則可定義為：

$$\theta_C = \frac{\sum_{i=1}^{n} c_{io} x_i^*}{\sum_{i=1}^{n} c_{io} x_{ij_o}}. \tag{5.18}$$

DMU_o 之 CRS 成本效率可在模式（5.17）中，令 $L = 0, U = \infty$ 來求解；DMU_o 之 VRS 成本效率則可在模式（5.17）中，令 $L = U = 1$ 來作估算。

三、收入效率模式（Revenue Efficiency Models）

Cooper et al. (2000) 提出收入效率模式，以 DMU 的實際收入與最適收入相比所得之效率值。成本模式的線性規劃式如下：

$$\text{minimize} \quad \sum_{r=1}^{s} p_{ro} y_r \tag{5.19}$$

$$\text{subject to} \quad \sum_{j=1}^{n} x_{ij} \lambda_j \leq x_i \quad (i = 1, \ldots, m)$$

$$\sum_{i=1}^{n} y_{rj} \lambda_j \geq y_{rj_o} \quad (r = 1, \ldots, s)$$

$$L \leq \sum_{i=1}^{n} \lambda_j \leq U$$

$$\lambda_j \geq 0 \quad \forall j,$$

其中 p_{ro}：DMU_o 的第 r 項產出項的單位價格（unit price）。運用模式（5.19）可計算出一最佳解 (y^*)，DMU_o 的收入效率則可定義為：

$$\theta_R = \frac{\sum_{r=1}^{s} p_{ro} y_{ro}}{\sum_{r=1}^{s} p_o y_r^*}. \tag{5.20}$$

DMU_o 之 CRS 收入效率可在模式（5.19）中，令 $L = 0, U = \infty$ 來求解；DMU_o 之 VRS 收入效率則可在模式（5.19）中，令 $L = U = 1$ 來作估算。

四、利潤效率模式（Profit Efficiency Models）

Cooper et al.（2000）提出利潤效率模式，以 DMU 的實際利潤與最適利潤相比所得之效率值。利潤效率模式的線性規劃式如下：

$$\text{maximize} \quad \sum_{r=1}^{s} p_{ro} y_r - \sum_{i=1}^{m} c_{io} x_i \qquad\qquad (5.21)$$

$$\text{subject to} \quad \sum_{j=1}^{n} x_{ij} \lambda_j \leq x_i \quad (i = 1, \ldots, m)$$

$$\sum_{i=1}^{n} y_{rj} \lambda_j \geq y_{rj_o} \quad (r = 1, \ldots, s)$$

$$L \leq \sum_{i=1}^{n} \lambda_j \leq U$$

$$\lambda_j \geq 0 \quad \forall j,$$

運用模式（5.21）可計算出一最佳解 (x^*, y^*)，DMU_o 的利潤效率則可定義為：

$$\theta_P = \frac{\sum_{r=1}^{s} p_{ro} y_{ro} - \sum_{i=1}^{m} c_{io} x_{io}}{\sum_{r=1}^{s} p_o y_r^* - \sum_{i=1}^{m} c_{io} x_i^*}. \qquad\qquad (5.22)$$

DMU_o 之 CRS 利潤效率可在模式（5.21）中，令 $L=0, U=\infty$ 來求解；DMU_{j_o} 之 VRS 利潤效率則可在模式(5.21)中，令 $L=U=1$ 來作估算。

五、利本比效率模式（Revenue/Cost Efficiency Models）

Cooper et al.（2000）提出利本比效率模式，以 DMU 的實際利

本比與最適利本比效率相比所得之效率值。利本比效率模式的線性規劃式如下：

$$\text{maximize} \quad \sum_{r=1}^{s} p_{ro} y_r / \sum_{i=1}^{m} c_{io} x_i \tag{5.23}$$

$$\text{subject to} \quad \sum_{j=1}^{n} x_{ij} \lambda_j \le x_i \quad (i = 1,\dots,m)$$

$$\sum_{j=1}^{n} y_{rj} \lambda_j \ge y_{rj_o} \quad (r = 1,\dots,s)$$

$$L \le \sum_{j=1}^{n} \lambda_j \le U$$

$$\lambda_j \ge 0 \quad \forall j,$$

運用模式（5.23）可計算出一最佳解(x^*, y^*)，DMU_o 的利本比效率則可定義為：

$$\theta_{RC} = \frac{\sum_{r=1}^{s} p_{ro} y_{ro} / \sum_{i=1}^{m} c_{io} x_{io}}{\sum_{r=1}^{s} p_o y_r^* / \sum_{i=1}^{m} c_{io} x_i^*}. \tag{5.24}$$

DMU_o 之 CRS 利本比效率可在模式（5.23）中，令 $L=0, U=\infty$ 來求解；DMU_o 之 VRS 利本比效率則可在模式（5.23）中，令 $L=U=1$ 來作估算。

第 6 章　DEA 特性、限制與應用程序

6.1 特性

DEA 屬於前緣推論法的一種，小心謹慎地使用，可成為強而有力的分析工具。茲將其特性列舉如下：

1. 可以同時處理多重投入與產出項，容納不同計量單位的產出與投入項。

2. DEA 是求得效率前緣，而非平均值，其結果是一綜合指標，可同時評估不同環境下 DMU 之效率。

3. DEA 模式之效率值為一個單一的綜合相對效率指標，可以瞭解單位資源使用狀況，進而建議管理者決策時之參考。

4. 投入產出加權值由線性規劃產生，不受人為主觀因素之影響，對每個 DMU 能符合公平的原則。

5. 可同時處理定性（qualitative）與定量因素（quantitative）

6. 不需設定投入與產出函數關係。

7. 不用事先設定投入與產出的權數，因此不受人為主觀的因素影響可持公正客觀。

8. 可以因應受評估單位中的不可控制因素而做調整。

9. 可處理模式中之類別變數（categorical variables）存在問題。

10.必要時可容許主觀判斷。

11.為柏拉圖（Pareto）最佳化。

12.相對有效率之 DMU 需滿足產出與投入比為 1 之嚴格要求。

13.可提供相對無效率的單位產出不足或是投入過多的資訊。

6.2 限制

DEA 並非是萬靈丹，其理論限制如下：

1.由於是非隨機方式，所有投入／產出的資料都必須明確且可衡量，若資料錯誤將導致效率值偏誤。

2.受評估對象之間的同質性必須高且儘量採用正式資料，否則衡量的效果不佳。

3.DEA 模式所得到的結果為相對效率，非絕對效率，其用途不是在確定投入或產出的單位價值，而是用來衡量效率。

4.對資料極具敏感，亦受到錯誤極端值的影響。

5.DMU 之個數至少為投入與產出項個數和之兩倍，否則 DEA 無法強而有力區隔有效率單位。

6.DEA 計算任何一個 DMU 之其效率值，須建立一個線性規劃式。因此，當 DMU 與投入產出項個數很大時 ，線性規劃式與運算求解則變為較費時與複雜。但 DEA 軟體可以解決此類問題，如 DEA Solver 軟體。

6.3 應用程序

　　為能有效運用 DEA 至實際問題上，Golany and Roll（1989）提出一系統化的 DEA 應用程序整體性架構，該應用程序僅能作為一般化準則，實際應用時，尚須配合研究目的調整。此系統化程序包含三個主要階段，每一階段中均有數個步驟，詳細流程如圖 6.1 所示。茲將 DEA 應用程序說明如下：

一、定義並選擇進行分析之 DMUs

　　運用 DEA 除須先找出一組具同質性的 DMUs 外，尚須確認 DMUs 間差異。但愈多 DMUs 進行分析，不僅會使同質性降低，而且分析結果亦會受外生因素影響，故可運用「DMU 之數量至少應為投入與產出項目個數總合的兩倍」的經驗法則（Golany & Roll, 1989），決定 DMUs 數量。另須配合研究目的及所需 DMUs 數量，決定研究期間的長短。若某 DMU 偏離，則須去除極端樣本。

二、決定攸關且適切的投入與產出變數

　　初步選擇時，考慮的範圍愈廣愈好。但如果引入大量變項，會釋放 DMUs 間的大部分差異，導致多數 DMUs 會具高效率，而失去評估的意義。一般而言，模式中投入與產出變數之選擇可依相關研究文獻、管理經驗判斷篩選法、非 DEA 之數量方法（如因素分析 factor analysis）及敏感度分析實施變數篩選。茲將其步驟說明如下：

（一）相關研究文獻

　1.利用網路資料庫，蒐集國內、外期刊論文與碩博士論文。

　2.利用研究機構圖書資料系統，蒐集國內、外研究報告。

（二）判斷篩選程序

　1.所有變數必須與 DMU 有關。

　2.變數是否與欲達成的目標有關。

　3.變數資料儘量取得且具有公信力。

（三）非 DEA 量化方法（Non-DEA Quantitative Methods）

　1.變數可否用數量價值衡量，如以經費、人數或數量等作為衡量
　　單位。

　2.同向性（Isotonicity）假設。DEA 同向性假設，係指增加任何
　　一項投入要素並不會導致任一項產出要素減少。變數是否與欲
　　達成的目標有關，可以相關分析來檢視此一假設。

　3.將所得到的變數區分為投入項與產出項，所使用的資源影響該
　　DMU 之營運者可視為投入項;產生可衡量的利益則視為產出。

（四）敏感度分析

　1.不同投入與產出組合。

　2.投入與產出變數的權數限制（weight restrictions）。

　3.使用統計學上之拔靴法（Bootstrap）去驗證 DMU 效率值之一
　　致性。有關拔靴法，請參閱 Simar & Wilson（1998）。

三、應用 DEA 模式及分析結果

　　DMUs、投入／產出變項選擇與效率衡量有密切相關。因此，最初的選擇並不能保證最符合分析目的，必須於圖 6.1 流程中反覆執行，無確切停止的條件存在，完全取決於應用之所需。經由不同的 DMUs、變項或模式得出多組結果，供實際應用參考。在進行實證分析時，通常應包含下列分析結果：

1. 效率值分析：瞭解造成無效率 DMUs 之原因。
2. 參考群體分析：作為無效率 DMUs 競爭比較之參考。
3. 差額變數分析：顯示無效率 DMU 之改善方向與幅度。
4. 目標改善分析：提供無效率 DMU 之改進水準。

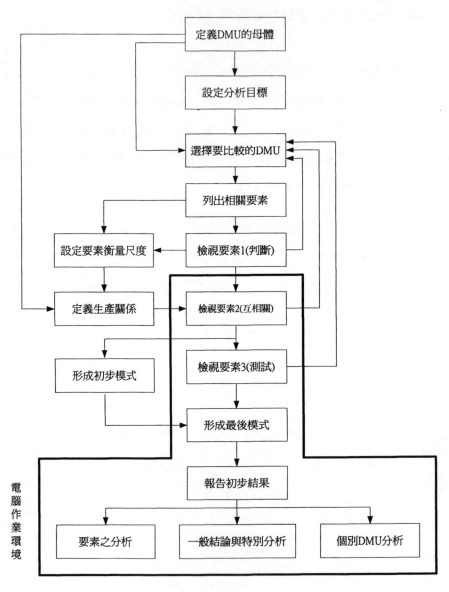

圖 6.1 DEA 應用流程圖

資料來源：Golany and Roll (1989), p. 240.

第 7 章　DEA 軟體

7.1 軟體介紹

本節介紹五種市售 DEA 軟體（Banxia Frontier Analyst、DEA-Solver、IDEAS、OnFront 及 Warwick-DEA），這些軟體均可在個人電腦上使用。茲依軟體之版本、作業系統、使用手冊、資料管理、模式選擇、視覺功能、解答分析、報告產生及改善機會等項目，分別說明如下：

一、Banxia Frontier Analyst

版本： Frontier Analyst Professional version 3 ，可區分為六種購買軟體之授權，分別能處理 75、250、500、1500、2500 及無限 DMUs 與 32 投入與產出變數。

作業系統：Microsoft Windows 95/98/2000/NT 4。

使用手冊：附詳細手冊。

資料管理：使用者可由內建資料編輯器自行定義與輸入 DMUs 與投入／產出變數；可從 SPSS 與 Excel 傳送資料。

模式選擇：CCR-I, BCC-I, CCR-O, BCC-O。

視覺功能：以高品質圖形展示 DEA 之分析，計有資料瀏覽視窗、

DEA 模式選擇視窗、效率分數視窗、分數分布視窗、
DMU 顯示視窗（潛在改善、參考群體比較與貢獻、
投入／產出貢獻）、改善摘要視窗、參考群體次數視
窗、投入／產出相關性視窗、效率與投入／產出相
關性視窗、二維空間前緣分布視窗。

解答分析：DEA 分析包括變數權數限制、非控制變數、潛在改
善、參考群體比較與貢獻、投入／產出貢獻、規模
報酬分析與交差效率分析。

報告產生：經資料輸出視窗可將資料與分析結果外傳至試算表
（spreadsheet），利用報告引擎（reporting engine）可
製作不同分析報告，外傳至 RTF, Excel, text 與
HTML，並能在報告中列印圖表。

改善機會：權術限制應可用於所有投入／產出，應增加新發展
的 DEA 模式(詳見前節之討論)與窗口分析(window
analysis)。除外，應增加統計模擬功能，以驗證投入
／產出資料變異問題。

二、DEA-Solver

版本：DEA-Solver Professional version 4，DMUs 個數最多
為六萬個。若 DMUs 個數×（投入變數個數＋產出變數
個數＋2）≥ 60,000，則無法產出投射工作單。

作業系統：Microsoft Windows 95/98/2000/NT。

使用手冊：無，唯使用時可參考 Cooper, Seiford and Tone（2000）

所著一書 *Data Envelopment Analysis: A Comprehensive Text with Models, Applications, References and DEA-Solver Software*。

資料管理：以 Microsoft Excel 97/2000 作爲軟體平台，編輯與管理投入／產出資料。

模式選擇：共分 23 大類 68 種 DEA 模式，列舉如下：

1.CCR-I, CCR-O。

2.BCC-I, BCC-O。

3.IRS-I, IRS-O。

4.DRS-I, DRS-O。

5.GRS-I, GRS-O。

6.AR-I-C, AR-I-V, AR-O-C, AR-O-V。

7.NCN-I-C, NCN-I-V, NCN-O-C, NCN-O-V。

8.NDSC-I-C, NDSC-I-V, NDSC-O-C, NDSC-O-V。

9.BND-I-C, BND-I-V, BND-O-C, BND-O-V。

10.CAT-I-C, CAT-I-V, CAT-O-C, CAT-O-V。

11.SYS-I-C, SYS-I-V, SYS-O-C, SYS-O-V。

12.SBM-I-C, SBM-I-V, SBM-O-C, SBM-O-V。

13.Super-SBM-I-C, Super-SBM-I-V, Super-SBM-O-C, Super-SBM-O-V, Super-SBM-AR-I-C, Super-SBM-AR-I-V, Super-SBM-AR-O-C, Super-SBM-AR-O-V。

14.Cost-C, Cost-V。

15.Revenue-C, Revenue-V。

16.Profit-C, Profit-V。

17.Ratio-C, Ratio-V。

18.Bilateral。

19.Window-I-C, Window-I-V。

20.FDH。

21.Adj-CCR-I, Adj-CCR-O, Adj-BCC-I, Adj-BCC-O, Adj-AR-I-C, Adj-AR-I-V, Adj-AR-O-C, Adj-AR-O-V。

22.Malmquist Index。

23.Super-efficiency。

視覺功能：無高品質視覺顯示功能，僅有 DMUs 之效率值分布圖。

解答分析：DEA 分析包括不同模式效率值、潛在改善、參考群體、規模報酬分析與差額變數分析。

報告產生：經由 DEA 模式運算後，可將分析結果儲存在 Excel 工作表單中，並可將工作表單之分析結果外傳至文書處理檔案中。

改善機會：就技術面而言，首先應加強高品質視覺顯示功能，其次尚須增加 Multiplicative、Additive、Cone-Ratio DEA models 與交叉效率分析。最後，應增加模擬功能，以驗證投入／產出資料變異問題。

三、IDEAS

版本：　IDEAS 6。

作業系統：MS DOS 3.1 以上。

使用手冊：附手冊。

資料管理：使用者可以文字處理，將 DMUs 與投入／產出資料
　　　　　鍵入 textfile 中，形成資料檔。

模式選擇：CCR, BCC, Multiplicative, Additive, Cone-Ratio,
　　　　　Assurance Region DEA models。

視覺功能：無高品質視覺顯示功能。

解答分析：DEA 分析包括變數權術限制、非控制變數與類別變
　　　　　數、潛在改善、參考群體與規模報酬分析。

報告產生：可將資料與分析結果外傳至文字檔。

改善機會：就技術面而言，首先應加強高品質視覺顯示功能。
　　　　　其次，應增加新發展的 DEA 模式（詳見前節之討
　　　　　論）。最後，應增加統計模擬功能，以驗證投入／產
　　　　　出資料變異問題。

四、OnFront

版本：　OnFront 2。

作業系統：Microsoft Windows 95/98/200/NT。

使用手冊：附詳細手冊。

資料管理：使用者可從試算表傳送 DMUs 與投入／產出變數資料。

模式選擇：CCR, BCC。

視覺功能：以圖形展示 DEA 之分析，計有資料瀏覽視窗、DEA 模式選擇視窗、效率分數視窗、DMU 顯示視窗（潛在改善、參考群體）。

解答分析：DEA 分析包括不同效率值、非控制變數、潛在改善、參考群體與規模報酬分析。

報告產生：經資料輸出視窗可將資料與分析結果外傳至試算表。

改善機會：應增加更多新發展 DEA 模式的選擇。其次，變數權數限制應加入模式中。最後，應加強視覺顯示功能與項目。

五、Warwick-DEA

版本： Window 無限個 DMUs 版本；Window 50 DMUs 版本；Window 試用版本。這三種 DOS 版本售價分別為 300、150、50 英鎊。

作業系統：DOS 3.1 與 Microsoft Windows 3.1。

使用手冊：附詳細手冊。

資料管理：使用者可由試算表將 DMUs 與投入／產出資料傳送至 ASCII 檔中。

模式選擇：CCR, BCC, Additive, Targets, Supper-efficiency。

視覺功能：以圖形展示 DEA 之分析，計有資料瀏覽視窗、DEA
模式選擇視窗、效率分數視窗、目標改善視窗、參
考群體視窗。

解答分析：DEA 分析包括變數權數限制、非控制變數、潛在改
善、參考群體、規模報酬分析。

報告產生：經資料輸出視窗可將資料與分析結果外傳至試算表。

改善機會：就技術面而言，首先強化圖形顯示視覺功能與項目。
其次，應增加新發展的 DEA 模式（詳見前節之討
論）。最後，應增加模擬功能，以驗證投入／產出資
料變異問題。

上述 DEA 軟體技術支援可洽：

皮托科技股份有限公司

Fax: 04-7364000, Tel: 04-7364015

http://www.pitotech

Email: piotech@mail.pitotech.com

7.2　軟體比較

為比較與選出最佳的 DEA 應用軟體，本節以 Saaty（1980）之
分析層級法（Analytic Hierarchy Process, AHP）作為分析工具，從資
料管理、模式選擇、視覺功能、解答分析與報告產生五個構面，進行
比較分析。Ali（1994）認為 DEA 軟體之應用，可區分為四個步驟：
資料管理（data management）、模式選擇（model selection）、解答分

析（solution）與報告產生（report generation）。除此之外，本研究亦認為高品質視覺顯示（visualization）可以協助一般非 DEA 專家的使用者瞭解軟體應用與分析結果。因此，將此功能視為非常重要的 DEA 應用軟體特色。是此之故，本研究選擇這五項作為評選準則（criteria），採 Hämäläinen and Lauri（1995）之 HIPRE3+計算優先權數（priority weights）。茲將比較分析依進行程序，說明如下。

一、構建決策層級

為有效能地進行比較分析，首先構建一決策層級。此決策層級包括三階層：第一層為目標（選出最佳的 DEA 應用軟體）；第二層為評選準則（資料管理、模式選擇、視覺功能、解答分析與報告產生）；及第三層為方案（Banxia Frontier Analyst、DEA-Solver、IDEAS、OnFront 及 Warwick-DEA）。因軟體評選問題單純，故在評選準則層下，不列次評選準則。圖 7.1 為 DEA 軟體評選決策層級。

	資料管管理	Frontier Analyst
	模式選擇	DEA - Solver
SOFTWARE	視覺功能	IDEAS
	解答分析	OnFront
	報告產生	Warwick - DEA

圖 7.1 DEA 軟體評選決策層級圖

二、評估評選準則權數

　　構建決策層級之後，下一步驟逐對主要評選準則進行重要性權數評估。權數評估是的使用 Saaty（1980）之 1-9 尺度，兩兩比較（pairwise comparison）主要準則重要性所得。表 7.1 為完整的主要準則比較矩陣，由本篇作者依多年從事 DEA 研究經驗來作判斷。

表 7.1 主要準則比較矩陣

主要準則	資料管理	模式選擇	視覺功能	解答分析	報告產生	優先權數
資料管理	1	1/9	1/5	1/9	1	0.037
模式選擇	9	1	2	5	9	0.523
視覺功能	5	1/2	1	1/3	1	0.130
解答分析	9	1/5	3	1	5	0.249
報告產生	1	1/9	1	1/5	1	0.060
一致率=0.126　有點不一致						

　　表 7.1 中，最重要的主要評選準則為模式選擇，其優先權數為 0.523。其次為解答分析，優先權數為 0.249。重要性最低的主要評選準則為資料管理，其優先權數為 0.037。

三、比較軟體在主要評選準則下之表現

　　接下來是第三層級各軟體在在主要評選準則下，兩兩比較，以找出最底層級方案的優先值。表 7.2-7.6 為五種 DEA 軟體在各主要準則下之比較矩陣。

表 7.2 軟體在資料管理準則比較矩陣

資料管理	Frontier Analyst	DEA-Solver	IDEAS	OnFront	Warwick-DEA	優先值
Frontier Analyst	1	7	7	5	7	0.588
DEA-Solver	1/7	1	7	1	3	0.158
IDEAS	1/7	1/7	1	1/5	1/3	0.036
OnFront	1/5	1	5	1	3	0.150
Warwick-DEA	1/7	1/3	3	1/3	1	0.067
一致率=0.085						

表 7.3 軟體在模式選擇準則比較矩陣

模式選擇	Frontier Analyst	DEA-Solver	IDEAS	OnFront	Warwick-DEA	優先值
Frontier Analyst	1	1/9	1/3	1/9	1	0.052
DEA-Solver	9	1	9	9	7	0.639
IDEAS	3	1/9	1	5	1/3	0.100
OnFront	9	1/9	1/5	1	1/4	0.033
Warwick-DEA	5	1/7	3	4	1	0.174
一致率=0.12　有點不一致						

表 7.4 軟體在視覺功能準則比較矩陣

視覺功能	Frontier Analyst	DEA-Solver	IDEAS	OnFront	Warwick-DEA	優先值
Frontier Analyst	1	7	9	6	4	0.552
DEA-Solver	1/7	1	3	1/3	1/5	0.062
IDEAS	1/9	1/3	1	1/5	1/5	0.035
OnFront	1/6	3	5	1	1/3	0.122
Warwick-DEA	1/4	5	5	3	1	0.228
一致率=0.076						

表 7.5 軟體在解答分析準則比較矩陣

解答分析	Frontier Analyst	DEA-Solver	IDEAS	OnFront	Warwick-DEA	優先值
Frontier Analyst	1	1/9	1/3	3	1/5	0.052
DEA-Solver	9	1	5	9	7	0.605
IDEAS	3	1/5	1	5	1/3	0.111
OnFront	1/3	1/9	1/5	1	1/7	0.030
Warwick-DEA	5	1/7	3	7	1	0.200
一致率=0.105　有點不一致						

表 7.6 軟體在報告產生準則比較矩陣

報告產生	Frontier Analyst	DEA-Solver	IDEAS	OnFront	Warwick-DEA	優先值
Frontier Analyst	1	3	7	5	8	0.517
DEA-Solver	1/3	1	5	4	4	0.252
IDEAS	1/7	1/5	1	1/4	1/4	0.038
OnFront	1/5	1/4	4	1	1/3	0.079
Warwick-DEA	1/8	1/4	4	3	1	0.115
一致率=0.116　有點不一致						

四、計算綜合優先值

接著將各軟體在各準則的優先值乘以各準則的優先權數，得到各軟體綜合優先值。表 7.7 為軟體綜合優先值，Frontier Analyst=0.166，DEA-Solver=0.514，IDEAS=0.088，OnFront=0.051，Warwick-DEA=0.180。由各軟體綜合優先值的大小，發現 DEA-Solver 表現最佳，其次為 Warwick-DEA，Frontier Analyst 為第三。

表 7.7 軟體綜合優先值

主要準則／權數	Frontier Analyst	DEA-Solver	IDEAS	OnFront	Warwick-DEA
資料管理／0.037	0.588	0.158	0.036	0.150	0.067
模式選擇／0.523	0.052	0.639	0.100	0.033	0.174
視覺功能／0.130	0.552	0.062	0.035	0.122	0.228
解答分析／0.249	0.052	0.605	0.111	0.030	0.200
報告產生／0.060	0.517	0.252	0.038	0.079	0.115
綜合優先值	0.166	0.514	0.088	0.051	0.180

五、進行敏感度分析

　　為瞭解評選準則的重要性不同對軟體綜合優先順序的影響，本研究遂進行敏感度分析。圖 7.2-7.6 為各準則不同權數下軟體綜合優先順序。圖 7.2 顯示，當資料管理權重大於 0.15 時，Frontier Analyst 綜合表現優於 DEA-Solver；當資料權重小於 0.15 時，DEA-Solver 綜合表現優於 Frontier Analyst 。圖 7.3 顯示，當模式選擇權重大於 0.15 時，DEA-Solver 綜合表現優於 Frontier Analyst；當權重小於 0.15 時，Frontier Analyst 優於 DEA-Solver 綜合表現。圖 7.4 顯示，當視覺功能權重大於 0.15 時，Frontier Analyst 綜合表現優於 DEA-Solver；當資料權重小於 0.15 時，DEA-Solver 綜合表現優於 Frontier Analyst 。圖 7.5 中，當解答分析權重大於 0.15 時，DEA-Solver 綜合表現優於 Frontier Analyst；當權重小於 0.15 時，Frontier Analyst 綜合表現優於 DEA-Solver。圖 7.6 發現，當報告產生權重大於 0.15 時，Frontier Analyst

綜合表現優於 DEA-Solver；當權重小於 0.15 時，DEA-Solver 綜合表現優於 Frontier Analyst 。綜合而言，五種 DEA 軟體在各評選準則重要性不同時，沒有任何一個軟體具有絕對優勢。由敏感度分析中，確認 Banxia Frontier Analyst 與 DEA-Solver 綜合表現較佳。

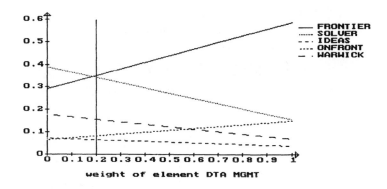

圖 7.2　資料管理準則下感度分析

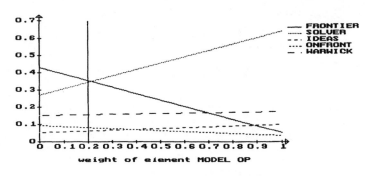

圖 7.3　模式選擇準則下感度分析

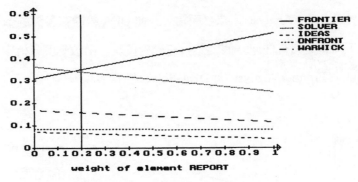

圖 7.4 視覺功能準則下感度分析

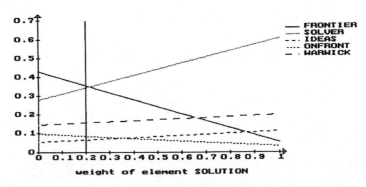

圖 7.5 解答分析準則下感度分析

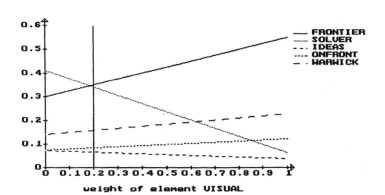

圖 7.6 視覺功能準則下感度分析

　　經比較後，本研究發現：DEA-Solver 最佳，Banxia Frontier Analyst 次之。敏感度分析顯示，沒有任何一個軟體具有絕對優勢。當模式選擇與解答分析準則非常重要時，DEA-Solver 最佳。當資料管理、視覺功能與報告產生準則非常重要時，Banxia Frontier Analyst 最佳。

第 8 章　DEA 書籍與相關網站

8.1 書籍

　　有關 DEA 的英文書籍大致可區分為五種類別：入門類、應用類、進階類、生產理論類與期刊，皆可上網訂購，唯定價不菲。國內除本書外，並無有關 DEA 的中文書籍。茲將 DEA 英文書籍按類別列舉如下：

一、入門類

1. Charnes, A., Cooper, W. W., Lewin, A. Y., and Seiford, L. M. (1994). *Data Envelopment Analysis: Theory, Methodology and Applications*. Kluwer Academic Publishers.
2. Coelli, T., Prasada Rao, D. S., and Battese, G. E. (1997). *An Introduction to Efficiency and Productivity Analysis*. Kluwer Academic Publishers.
3. Cooper, W.W., Seiford, L. M., and Tone, K. (2000). *Data Envelopment Analysis: A Comprehensive Text with Models, Applications, References and DEA-Solver Software*. Kluwer Academic Publishers.
4. Thanassoulis, E. (2001). *Introduction to the Theory and Application of Data Envelopment Analysis: A Foundation Text with Integrated Software*. Kluwer Academic Publishers.
5. Zhu, J. (2002). *Quantitative Models for Performance Evaluation and Benchmarking: Data Envelopment Analysis with Spreadsheets and DEA Excel Solver*. Kluwer Academic Publishers.

二、應用類

1. Norman, M. and Stoker, B. (1991). *Data Envelopment Analysis: The Assessment of Performance*. John Wiley & Sons.
2. Silman, R. H. (1986). *Measuring Efficiency: An Assessment of Data Envelopment Analysis*. Jossey-Bass Inc., Publishers.
3. Dogramaci, A. and Fare, R. (1988). *Applications of Modern Production Theory: Efficiency and Productivity*. Kluwer Academic Publishers.
4. Gulledge, T. R. and Lovell, C. A. Knox (1992). *International Applications of Productivity and Efficiency Analysis*. Kluwer Academic Publishers.
5. Ganley, J. A. and Cubbin, J. S. (1992). *Public Sector Efficiency Measurement: Applications of Data Envelopment Analysis*. North-Holland.
6. Avkiran, N. K. (1999). *Productivity Analysis in the Services Sector with Data Envelopment Analysis*. University of Queensland.
7. Fu, T. T., Huang, C. J., and Lovell, C. A. K. (1999). *Economic Efficiency and Productivity Growth in the Asia-Pacific Region*. Edward.

三、進階類

1. Sengupta, J. K. (1995). *Dynamics of Data Envelopment Analysis: Theory of Systems Efficiency*. Kluwer Academic Publishers.
2. Färe, R. and Grosskopf, S. (1996). *Intertemporal Production Frontiers: With Dynamic DEA*. Kluwer Academic Publishers.
3. Lovell, C. A. K. and Kumbhakar, S. C. (2000). *Stochastic Frontier Analysis*. Kluwer Academic Publishers.
4. Sengupta, J. K. (2000). *Dynamic and Stochastic Efficiency Analysis: Economics of Data Envelopment Analysis*. Kluwer Academic Publishers.

四、生產理論類

1. Dogramaci, A. and Adam, N. R. (1985). *Managerial Issues in Productivity Analysis*. Kluwer Academic Publishers.
2. Färe, R., Grosskopf, S., and Lovell, C. A. K. (1985). *The Measurement of Efficiency of Production*. Kluwer Academic Publishers.
3. Färe, R., Grosskopf, S., and Lovell, C. A. K. (1994). *Production Frontiers*,

Cambridge University.

4. Färe, R., Grosskopf, Russell, R. R. (1997). *Index Numbers: Essays in Honour of Sten Malmquist*. Kluwer Academic Publishers.

5. Amman, H. M., Rustem, B., and Whinston, A. B. (1997). *Computational Approaches to Economic Problems*. Kluwer Academic Publishers.

五、期刊

1. Lovell, C. A. K. *Journal of Productivity Analysis*. Kluwer Academic Publishers.

2. 作業研究期刊（如 *European Journal of Operational Research*）。

3. 作業管理期刊（如 *International Journal of Production Research*）。

8.2 網站

國際網路中有關 DEA 的網站很多，大致區分為三種類別：個人網站、學術研究團體網站與顧問公司網站。網址列舉如表 8.1。有興趣的讀者，可至下述網站查詢。

在個人網站方面，英國 Warwick 大學 Ali Emrouznejad 教授提供完整有關 DEA 資訊。這網站包括不同 DEA 模式敘述、DEA 研究文獻、問題與討論、DEA 介紹與其他有關 DEA 網站連結。德國 Holger Scheel 教授之網站則包含有關 DEA 軟體連結、資料庫與他自己的研究。西班牙 Gabriel Tavares 教授之網站介紹 DEA 出版物、研究學者、大事紀要、統計數據。美國 Portland 大學 Tim Anderson 教授在他的網站中對 DEA 作了基本介紹，並在 DEA WWW Bibliography 中列舉許多有關 DEA 文獻。美國 Massachusetts 大學 Lawrence M. Seiford 教授之網站介紹最近的 DEA 研究。除外，紐西蘭 Auckland 大學 Paul Rouse

資料包絡分析法──理論與應用──
Data Envelopment Analysis　Theory and Applications

教授亦建立 DEA 資料庫，可提供學者上載與下載資料。

表 8.1 DEA 網站資訊

個人網站	**Emrouznejad's DEA Home Page** http://www.DEAZone.com/
	Scheel's DEA Home Page http://www.wiso.uni-dortmund.de/lsfg/or/scheel/doordea.htm/
	Tavares's DEA Home Page http://www.ipg.pt/dea/user.idc/
	Aderson's DEA Home Page http://.www.emp.pdx.edu/dea/homedea.html/
	Seiford's DEA Web http://www.ecs.umass.edu/mie/dea/
	DEA WWW Bibliography http://www.emp.pdx.edu/dea/deabib.html/
	DEA DATASET REPOSITORY http://java.emp.pdx.edu/etm/dea/dataset/
學術研究團體網站	**Productivity Analysis Research Network (PARN)** http://www.busieco.ou.dk/parn/
	The EURO Working Group on Data Envelopment Analysis and Performance Measurement (Euro-DEAPM) http://www.deazone.com/eurodeapm/
	Center for Efficiency and Productivity Analysis in University of New England (CEAP) http:/www.une.edu/econometrics/cepa.htm/
	Performance Management Research http://research.abs.aston.ac.uk/mgtsc1/
	The Productivity Analysis Group of Schulich School of Business http://members.tripod.com/moezh/DEAhome.html/
	The UK Productivity Measurement Study Group http://www.deazone.com/ukpmsg/
顧問公司網站	**Economic Systems** http://www.ecomsys.com/

在學術研究團體網站方面，PARN 則是由世界研究生產力分析的研究者所架設，網站內容包括測試資料與資訊、生產力新聞及圖書資料庫。有興趣的研究者，可免費入會，成為 PARN 會員。Euro-DEAPM 是由歐洲研究 DEA 與績效評估的學者與實務界人士所架設，提供有關這個領域與理論與實務的討論機會。CEAP 是由澳洲 New England 大學經濟研究學院所設立，這個中心為澳洲與亞太地區提供效率與生產力分析研究、諮商、教育訓練，由 T. J. Coelli 教授所主持。CEAP 網站提供一些上網下載的 DEA 軟體。Performance Management Research 由英國 Aston 大學 Aston 商學院所設立，這個中心與 CEAP 性質相同。The Productivity Analysis Group of Schulich School of Business 由加拿大 York 大學 Schulich 商學院所設立，這個中心為加拿大政府機構與私人企業提供效率與生產力分析研究、諮商、教育訓練，由 Wade D. Cook 教授所主持。網站內容包括研究成員、研究成果與訓練課程。在英國方面，則由 The UK Productivity Measurement Study Group 來進行生產力評估研究，這是英國作業研究學會的新研究群體。網站公布會議發表文章、時間與地點。

最後，Economic Systems 是美國企管顧問公司，在策略管理領域進行研究與發展決策支援系統。網站提供研究成果與聯絡資訊。

第 9 章　DEA 文獻目錄（1978-2003）

　　本章自國內外期刊中蒐集 1978-2003 有關 DEA 論文，整理 DEA 文獻目錄。文獻目錄收錄 1367 篇（中文部分 82 篇；英文部分 1285 篇），區分為理論與應用二部分。

9.1　理論文獻目錄

一、中文部分

1. 劉春初（2001），應用 DEA 權重設限模型評估組織之相對效率，《產業論壇》，2（2），161-178。
2. 江勁毅、曾國雄（2000），新的 DEA 效率衡量方式：以模糊多目標規劃建立之效率達成度，《管理學報》，17（26），369-388。
3. 高強（1995），The dual piecewise loglinear model for measuring efficiency，《管理與系統》，2（2），133-143。

二、英文部分

1. Adler, N. (2002). Including principal component weights to improve discrimination in data envelopment analysis. *The Journal of the Operational Research Society*, 53(9), 985.
2. Agrell, P. J. and Winker, J. (1996). A coherent methodology for productivity analysis employing integrated partial efficiency. *International Journal of Production Economics*, 46, 401-411.
3. Ahn, T. K., Amold, A., Charnes, A., and Cooper, W. W. (1989). A note on the efficiency characterizations obtained in different DEA models. *Socio-Economic Planning Sciences*, 22(6), 253-257.

4.   Ali, A. I. (1990). Data envelopment analysis: Computational issues. *Computers, Environment and Urban Systems*, 14(2), 157-165.

5.   Ali, A. I. (1993). Streamlined computation for data envelopment analysis. *European Journal of Operational Research*, 64(1), 61-68.

6.   Ali, A. I. and Cook, W. D., Seiford, L. M. (1991). Strict vs. weak ordinal relations for multiplier in data envelopment analysis. *Management Science*, 37(6), 733-738.

7.   Ali, A. I. and Lerme, C. S. (1997). Comparative advantage and disadvantage in DEA. *Annals of Operations Research*, 73, 215-232.

8.   Ali, A. I. and Seiford, L. M. (1990). Translation invariance in data envelopment analysis. *Operations Research Letter*, 9. 403-405.

9.   Ali, A. I. and Seiford, L. M. (1993). Computational accuracy and infinitesimals in data envelopment analysis. *INFOR*, 31(4), 290-297.

10. Ali, A. I., Lerme, C. S., and Nakosteen, R. A. (1993). Assessment of intergovernmental revenue transfers. *Socio-Economic Planning Sciences*, 27(2), 109-118.

11. Ali, A. I., Lerme, C. S., and Seiford, L. M. (1995). Components of efficiency evaluation in data envelopment analysis. *European Journal of Operational Research*, 80(3), 462-473.

12. Alirezaei, M. R. Howland, M., and Van de Panne, Cornelis (1998). Sampling size and efficiency bias in data envelopment analysis. *Applied Mathematics & Decision Sciences*, 2(1), 51-64.

13. Allen, R. Athanassopoulos, A. D., Dyson, R. G., and Thanassoulis, E. (1997). Weights restrictions and value judgements in data envelopment analysis: Evolution, development and future directions. *Annals of Operations Research*, 73, 13-34.

14. Althin, R. (2001). Measurement of productivity changes: Two Malmquist index approaches. *The Journal of Productivity Analysis*, 16(2), 107-128.

15. Anderson, P. and Petersen, N. C. (1993). A *procedure* for ranking efficient units in data envelopment analysis. *Management Science*, 39(10), 1261-1264.

16. Appa, G. and Yue, M. (1999). On setting scale efficient targets in DEA. *Journal of the Operational Research Society*, 50(1), 60-69.

17. Appa, G. and Yue, M. (2000). A reply to Zhu: How useful or accurate is this alternative?. *Journal of the Operational Research Society*, 51(3), 379.

18. Armstrong, R. D., Cook, W. D., and Seiford, L. M. (1982). Priority ranking and consensus formation: The case of ties. *Management Science*, 28(6), 638-645.

19. Athanassopoulos, A. D. (1995). Goal programming & data envelopment analysis (GoDEA) for target-based multi-level planning: Allocating central grants to the Greek local authorities. *European Journal of Operational Research*, 87(3), 535-550.

20. Athanassopoulos, A. D. and Podinovski, V. V. (1995). Dominance and potential optimality in multiple criteria decision analysis with imprecise information. *Journal of*

the *Operational Research Society*, 48(2), 142-150.

21.　Athanasspoulos, A. D. (1995). The evolution of non-parametric frontier analysis methods: A review and recent developments. *Journal of Economics, Business, Statistics and Operations Research*, 45(1-2), 13-45.

22.　Athanasspoulos, A. D. and Storbeck, J. E. (1995). Non-parametric models for assessing spatial efficiency. *The Journal of Productivity Analysis*, 6(3), 225-245.

23.　Atkinson, S. E. (2003). Measuring and decomposing productivity change: Stochastic distance function estimation versus data envelopment analysis. *Journal of Business & Economic Statistics*, 21(2), 284-294.

24.　Atkinson, S. E. and Cornwell, C. (1998). Estimating radial measures of productivity growth: Frontier vs non-frontier approaches. *The Journal of Productivity Analysis*, 10(1), 35-46.

25.　Atkinson, S. E. and Wilson, P. W. Comparing mean efficiency and productivity scores from small samples: A bootstrap methodology. *The Journal of Productivity Analysis*, 6(2), 132-152.

26.　Balk, B. M. (1995). On approximating the indirect Malmquist productivity indices by Fisher indices. *The Journal of Productivity Analysis*, 6(3), 195-200.

27.　Balk, B. M. (2001). Scale efficiency and productivity change. *The Journal of Productivity Analysis*, 15(3), 159-183.

28.　Balk, B. M. and Althin, R. (1996). A new transitive productivity index. *The Journal of Productivity Analysis*, 7(1), 19-28.

29.　Banker, R. D. (1984). Estimating most productive scale size using data envelopment analysis. *European Journal of Operational Research*, 17, 35-44.

30.　Banker, R. D. (1989). Econometric estimation and data envelopment analysis. *Research in Governmental and Nonprofit Accounting*, 5, 231-243.

31.　Banker, R. D. (1993). Maximum likelihood, consistency and data envelopment analysis: A statistical foundation. *Management Science*, 39(10), 1265-1273.

32.　Banker, R. D. (1996). Hypothesis tests using data envelopment analysis. *The Journal of Productivity Analysis*, 7, 139-160.

33.　Banker, R. D. and Chang, H. H. (1995). A simulation study of hypothesis tests for differences in efficiencies. *International Journal of Production Economics*, 39, 37-54.

34.　Banker, R. D. and Maindiratta, A. (1986). Erratum to: Piecewise logliner estimation of efficient production surfaces. *Management Science*, 32(3), 385-385.

35.　Banker, R. D. and Maindiratta, A. (1986). Piecewise logliner estimation of efficient production surfaces. *Management Science*, 32(1), 126-135.

36.　Banker, R. D. and Maindiratta, A. (1988). Nonparametric analysis of technical and allocative efficiencies in production. *Econometrica*, 56(6), 1315-1332.

37.　Banker, R. D. and Maindiratta, A. (1992). Maximum likelihood estimation of monotone and concave production frontiers. *The Journal of Productivity Analysis*, 3(4),

401-415.

38. Banker, R. D. and Morey, R. C. (1986). Efficiency analysis for exogenously fixed inputs and outputs. *Operations Research*, 34(4), 513-521.

39. Banker, R. D. and Morey, R. C. (1986). The use of categorical variables in data envelopment analysis. *Management Science*, 32(12), 1613-1627.

40. Banker, R. D. and Morey, R. C. (1993). Integrated system design and operational decisions for service sector outlets. *Journal of Operations Management*, 11(1), 18-98.

41. Banker, R. D. and Thrall, R. M. (1992). Estimation of returns to scale using data envelopment analysis. *European Journal of Operational Research*, 62(1), 74-84.

42. Banker, R. D. Charnes. A. Clarke, R. L., and Cooper, W. W. (1989). Erratum: Constrained game formulations and interpretations for data envelopment analysis. *European Journal of Operational Research*, 40(3), 299-308.

43. Banker, R. D. Conrad, R., and Strauss, R. P. (1986). A comparative application of data envelopment analysis and translog methods: An illustrative study of hospital production. *Management Science*, 32(1), 30-44.

44. Banker, R. D., Barhan, I. R., and Cooper, W. W. (1996). A note on returns to scale in DEA. *European Journal of Operational Research*, 83(3), 583-585.

45. Banker, R. D., Chang, H. H., Cooper, W. W. (1996). Equivalence and implementation of alternative methods for determining returns to scale in data envelopment analysis. *European Journal of Operational Research*, 89(3), 473-481.

46. Banker, R. D., Chang, H. H., Cooper, W. W. (1996). Simulation studies of efficiency, returns, to scale and misspecification with nonlinear functions in DEA. *Annals of Operations Research*, 66, 233-253.

47. Banker, R. D., Chang, H. H., Kemerer, C. F. (1994). Evidence on economies of scale in software development. *Information and Software Technology*, 36(5), 275-282.

48. Banker, R. D., Charnes, A., Cooper, W. W. (1984). Some models for estimating technical and scale inefficiencies in data envelopment analysis. *Management Science*, 30(9), 1078-1092.

49. Banker, R. D., Charnes, A., Cooper, W. W., and Schinnar, A. P. (1981). A bi-extremal principle for frontier estimation and efficiency evaluations. *Management Science*, 27(12), 1370-1382.

50. Banker, R. D., Conrad, R. F., and Strauss, R. P. (1986). A comparative application of data envelopment analysis and translog methods: An illustrative study of hospital production. *Management Science*, 32(1), 30-44.

51. Banker, R. D., Gadh, V. M., and Gorr, W. L. (1993). A Monte Carlo comparison of two production frontier estimation methods: Corrected ordinary least squares and data envelopment analysis. *European Journal of Operational Research*, 67, 332-343.

52. Banker, R. D., Gordon, B. D., and Slaughter, S. A. (1998). Software development practices, software complexity, and software maintenance performance: A field study.

Management Science, 44(4), 433-450.

53.　Bardhan, I. R., Cooper, W. W., and Kumbhakar, S. C. (1995). A simulation study of joint uses of data envelopment analysis and statistical regressions for production function estimation and efficiency evaluation. *The Journal of Productivity Analysis*, 9(3), 249-278.

54.　Barhan, I. R., Bowlin, W. F., Cooper, W. W., and Sueyoshi, T. (1996). Models and measures for efficiency dominance in DEA Part I: Additive models and MED measures. *Journal of the Operations Research Society of Japan*, 39(3), 322-332.

55.　Barhan, I. R., Bowlin, W. F., Cooper, W. W., and Sueyoshi, T. (1996). Models and measures for efficiency dominance in DEA Part II: Free Disposal and Russell Measure approaches. *Journal of the Operations Research Society of Japan*, 39(3), 333-344.

56.　Barr, R. S. and Durchholz, M. L. (1997). Parallel and hierarchical decomposition approaches for solving large-scale data envelopment analysis models. *Annals of Operations Research*, 73, 339-372.

57.　Battese, G. E. and Broca, S. S. (1997). Functional forms of stochastic frontier productions and models for technical inefficiency effects: A comparative study for wheat farmers in Pakistan. *The Journal of Productivity Analysis*, 8(4), 395-414.

58.　Battese, G. E., Rambaldi, A. N., and Wan, G. H. (1997). A stochastic frontier production function with flexible risk properties. *The Journal of Productivity Analysis*, 8(3), 269-280.

59.　Baucer, P. W. (1990). Recent developments in the econometrics estimation of frontiers. *Journal of Econometrics*, 46, 39-56.

60.　Belton, V. and Vickers, S. (1993). Demystifying DEA – A visual interactive approach based on multiple criteria analysis. *Journal of the Operational Research Society*, 44(9), 883-896.

61.　Bera, A. K., Sharma, S. C. (1999). Estimating production uncertainty in stochastic frontier production function models. *The Journal of Productivity Analysis*, 2(3), 187-210.

62.　Bessent, A. M., Bessent, E. W., Clark, C., and Garrett, A. W. (1988). Efficiency frontier determination by constrained facet analysis. *Operations Research*, 36(5), 785-796.

63.　Blackorby, C. and Russell, R. R. (1999). Aggregation of efficiency indices. *The Journal of Productivity Analysis*, 12(1), 5-20.

64.　Bogetoft, P. (1994). Incentive efficient production frontiers: An agency perspective on DEA. *Management Science*, 40(8), 959-968.

65.　Bogetoft, P. (1995). Incentives and productivity measurements. *International Journal of Production Economics*, 39, 67-81.

66.　Bogetoft, P. (1996). DEA on a relaxed convexity assumptions. *Management Science*, 42(3), 457-465.

67.   Bogetoft, P. (1997). DEA-based yardstick competition: The optimality of best practice regulation. *Annals of Operations Research*, 73, 277-298.

68.   Bogetoft, P. and Hougaard, J. L. (1999). Efficiency evaluations based on potential improvements. *The Journal of Productivity Analysis*, 12(3), 233-247.

69.   Bogetoft, P. Tama, J. M., and Tind, J. (2000). Convex input and output projections of non-convex production possibility sets. *Management Science*, 46(6), 858-869.

70.   Bojanic, A. N., Caudill, S. B., and Ford, J. M. (1998). Small-sample properties of ML, COLS, and DEA estimators of frontier models in the presence of heteroscedasticity. *European Journal of Operational Research*, 108(1), 140-148.

71.   Boljuncic, V. (1998). Sensitivity analysis in the additive model of data envelopment analysis. *International Journal of Systems Science*, 29(2), 219-222.

72.   Bouhnik, S., Golany, B., Passy, U., Hackman, S. T., and Vlatsa, D. (2001). Lower bound restrictions on intensities in data envelopment analysis. *The Journal of Productivity Analysis*, 16(3), 241-261.

73.   Boussofiane, A., Dyson, R. G., and Thanassoulis, E. (1991). Applied data envelopment analysis. *European Journal of Operational Research*, 52, 1-15.

74.   Bouyssou, D. (1999). Using DEA as a tool for MCDM: Some remarks. *Journal of the Operational Research Society*, 50(9), 974-978.

75.   Bowlin, W. F., Charnes, A., Cooper, W. W., and Sherman, H. D. (1985). Data envelopment analysis and regression analysis to efficiency estimation and evaluations. *Annals of Operations Research*, 2, 33-54.

76.   Boyd, G. and Färe, R. (1984). Measuring the efficiency of decision making units: A comment. *European Journal of Operational Research*, 15, 331-332.

77.   Briec, W. (1997). A graph-type extension of Farell technical efficiency measure. *The Journal of Productivity Analysis*, 8(1), 95-110.

78.   Briec, W. (1999). Hölder distance function and measurement of technical efficiency. *The Journal of Productivity Analysis*, 11(2), 111-131.

79.   Briec, W. and Lemaire, B. (1999). Technical efficiency and distance to a reverse convex set. *European Journal of Operational Research*, 114(1), 178-187.

80.   Briec, W., Kerstens, K., Leleu, H., and Eckaut, P. V. (2000). Returns to scale on nonparametric deterministic technologies: Simplifying goodness-of-fit methods using operations on technologies. *The Journal of Productivity Analysis*, 14(3), 267-274.

81.   Camm, J. D. and Burwell, T. H. (1991). Sensitivity analysis in linear programming models with common inputs. *Decision Sciences*, 22, 512-518.

82.   Castelli, L., Pesenti, R., Ukovich, W. (2001). DEA-like models for efficiency evaluations of specialized and interdependent units. *European Journal of Operational Research*, 132(2), 274-286.

83.   Caves, D. W., Christensen, L. R., and Diewert, W. E. (1982). Multilateral comparisons of output, input, and productivity using superlative index numbers. *Journal of*

Econometrics, 92, 73-86.

84. Caves, D. W., Christensen, L. R., and Diewert, W. E. (1982). The economic theory of index numbers and the measurement of input, output, and productivity. *Econometrica*, 50, 1393-1414.

85. Cazals, C. (2002). Nonparametric frontier estimation: A robust approach. *Journal of Econometrics*, 106(1), 1.

86. Chakravarty, S. R. (1992). Efficiency and concentration. *The Journal of Productivity Analysis*, 3(3), 249-255.

87. Chang, K. (1997). A note on 'a discussion of testing DMUs returns to scale'. *European Journal of Operational Research*, 97(3), 597-599.

88. Chang, K. (1998). Using the frontier production function and minimax approaches in measuring productive efficiency: Critical remarks. *OR Spektrum*, 20(2), 91-95.

89. Chang, K. and Guh, Y. (1995). Piecewise loglinear frontier and log efficiency measures. *Computers & Operations Research*, 22(10), 1031-1037.

90. Charnes, A. and Cooper, W. W. (1978). Managerial economics: Past, present and future. *Journal of Enterprise Management*, 1(1), 5-23.

91. Charnes, A. and Cooper, W. W. (1984). The non-archimedean CCR ratio for efficiency analysis: A rejoinder to Boyd and Färe. *European Journal of Operational Research*, 15(3), 333-334.

92. Charnes, A. and Cooper, W. W. (1985). Preface to topics in data envelopment analysis. *Annals of Operations Research*, 2, 59-94.

93. Charnes, A. and Neralic, L. (1990). Sensitivity analysis of the additive model in data envelopment analysis. *European Journal of Operational Research*, 48(3), 332-341.

94. Charnes, A., Clarke, R. L., Cooper, W. W. (1989). An approach to testing for organizational slack with R. Banker's game theoretic formulation of DEA. *Research in Governmental and Nonprofit Accounting*, 5, 211-230.

95. Charnes, A., Cooper, W. W., and Rhodes, E. L. (1978). Measuring the efficiency of decision making units. *European Journal of Operational Research*, 2(6), 429-444.

96. Charnes, A., Cooper, W. W., and Rhodes, E. L. (1979). Short communication: Measuring the efficiency of decision making units. *European Journal of Operational Research*, 3(4), 339.

97. Charnes, A., Cooper, W. W., and Rhodes, E. L. (1980). The distribution of DMU efficiency measures. *Journal of Enterprise Management*, 2(2), 160-162.

98. Charnes, A., Cooper, W. W., and Schinnar, A. P. (1982). Transforms and approximation in cost and production function relations. *Omega*, 10(2), 207-211.

99. Charnes, A., Cooper, W. W., and Sueyoshi, T. (1986). A goal programming/constrainted regression review of the Bell system breakup. *Management Science*, 34(1), 1-26.

100. Charnes, A., Cooper, W. W., and Thrall, R. M. (1986). Classifying and characterizing

efficiencies and inefficiencies in data envelopment analysis. *Operation Research Letters*, 5(3), 105-110.

101. Charnes, A., Cooper, W. W., and Thrall, R. M. (1991). A structure for classifying and characterizing efficiencies and inefficiencies in data envelopment analysis. *The Journal of Productivity Analysis*, 2, 179-237.

102. Charnes, A., Cooper, W. W., Golany, B. Seiford, L. M., Stutz, J. (1989). Foundations of data envelopment analysis for Pareto-Koopmans efficient empirical production functions. *Journal of Econometric*, 30, 91-107.

103. Charnes, A., Cooper, W. W., Huang, Z. M., and Sun, D. B. (1991). Relations between half-space and finitely generated cones in polyhedral cone-ratio DEA models. *International Journal of Systems Science*, 22, 2057-2077.

104. Charnes, A., Cooper, W. W., Lewin, A. Y., Morey, R. C., and Roussean, J. J. (1985). Sensitivity and stability analysis in DEA. *Annals of Operations Research*, 2, 139-156.

105. Charnes, A., Cooper, W. W., Seiford, L. M., and Stutz, J. (1982). A multiplicative model for efficiency analysis. *Socio-Economic Planning Sciences*, 16(5), 223-224.

106. Charnes, A., Cooper, W. W., Seiford, L. M., and Stutz, J. (1986). Invariant multiplicative efficiency and piecewise Cobb-Douglas envelopments. *Operations Research Letters*, 5(3), 105-110.

107. Charnes, A., Cooper, W. W., Wei, Q. L., and Huang, Z. M. (1989). Cone ratio data envelopment analysis and multi-objective programming. *International Journal of Systems Science*, 20(7), 1099-1118.

108. Charnes, A., Cooper, W. W., Wei, Q. L., and Huang, Z. M. (1990). Fundamental theorems of nondominated solutions associated with cones in normed linear spaces. *Journal of Mathematical Analysis and Applications*, 150910, 54-78.

109. Charnes, A., Cooper, W. W., Wei, Q. L., Huang, Z. M., and Sun, D. B. (1991). Relations between half-space and finitely generated cones in polyhedral cone-ratio DEA models. *International Journal of Systems Science*, 22, 2057-2077.

110. Charnes, A., Haag, S., Jaska, P. V., and Semple, J. H. (1992). Sensitivity of efficiency classifications in the additive model of data envelopment analysis. *International Journal of Systems Science*, 23(5), 789-798.

111. Charnes, A., Rousseau, J. J., and Semple, J. H. (1992). Non-Archimedean infinitesimals transcenddentals and categorical inputs in linear programming and data envelopment analysis. *International Journal of Systems Science*, 23(12), 2401-2406.

112. Charnes, A., Rousseau, J. J., and Semple, J. H. (1993). An effective non-Archimedean infinitesimals antidegeneracy/cycling linear programming methods especially for data envelopment analysis and like models. *Annals of Operations Research*, 47, 271-278.

113. Charnes, A., Rousseau, J. J., and Semple, J. H. (1996). Sensitivity and stability of efficiency classifications in data envelopment analysis. *The Journal of Productivity Analysis*, 7(1), 5-18.

114. Cherchye, L. (2001). Alternative treatments of congestion in DEA: A rejoinder to Cooper, Gu, and Li. *European* Journal *of Operational Research*, 132(1), 75.

115. Cherchye, L. and Puyenbroeck, T. (1999). Learning from input-output mixes in DEA: A proportional measure for slack-based efficient projections. *Managerial and Decision Economics*, 20(3), 151-161.

116. Cherchye, L. and Puyenbroeck, T. (2001). A comment on multi-stage DEA methodology. *Operations Research Letters*, 28(2), 93-98.

117. Cherchye, L. and Puyenbroeck, T. (2001). Product mixes as objects of choice in nonparametric efficiency measurement. *European Journal of Operational Research*, 132(2), 287-295.

118. Cherchye, L., Kuosmanen, T., and Post, T. (2000). What is the economic meaning of FDH? A reply to Thrall. *The Journal of Productivity Analysis*, 13(3), 259-263.

119. Cherchye, L., Kuosmanen, T., and Post, T. (2001). Alternative treatments of congestion in DEA: A rejoinder to Cooper, Gu, and Li. *European Journal of Operational Research*, 132(1), 75-80.

120. Coelli, T. J. (1995). Estimators and hypothesis tests for a stochastic frontier function: A Monte Carlo analysis. *The Journal of Productivity Analysis*, 6(3), 247-268.

121. Coelli, T. J. (1998). A multi-stage methodology for the solution of orientated DEA models. *Operations Research Letters*, 23, 143-149.

122. Cook, T. J., Kress, M., and Seiford, L. M. (1997). A general framework for distance-based consensus in ordinal ranking models. *European Journal of Operational Research*, 96(2), 392-397.

123. Cook, W. D. and Kress, M. (1985). Ordinal ranking with intensity of preference. *Management Science*, 31(1), 26-32.

124. Cook, W. D. and Kress, M. (1990). A data envelopment model for aggregating preference rankings. *Management Science*, 36(11), 1302-1310.

125. Cook, W. D. and Kress, M. (1990). A m-th generation model for weak ranking of players in a tournament. *Journal of the Operational Research Society*, 41(12), 1111-1119.

126. Cook, W. D. and Kress, M. (1991). A multiple criteria decision model with ordinal preference data. *European Journal of Operational Research*, 54(2), 191-198.

127. Cook, W. D., Chai, D., Doyle, J. R., and Green, R. H. (1999). Hierarchies and groups in DEA. *The Journal of Productivity Analysis*, 10(2), 177-198.

128. Cook, W. D., Doyle, J. R., Green, R. H., and Kress, M. (1998). Multiple criteria modeling and ordinal data: Evaluation in terms of subsets of criteria, *European Journal of Operational Research,* 98(3), 602-609.

129. Cook, W. D., Kazakov, A., and Green, R. D. (1998). Setting performance targets for new decision making units in data envelopment analysis. *INFOR*, 36(3), 177-188.

130. Cook, W. D., Kress, M., and Seiford L. M. (1993). On the use of ordinal data in data

envelopment analysis. *Journal of the Operational Research Society* 44(2), 133-140.

131. Cook, W. D., Kress, M., and Seiford, L. M. (1992). Prioritization models for frontier decision making nuits in DEA. *European Journal of Operational Research* 59(2), 319-323.

132. Cook, W. D., Kress, M., and Seiford, L. M. (1996). Data Envelopment Analysis in the presence of both quantitative and qualitative factors. *Journal of the Operational Research Society* 47,945-953.

133. Cooper, W. W. (1999). Operational research/Management Science: Where it's been. Where it should be going? *Journal of Operational Research Society* 50(1), 3-11.

134. Cooper, W. W. (2001). Comparisons and evaluations of alternative approaches to the treatment of congestion in DEA. *European Journal of Operational Research*, 132(1), 62.

135. Cooper, W. W. and Lovell, C. A. K. (2000). New approaches to measures of efficiency in DEA: An introduction. *The Journal of Productivity Analysis*, 13(2), 91-92.

136. Cooper, W. W. and Tone, K. (1997). Measures of inefficiency in data envelopment analysis and stochastic frontier estimation. *European Journal of Operational Research* 99(1), 72-88.

137. Cooper, W. W., Gu, B., and Li, S. (2001). Comparisons and evaluations of alternative approaches to the treatment of congestion in DEA. *European Journal of Operational Research*, 132(1), 62-74.

138. Cooper, W. W., Gu, B., and Li, S. (2001). Note: Alternative treatments of congestion in DEA – A response to the Cherchye, Kuosmanen, and Post critique. *European Journal of Operational Research*, 132(1), 81-87.

139. Cooper, W. W., Huang, Z. M., and Li, S. X. (1996). Satisfying DEA models under chance constraints. *Annals of Operations Research*, 66, 279-295.

140. Cooper, W. W., Huang, Z. M., Li, S. X., and Olesen, O. B. (1998). Chance constrained programming formulations for stochastic characterizations of efficiency and dominance in DEA. *The Journal of Productivity Analysis* 9(1), 53-79.

141. Cooper, W. W., Li, S., Seiford, L. M., Tone, K., Thrall, R. M., and Zhu, J. (2001). Sensitivity and stability analysis in DEA: Some recent developments. *The Journal of Productivity Analysis*, 15(3), 217-246.

142. Cooper, W. W., Park, K, S., and Pastor, J. T. (1999). RAM: A range adjusted Measure of inefficiency for use with additive models, and relations to other models and measure in DEA. *The Journal of Productivity Analysis*, 11(1), 5-42.

143. Cooper, W. W., Park, K, S., and Pastor, J. T. (2000). Marginal rates and elasticities of substitution with additive models in DEA. *The Journal of Productivity Analysis*, 13(2), 105-123.

144. Cooper, W. W., Park, K, S., and Pastor, J. T. (2001). The Range Adjusted Measure (RAM) in DEA: A response to the comment by Steinmann and Zweifel. *The Journal*

of Productivity Analysis 15(2), 145-152.

145. Cooper, W. W., Park, K, S., and Yu, G. (1999). IDEA and AR-IDEA models for dealing with imprecise data in DEA. *Management Science*, 45(4), 597-607.

146. Cooper, W. W., Seiford L. M., and Zhu, J. (2000). A unified additive model approach for evaluating inefficiency and congestion with associated measures in DEA. *Socio-Economic Planning Sciences*, 34(1), 1-25.

147. Cooper, W. W., Seiford L. M., and Zhu, J. (2001). Slacks and congestion: Respnose to a comment by R Färe and S. Grosskopf. *Socio-Economic Planning Sciences*, 35(3), 205-215.

148. Cooper, W. W., Sueyoshi T., and Tone, K. (1998). Evaluating performance for activities in Pacific Rim countries – In celebration of the 40th Anniversary of the Operations Research Society of Japan, *Omega,* 26(2).

149. Cooper, W. W., Sueyoshi T., and Tone, K. (1998). Preface: Evaluating performances for activities in Pacific Rim countries - In celebration of the 40th Anniversary of the Operations Research Society of Japan. *Omega,* 26(2), 147-151.

150. Cooper, W. W., Thompson R. G., and Thrall, R. M. (1996). Extensions and new developments in data envelopment analysis. Annals of Operations Research, 66.

151. Cooper, W. W., Thompson R. G., and Thrall, R. M. (1996). Introduction: Extensions and new developments in DEA. *Annals of Operations Research* 66, 3-45.

152. Cooper, W. W., Thompson R. G., and Thrall, R. M. (1996). Preface. *Annals of Operations Research*, 66.

153. Cooper, W. W., Wei, Q. L., and Yu, G. (1997). Using displaced cone representation in DEA model for non-dominated solutions in multi-objective programming. *Systems Science and Mathematical Sciences*, 10(1), 41-49.

154. Cornwell, C. Schmidt, P., and Sickles, R. C. (1990). Production frontiers with cross-sectional and time-series variation in efficiency levels. *Journal of Econometrics* 46,185-200.

155. Desai, A. (1992). Data envelopment analysis: A clarification. *Evaluation and Research in Education*, 6(1), 39-41.

156. Desai, A. and Walters, L. C. (1991). Graphical presentations of data envelopment analysis: Management implications from parallel axes representations. *Decision Sciences*, 22(2), 335-353.

157. Desai, A., Gulledge, T. R., Haynes, K. E., Shroff, H. F. E., and Storbeck, J. E. (1991). A DEA approach to siting decision sensitivity. *Regional Science Review*, 18, 71-80.

158. Desai, A., Storbeck, J. E., Haynes, K. E., Shroff, H. F. E., and Xiao, Y. (1990). Extending multiple objective programming for siting decision sensitivity. *Modeling and Simulation*, 22, 153-158.

159. Despotis, D. K. (2001). Data envelopment analysis with imprecise data. *European Journal of Operational Research*.

160. Despotis, D. K. (2002). Data envelopment analysis with imprecise data. *European Journal of Operational Research*, 140(1), 24.

161. Despotis, D. K. (2002). Improving the discriminating power of DEA: Focus on globally efficient units. *The Journal of the Operational Research Society*, 53(3), 314.

162. DeYoung, R. (1997). A diagnostic test for the distribution-free efficiency estimator: An example using U.S. commercial bank data. *European Journal of Operational Research*, 98(2), 243-249.

163. Dhawan, R. and Gerdes, G. (1997). Estimating technological change using a stochastic frontier production function framework: Evidence from U.S. firm level data. *The Journal of Productivity Analysis*, 8(4), 431-446.

164. Doyle, J. R. and Green, R. H. (1993). Data envelopment analysis and multiple criteria decision making. *Omega*, 713-715.

165. Doyle, J. R. and Green, R. H. (1994). Efficiency and cross-efficiency in DEA: Derivations, meanings and uses. *Journal of the Operational Research Society*, 45(5), 567-538.

166. Doyle, J. R. and Green, R. H. (1995). Cross-evaluation in DEA: Improving discrimination among DMUs. *INFOR*, 33(3), 5-222.

167. Doyle, J. R., Green, R. H., and Cook, W. D. (1995). Upper and lower bound evaluation of multiattribute objects: Comparison models using linear programming. *Organizational Behaviour and Human Decision Process*, 64(3), 261-273.

168. Drinkwater, S. and Harris, R. (1999). Frontier 4.1: A computer program for stochastic frontier production and cost function estimation. *The Economic Journal*, 109(456), 453-458.

169. Dulá, J. H. (1997). Equivalences between data envelopment analysis and the theory of redundancy in linear systems. *European Journal of Operational Research*, 101(1), 51-64.

170. Dulá, J. H. and Hickman, B. L. (1997). Effects of excluding the column being scored from DEA envelopment LP technology matrix. *Journal of the Operational Research Society*, 48(10), 1001-1012.

171. Dulá, J. H. and Thrall, R. T. (2001). A computational framework for accelerating DEA. *The Journal of Productivity Analysis*, 16(1), 63-78.

172. Dulá, J. H. and Venugopal, N. (1995). On characterizing the production possibility set for the CCR ratio model in DEA. *International Journal of Systems Science*, 26(12), 2319-2325.

173. Dulá, J. H. and Venugopal, N. (1996). A new procedure for identifying the frame of the convex hull of a finite collection of points in multidimensional space. *European Journal of Operational Research*, 92(2), 352-367.

174. Dyson, R. G. Allen, R., Shale, E. Camanho, A. S. R., Podinovski, V. V., Sarrico, C., and Shale, E. (2001). Pitfalls and protocols in DEA. *European Journal of Operational*

Research, 132(2), 245-259.

175.　El-Mahgary, S. (1995). Data envelopment analysis: A basic glossary. *O.R. insight*, 8(4), 15-22.

176.　El-Mahgary, S. and Lahdelma, R. (1995). Data envelopment analysis: Visualizing the results. *European Journal of Operational Research*, 83(3), 700-710.

177.　Dual models of interval DEA and its extension to interval data. *European Journal of Operational Research*, 136(1), 32.

178.　Färe, R. (1986). Addition and efficiency. *Quarterly Journal of Economics*, 101, 861-865.

179.　Färe, R. and Grosskopf, S. (1983). Measuring output efficiency. *European Journal of Operational Research*, 13, 173-179.

180.　Färe, R. and Grosskopf, S. (1990). A distance function-approach to price efficiency. *Journal of Public Economics*, 43, 123-126.

181.　Färe, R. and Grosskopf, S. (1992). Malmquist productivity indexes and fisher ideal indexes. *The Economic Journal*, 102, 158-160.

182.　Färe, R. and Grosskopf, S. (1994). Estimation of returns to scale using data envelopment analysis: A comment. *European Journal of Operational Research*, 79(2), 379-382.

183.　Färe, R. and Grosskopf, S. (1998). Congestion: A note. *Socio-Economic Planning Sciences*, 32(1), 21-23.

184.　Färe, R. and Grosskopf, S. (1998). Inner and outer approximations of technology: A data envelopment analysis approach. *European Journal of Operational Research*, 105(3), 622-625.

185.　Färe, R. and Grosskopf, S. (2000). Network DEA. *Socio-Economic Planning Sciences*, 34(1), 35-49.

186.　Färe, R. and Grosskopf, S. (2000). Research note. Decomposing technical efficiency with care. *Management Science*, 46(1).

187.　Färe, R. and Grosskopf, S. (2000). Slacks and congestion: A comment. *Socio-Economic Planning Sciences*, 34(1), 27-33.

188.　Färe, R. and Grosskopf, S. (2000). Theory and application of directional distance functions. *The Journal of Productivity Analysis*, 13(2), 91-103.

189.　Färe, R. and Grosskopf, S. (2001). When can slacks be used to identify congestion? An answer to W. W. Cooper, L. Seiford and J. Zu. *Socio-Economic Planning Sciences*, 35(3), 217-221.

190.　Färe, R. and Hunsaker, W. (1986). Notions of efficiency and their reference sets. *Management Science*, 32(2), 273-243.

191.　Färe, R. and Logan, J. (1992). The rate of return regulated version of Farell efficiency. *International Journal of Production Economics*, 27(2), 161-165.

192.　Färe, R. and Lovell, C. A. K. (1978). Measuring the technical efficiency of production.

Journal of Economic Theory, 19, 150-162.

193. Färe, R. and Primont, D. (1996). The opportunity cost of duality. *The Journal of Productivity Analysis*, 7, 213-224.

194. Färe, R. Grosskopf, S., Lovell, C. A. K. (1988). Scale elasticity and scale efficiency. *Journal of Institutional and Theoretical Economics*, 144, 721-729.

195. Färe, R., Grosskopf, S., and Nelson, J. (1990). On price efficiency. *International Economic Review*, 31, 709-720.

196. Färe, R., Grosskopf, S., and Nijinkeu, C. (1988). On piecewise reference technologies. *Management Science*, 34(12), 1507-1511.

197. Färe, R., Grosskopf, S., Lovell, C. A. K., and Pasurka, C. (1989). Multilateral productivity comparisons when some outputs are undesirable: A non-parametric approach. *Review of Economics and Statistics*, 71(1), 90-98.

198. Farrell, M. J. and Fieldhouse, M. (1962). Estimating efficient production frontiers under increasing returns to scale. *Journal of the Royal Statistical Society*, 252-267.

199. Farrell, M. J. (1957). The measurement of productive efficiency. *Journal of the Royal Statistical Society*, 120, 253-290.

200. Ferrier, G. D. and Hirschberg, G. (1997). Bootstrapping confidence intervals for linear programming efficiency scores: With an illustration using Italian banking data. *The Journal of Productivity Analysis*, 8(1), 19-33.

201. Fleuret, F. and Brunet, E. (2000). DEA: An architecture for goal planning and classification. *Neural Computation*, 12(9), 1987-2008.

202. Førsund, F. R. (1996). On the calculation of the scale elasticity in DEA models. *The Journal of Productivity Analysis*, 7, 283-302.

203. Førsund, F. R. (1998). The rise and fall of slacks: Comments on quasi-Malmquist productivity indices. *The Journal of Productivity Analysis*, 10(1), 21-34.

204. Førsund, F. R., Lovell, C. A. K., and Schmidt, P. (1980). A survey of frontier production functions and of their relationship to efficiency measurement. *Journal of Econometrics*, 13, 5-23.

205. Fox, K. J. (2002). Stochastic Frontier Analysis. *Economica*, 69(276), 680-681.

206. Frank, R. (1992). X-efficiency and allocative efficiency: What have we learned? *The American Economic Review*, 82(2), 434-438.

207. Frank, R. G. (1988). On making the illustration illustrative: A comment on Banker, Conrad and Strauss. *Management Science*, 34(8), 1026-1029.

208. Frei, F. X. and Harker, P. T. (1999). Measuring aggressive process performance using AHP. *European Journal of Operational Research*, 116(2), 436-442.

209. Frei, F. X. and Harker, P. T. (1999). Projections onto efficient frontiers: Theoretical and computational extensions to DEA. *The Journal of Productivity Analysis*, 11(3), 275-300.

210. Fried, H. O., Schmidit, S., and Yaisawarng, S. (1999). Incorporating the operating

environment into a nonparametric measure of technical efficiency. *The Journal of Productivity Analysis*, 12(3), 247-265.

211. Friedman, L. and Sinuancy-Stern, Z. (1998). Combining ranking scales and selecting variables in the DEA context: The case of industrial branches. *Computers & Operations Research*, 25(9), 781-791.

212. Fuentes, H. J., Grifell-Tatjé, E., and Perelman, S. (2001). A parametric distance function approach for Malmquist productivity index estimation. *The Journal of Productivity Analysis*, 15(2), 79-94.

213. Fukuyama, H. (2000). Returns to scale and scale elasticity in data envelopment analysis. *European Journal of Operational Research*, 125(1), 93-112.

214. Fukuyama, H., (2001). Returns to scale and scale elasticity in Farrell, Russell and additive modals. *The Journal of Productivity Analysis*, 16(3), 225-239.

215. G.iokas, D. I. (1997). The use of goal programming and data envelopment analysis for estimating efficient marginal costs of outputs. *Journal of the Operational Research Society*, 48(3), 319-323.

216. G.olany, B. and Yaakov, R. (1989). An application procedure for DEA. *Omega*, 17 (3), 237-250.

217. G.olany, B. and Yaakov, R. (1993). Some extensions of techniques to handle non-discretionary factors in data envelopment analysis. *The Journal of Productivity*, 4(4), 419-432.

218. G.olany, B. and Yu, G. (1995). A good programming-discriminant function approach to the estmation of an empirical production function based on DEA results. *The Journal of Productivity Analysis,* 6 (2), 171-186.

219. Golany, B. (1988). A note on including ordinal relations among multipliers in data envelopment analysis. *Management Science,* 34(8), 1029-1033.

220. Golany, B. (1988). An interactive MOLP procedure for the extension of DEA to effectiveness analysis. *Journal of the Operational Research Society*, 39(8), 725-734.

221. Golany, B. and Yu, G. (1997). Estimating returns to scale in DEA. *European Journal of Operational Research*, 103 (1), 28-37.

222. Golany, B., Phillips, F. Y., and Rousseau, J. J. (1993). Models for improved effectiveness based on DEA efficiency results. *IIE Transactions*, 25(6), 2-10.

223. Goldstein, H. (1990). Data envelopment analysis: An exposition and critique. *Evaluation and Research in Education*, 4(1), 17-20.

224. Gong, B.H. and Sickles, R. C. (1992). Finite sample evidence on the performance of stochastic frontiers and data envelopment analysis using panel data. *Journal of Econometrics*, 51, 259-284.

225. Gong, L. G. and Sun, D. B. (1995). Efficiency measurement of production operations under uncertainty. *International Journal of Production Economics*, 39, 55-66.

226. Gong, L. G. and Sun, D. B. (1998). Measuring production with random inputs and

outputs using DEA and certainty equivalent. *European Journal of Operational Research*, 111(1), 62-74.

227. Gonzáles, E. and Alvarez, A. M. (2001). From efficiency measurement to efficiency improvement: The choice of a relevant benchmark. *European Journal of Operational Research*, 133(3), 512-520.

228. Gonzales-Lima, M., Tapia, R. A., and Thrall, R. M. (1996). On the construction of strong complementary slackness solutions for DEA linear programming problems using a primal-dual interior-point method. *Annals of Operations Research*, 66, 139-162.

229. Gonzalez, E. (2001). From efficiency measurement to efficiency improvement: The choice of a relevant benchmark. *European Journal of Operational Research*, 133(3), 512.

230. Granderson, G. and Linvil, C. B. (1997). Nonparametric measurement of productive efficiency in the presence of regulation. *European Journal of Operational Reseearch*, 110(3), 643-657.

231. Granof, M. H. (1991). New technique may alter efficiency reviews. *Government Accounting and Auditing Update*, 2(6).

232. Green, R. H. (1996). DIY DEA: Implementing data envelopment analysis in the mathematical programming language AMPL. *Omega*, 24(4), 489-494.

233. Green, R. H. and Doyle, J. R. (1995). On maximizing discrimination in multiple criteria decision making. *Journal of the Operational Research Society*, 46(2), 192-204.

234. Green, R. H. and Doyle, J. R. (1996). Improving discernment in DEA using profiling: A comment. *Omega*, 24(3), 365-366.

235. Green, R. H. and Doyle, J. R. (1997). Implementing data envelopment analysis: Primal or dual? *INFOR*, 35(1), 66-75.

236. Green, R. H., Cook, W. D., and Doyle, J. R. (1997). A note on the additive data envelopment analysis model. *European Journal of Operational Research Society*, 48(4), 446-448.

237. Green, R. H., Doyle, J. R., and Cook, W. D. (1996). Preference voting and project ranking using DEA and cross-evaluation. *European Journal of Operational Research*, 90(3), 461-472.

238. Green, R. H., Doyle, J. R., and Cook, W. D. (1996). Efficiency bounds in data envelopment analysis. *European Journal of Operational Research*, 89(3), 482-490.

239. Greenberg, R. and Nunamaker, T. R. (1987). A generalized multiple criteria model for control and evaluation of nonprofit organizations. *Financial Accountability and Management*, 3(4), 331-342.

240. Greene, W. H. (1990). A gamma-distributed stochastic frontier model. *Journal of Econometrics*, 46,141-163.

241. Grifell-Tatjé, E. and Lovell, C. A. K. (1995). A note on the Malmquist productivity

index. *Economics Letters*, 47,169-175.

242.　Grifell-Tatjé, E. and Lovell, C. A. K. (1997). A DEA-based analysis of productivity change and intertemporal managerial performance. *Annals of Operations Research*, 73,177-189.

243.　Grifell-Tatjé, E., Lovell, C. A. K., and Pastor, J. T. (1998). A quasi-Malmquist productivity index. *The journal of Productivity Analysis*, 10(1), 7-20.

244.　Gropper, D. M., Caudill, S. B., and Beard, T. R. (1999). Estimating multiproduct cost functions over time using a mixture of normals. *The Journal of Productivity Analysis*, 11(3), 201-218.

245.　Grosskopf, S. (1986). The role of reference technology in measuring productivity efficiency. *The Economic Journal*, 96, 499-513.

246.　Grosskopf, S. (1996). Statistical inference and nonparametric efficiency: A selective survey. *The Journal of Productivity Analysis*, 7, 161-176.

247.　Grosskopf, S., Margaritis, D., and Valdmanis, V. G. (1995). Estimating output substitutability of hospital services: A distance function approach. *European Journal of Operational Research*, 80(3), 575-585.

248.　Gstach, D. (1998). Another approach to data envelopment analysis in noisy environments: DEA+. *The Journal of Productivity Analysis*, 9(2), 161-176.

249.　Gulledge, T. R. (1990). Book review: Applications of modern production theory: Efficiency and productivity by Dogramaci and Färe. *Interfaces*, 20, 87-88.

250.　Guo, P. and Tanaka, H. (2001). Fuzzy DEA: A perceptual evaluation method. *Fuzzy Sets and Systems*, 119(1), 149-160.

251.　Guh, Y. Y. (2001). Data Envelopment Analysis in Fuzzy Environment. *International Journal of information and Management Sciences*, 12(2), 51-65.

252.　Haas, D. A. (2003). Compensating for non-homogeneity in decision-making units in data envelopment analysis. *European Journal of Operational Research*, 144(3), 530.

253.　Hackman, S. T. (1990). An axiomatic framework of dynamic production. *The Journal of Productivity Analysis*, 1(4), 309-324.

254.　Hackman, S. T. and Russell, R. R. (1995). Duality and continuity. *The Journal of Productivity Analysis*, 6(2), 99-116.

255.　Hackman, S. T., Passy, U., and Platzman, L. K. (1994). Explicit representation of the two-dimensional section of a production possibility set. *The Journal of Productivity Analysis*, 5(2), 161-170.

256.　Haksever, C. (1996). Foreword: Data envelopment analysis. *Computers & Operations Research*, 23(4).

257.　Haksever, C. (1996). Special issue on data envelopment analysis in honor of Abraham Charnes. *Computers & Operations Research*, 23(4).

258.　Hall, P., Härdle, W., and Simar, L. (1995). Iterated bootstrap with applications to frontier models. *The Journal of Productivity Analysis*, 6(1), 63-76.

259. Halme, M. and Korhonen, P. (2000). Restricting weights in value efficiency analysis. *European Journal of Operational Research*, 126(1), 175-188.

260. Halme, M., Joro, T., Korhonen, P., Salo, S., and Wallenius, J. (1997). A value efficiency approach incorporating preference information in data envelopment analysis. *Management Science*, 45(1), 103-115.

261. Hanushek, E. A. (1979). Conceptual and empirical issues in the estimation of educational production functions. *Journal of Human Resources*, 14, 351-388.

262. Hao, G., Wei, Q. L., and Yan, H. (2000). A game theoretical model of DEA efficiency. *Journal of Operational Research Society*, 51(11), 1319-1329.

263. Hao, G. Wei, Q. L., and Yan, H. (2000). The generalized DEA model and the convex cone constrained game. *European Journal of Operational Research*, 126(3), 515-525.

264. Hashimoto, A. (1997). A ranked voting system using a DEA/AR exclusion model: A note. *European Journal of Operational Research*, 97(3), 600-604.

265. Haynes, K. E., Stough, R. R., and Shroff, H. F. E. (1990). New methodology in context: Data envelopment analysis. *Computers, Environment and Urban Systems*, 14(2), 85-88.

266. Hiroshi, M. and Seiford, L M. (2000). Characteristics on stochastic DEA efficiency – Reliability and probability being efficient. *Journal of the Operations Research Society of Japan*, 42(4), 389-404.

267. Hjalmarsson, L., Kumbhakar, S. C., and Heshmati, A. (1996). DEA, DFA and SFA: A comparison. *The Journal of Productivity Analysis*, 7, 303-327.

268. Holland, D. S. and Lee, S. T. (2002). Impacts of random noise and specification on estimates of capacity derived from data envelopment analysis. *European Journal of Operational Research*, 137(1), 10-21.

269. Hollingsworth, B. (1997). A review of data envelopment analysis software. *The Economic Journal*, 107(443), 1268-1270.

270. Homburg, C. (2001). Using data envelopment analysis to benchmark activities. *International Journal of Production Economics*, 73(1), 249-259.

271. Hoopes, B. J. and Triant, K. P. (2001). Efficiency performance, control charts, and process improvement: Complementary measurement and evaluation. *IEEE Transactions on Engineering Management*, 48(2), 239-253.

272. Horrace, W. C. and Peter S. (1996). Confidence statements for efficiency estimates from stochastic frontier models. *The Journal of Productivity Analysis, 7*, 257-282.

273. Horrace, W. C. and Peter S., (2000). Multiple comparisons with the best, with economic applications. *Journal of Applied Econometrics*, 15, 1-26.

274. Hougaard, J. L. (1999). Fuzzy scores of technical efficiency. *European Journal of Operational Research*, 115(3), 529-541.

275. Hougaard, J. L. and Hans, K., (1998). On the functional form of an efficiency index. *The Journal of Productivity Analysis*, 9(2), 103-111.

276. Huang, C. J. and Fu, T. T. (1999). An average derivative estimation of stochastic frontier. *The Journal of Productivity Analysis*, 12(1), 45-33.

277. Huang, Z. M. and Li, S. X. (1996). Dominance stochastic models in data envelopment analysis. *European Journal of Operational Research*, 95(2), 390-403.

278. Huang, Z. M. and Li, S. X. (2001). Stochastic DEA models with different types of input-output disturbances. *The Journal of Productivity Analysis*, 15(2), 95-113.

279. Huang, Z. M., Li, S. X., and Rousseau, J. J. (1997). Determining rates of change in data envelopment analysis. *Journal of the Operational Research Society*, 48(6), 591-593.

280. Ivaldi, M., Monier-Dilhan, S., and Simioni, M. (1995). Stochastic production frontiers and panel data: A latent variable framework. *European Journal of Operational Research*, 80(3), 534-547.

281. Jenkins, L. (2003). A multivariate statistical approach to reducing the number of variables in data envelopment analysis. *European Journal of Operational Research*, 147(1), 51-61.

282. Jondrow, J., Lovell, C. A. K., Materov, I. S., and Schmidt, P. (1982). On the estimation of technical inefficiency in the stochastic frontier production function model. *Journal of econometrics*, 19, 233-238.

283. Joro, T., Korhonen, P., and Wallenius, J. (1998). Structural comparison of data envelopment analysis and multiple objective linear programming. *Management Science*, 44(7), 962-970.

284. Kao, C. (1994). Efficiency improvement in data envelopment analysis. *European Journal of Operational Research*, 73(3), 487-494.

285. Kao, C., Chen, L. H., Wang, T. Y., and Kuo, S. (1995). Productivity improvement: Efficiency approach vs effectiveness approach. *Omega*, 23(2), 197-204.

286. Karagiannis, G. and Mergos, G. G. (2000). Total factor productivity growth and technical change in a profit function framework. *The Journal of Productivity Analysis*, 14(1), 31-51.

287. Kerstens, K. and Eeckaut, P. V. (1999). Estimating returns to scale using non-parametric deterministic technologies: A new method based on goodness-of-fit. *European of Operational Research*, 113(1), 206-214.

288. Kneip, A. and Simar, L. (1996). A general framework for frontier estimation: with panel data. *The Journal of Productivity Analysis*, 7, 187-212.

289. Kooreman, P. (1994). Data envelopment analysis and parametric frontier estimation: Complementary tools. *Journal Health Economics*, 13(3), 345-346.

290. Kopp, R. J. (1981). The measurement of productive efficiency: A reconsideration. *Quarterly Journal of Economics*, 96(3), 477-503.

291. Kopp, R. J. and Mullahy, J. (1990). Moment-based estimation and testing of stochastic frontier models. *Journal of Econometrics*, 46, 165-183.

292. Korhonen, P. and Halme, M. (1996). Using lexicrographic parametric programming for searching a nondominated set in multiple objective linear programming. *Journal of Multi-Criteria Decision Analysis*, 5, 291-300.

293. Kruger, J. J. (2003). The global trends of total factor productivity: evidence from the nonparametric Malmquist index approach. *Oxford Economic Papers*, 55(2), 265-286.

294. Kumbhakar, S. C. (1990). Production frontiers, panel data, and time-varying technical inefficiency. *Journal of Econometrics*, 46, 201-211.

295. Kumbhakar, S. C. (1996). Efficiency measurement with multiple outputs and multiple inputs. *The Journal of Productivity Analysis*, 7, 225-255.

296. Kuntz, L. and Sholtes, S. (2000). Measuring the robustness of empirical efficiency valuations. *Management Science*, 46(6), 807-823.

297. Kuosmanen, T. (2001). DEA with efficiency classification preserving conditional convexity. *European Journal of Operational Research*, 132(2), 326-342.

298. Kuosmanen, T. (2002). Quadratic data envelopment analysis. *The Journal of the Operational Research Society*, 53(11), 1204-1214.

299. Kuosmanen, T. and Post, T. (2001). Measuring economic efficiency with incomplete price information: With an application to European commercial banks. *European Journal of Operation Research*, 134(1), 43-58.

300. Land, K. C., Lovell, C. A. K., and Thore, S. A. (1993). Chance-constrained data envelopment analysis. *Managerial and Decision Economics*, 14(6), 541-554.

301. Lang, P. and Yolalan, O. R. (1996). On finite multiplier bounds in data envelopment analysis. *Transactions on Operational Research*, 8(1), 1-8.

302. Lang., P., Yolalan, O. R., and Kettani, O. (1995). Controlled envelopment by face extension in DEA. *Journal of the Operational Research Society*, 46, 473-491.

303. Lansink, A., O., Silva, E., and Stefanou, S. (2001). Inter-firm and intra-firm efficiency measures. *The Journal of Productivity Analysis*, 15(3), 185-199.

304. Lee, B. and Barua, A. (1999). An integrated assessment of productivity and efficiency impacts of information technology investments: Old data, new analysis and evidence. *The Journal of Productivity Analysis*, 12(1), 21-43.

305. Leibenstein, H. (1966). Allocative efficiency vs. X-efficiency. *The American Economic Review*, 56, 392-415.

306. Leibenstein, H. and Maital, S. (1992). Empirical estimation and partitioning of X-inefficiency: A data-envelopment approach. *The American Economic Review*, 82(2), 428-434.

307. Lewin, A. Y. and Lovell, C. A. K. (1990). Parametric and nonparametric approaches to frontier analysis. *Journal of Econometrics*, 46.

308. Lewin, A. Y. and Lovell, C. A. K. (1995). Productivity analysis: Parametric and non-parametric applications. *European Journal of Operational Research*, 80(3), 451-451.

309. Lewin, A. Y. and Minton, J. W. (1986). Determining organizational effectiveness: Another look and an agenda for research. *Management Science,* 32(5), 514-538.

310. Lewin, A. Y. and Seiford, L. M. (1997). Extending the frontiers of data envelopment analysis. *Annals of Operations Research,* 73, 1-11.

311. Lewin, A. Y. and Seiford, L. M. (1997). From efficiency calculations to a new approach for organizing and analyzing: DEA fifteen years later. *Annals of Operations Research,* 73, 1-11.

312. Lewin, A. Y. and Seiford, L. M. (1997). Preface and foreword. *Annals of Operations Research,* 73, 1-11.

313. Li, S. X. (1998). Stochastic models and variable returns to scales in data envelopment analysis. *European journal of Operational Research,* 104(3), 532-548.

314. Li, X. B. and Reeves, G. R. (1999). A multiple criteria approach to data envelopment analysis. *European Journal of Operational Research,* 115(3), 507-517.

315. Littlechild, S. C. and Lewin, A. Y. (1997)., Abraham Charnes remembered. *Annals of Operations Research,* 73, 373-387.

316. Löthgren, M, and Tambour M. (1999). Bootstrapping DEA-based efficiency measures and Malmquist productivity indices. A study of Swedish eye-care service provision. *Applied Economics,* 31(4), 417-425.

317. Löthgren, M, and Tambour M. (1999). Testing scale efficiency in DEA models: A bootstrapping approach. *Applied Economics,* 31(10), 1231-1237.

318. Löthgren, M. (1999). Bootstrapping the Malmquist productivity index - A simulation study. *Applied Economics Letters,* 6(11), 707-710.

319. Löthgren, M. (2000). On the consistency of the DEA-based average efficiency bootstrap. *Applied Economics Letter,* 7(1), 53-57.

320. Lovell, C. A. K. (1995). Econometric efficiency analysis: A policy-oriented review. *European Journal of Operational Research* 80(3), 452-461.

321. Lovell, C. A. K. and Pastor, J. T. (1995). Units invariant and translation invariant DEA models. *Operations Research Letters* 18(3), 147-151.

322. Lovell, C. A. K. and Pastor, J. T. (1999). Radial DEA models without inputs or without outputs. *European Journal of Operational Research,* 118 (1), 46-51.

323. Manabu, S. and Yoshiyasu, Y. (1996). Group DEA for building consensus by DMU efficiency evaluation. *Journal of the Operational Research Society of Japan,* 39(2), 159-175.

324. McDonald, J. (1996). A problem with the decomposition of technical inefficiency into scale and congestion components. *Management Science,* 42(3), 473-474.

325. McMullen, P, R. and Frazier, G. V. (1999). Using simulation and data envelopment analysis to compare assembly line balancing solutions. *The Journal of Productivity Analysis,* 11(2), 149-168.

326. Meeusen, W. and Broeck, J. (1977). Efficiency estimation from Cobb-Douglas

production functions with composed error. *International Economic Review*, 18, 435-444.

327. Meier, W., Weber, R., and Zimmermann, H. (1994). Fuzzy data analysis – Methods and industrial applications. *Fuzzy Sets and Systems*, 61(1), 19-28.

328. Metters, R. D. (2001). An investigation of the sensitivity of DEA to data errors. *Computers & Industrial Engineering*, 41(2), 163-171.

329. Metters, R. D. Vargas, V. A., Ehybark, D. C. (2001). An investigation of the sensitivity of DEA to data errors. *Computers & Industrial Engineering*, 41(2), 163-171.

330. Milgrom, P. and Segal, I. (2002). Envelope theorems for arbitrary choice sets. *Econometrica*, 70(2), 583-601.

331. Mochizuki, A., Wada, N., Ide, H., and Iwasa, Y. (1998). Cell-cell adhesion in limb-formation, estimated flora photographs of cell sorting experiments based on a spatial stochastic model. *Developmental Dynamics*, 211(3), 204-214.

332. Molinero, C. M. (1996). On the joint determination of efficiencies in a data envelopment analysis context. *Journal of the Operational Research Society*, 47, 1273-1279.

333. Molinero, C. M. and Tsai, P. P. (1997). Some mathematical properties of a DEA model for the joint determination of efficiencies. *Journal of the Operational Research Society*, 48(1), 51-56.

334. Molinero, C. M. and Woracker, D. (1996). Data envelopment analysis: A non-mathematical introduction. *O.R. Insight*, 9(4), 22-28.

335. Olesen, O. B. (1995). Some unsolved problems in data envelopment analysis: A survey. *International Journal of Production Economic*s, 39, 5-36.

336. Olesen, O. B. and Petersen, N. C. (1995). Chance constrained efficiency evaluation. *Management Science*, 41(3), 442-457.

337. Olesen, O. B. and Petersen, N. C. (1995). Incorporating quality into data envelopment analysis: A stochastic dominance approach. *International Journal of Production Economics*, 39, 117-135.

338. Olesen, O. B. and Petersen, N. C. (1996). A presentation of GAMS for DEA. *Computer & Operations Research*, 23(4), 323-339.

339. Olesen, O. B. and Petersen, N. C. (1996). Indicators of ill-conditioned data sets and model misspecification in data envelopment analysis: An extended facet approach. *Management Science*, 42(2), 205-219.

340. Olesen, O. B. and Petersen, N. C. (1999). Probabilistic bounds on the virtual multipliers in data envelopment analysis polyhedral cone constraints. *The Journal of Productivity Analysis*, 12(2), 103-133.

341. Ondrich, J. (2002). Outlier detection in data envelopment analysis: An analysis of jackknifing. *The Journal of the Operational Research Society*, 53(3), 342-346.

342. Parkan, C. and Wu, M. L. (2000). Comparison of three modern muliticriteria

decision-marking tools. *International Journal of Systems Science*, 31(4), 497-517.

343. Pastor, J. T. (1996). Translation invariance in data envelopment analysis: A generalization. *Annals of Operations Research*, 66, 93-102.

344. Pastor, J. T. (2002). A statistical test for nested radial DEA models. *Operations Research*, 50(4), 728-735.

345. Pastor, J. T., Ruiz, J. L., and Sirvent, I. (2001). An enhanced DEA Russell graph efficiency measure. *European Journal of Operational Research*, 115(3), 596-607.

346. Pedraja-Chaparro, F., Salinas-Jimenez, J., and Smith, P. C. (1997). On the role of the data envelopment analysis model. *Journal of Productivity Analysis,* 8(2), 215-310.

347. Pedraja-Chaparro, F., Salinas-Jimenez, J., and Smith, P. C. (1999). On the quality of the data envelopment analysis model. *Journal of the Operational Research Society,* 50(6), 636-644.

348. Pendharkar, P. C. (2002). A potential use of data envelopment analysis for the inverse classification problem. *Omega*, 30(3), 243-248.

349. Perroni, C. (1999). A flexible, globally regular representation of convex production possibilities frontiers. *The Journal of Productivity Analysis,* 12(2), 153-159.

350. Petersen, N. C. (1990). Data envelopment analysis on a relaxed set of assumptions. *Management Science,* 36(3), 305-314.

351. Petersen, N. C. (2001). A comment on: Lower bound restrictions on intensities in data envelopment analysis by Bouhnik et al. *The Journal of Productivity Analysis,* 16(3), 263-267.

352. Pitaktong, U., Brockett, P. L., Mote, J. R., and Rousseau, J. J. (1998). Identification of Pareto-efficient facets in data envelopment analysis. *European Journal of Operational Research*, 109(3), 559-570.

353. Podinovski, V. (2001). DEA models for the explicit maximisation of relative efficiency. *European Journal of Operational Research*, 131(3), 572-586.

354. Podinovski, V. V. (2001). Validating absolute weight bounds in Data Envelopment Analysis (DEA) models. *Journal of the Operational Research Society*, 52(2), 221-225.

355. Podinovski, V. V. (1999). Side effects of absolute weight bounds in DEA models. *European Journal of Operational Research*, 115(3), 583-595.

356. Podinovski, V. V. (2000). An extended maximin approach for decision analysis with uncontrollable factors. *Journal of the Operational Research Society*, 51(6), 720-728.

357. Podinovski, V. V. (2001). DEA models for the explicit maximization of relative efficiency. *European Journal of Operational Research*, 131(3), 572-586.

358. Podinovski, V. V. and Athanassopoulos, A. D. (1998). Assessing the relative efficiency of decision making units using DEA models with weight restrictions. *Journal of the Operational Research Society*, 49(5), 500-508.

359. Portela, M. C. S. and Thanassoulis, E. (2001). Decomposing school and school-type efficiency. *European Journal of Operational Research*, 132(2), 357-373.

360. Post, T. (2001). Estimating non-convex production sets - imposing convex input sets and output sets in data envelopment analysis. *European Journal of Operational Research*, 131(1), 132.

361. Post, T. (2001). Performance evaluation in stochastic environments using mean-variance data envelopment analysis. *Operations Research*, 49(2), 281-293.

362. Post, T. (2001). Transconcave data envelopment analysis. *European Journal of Operational Research*, 132(2), 374.

363. Post, T. (2002). Nonparametric efficiency estimation in stochastic environments. *Operations Research*, 50(4), 645-655.

364. Post, T. and Spronk, J. (1999). Performance benchmarking using interactive data envelopment analysis. *European Journal of Operational Research*, 115(3), 472-487.

365. Premachandra, I. M. (2001). A note on DEA vs principal component analysis: An improvement to Joe Zhu's approach. *European Journal of Operational Research*, 132(3), 553-560.

366. Premachandra, I. M. (2001). Controlling factor weights in data envelopment analysis by incorporating decision maker's value judgement: An approach based on AHP. *International Journal of information and Management Sciences*, 12(2), 67-82.

367. Premachandra, I. M., Powell, J. G. & Watson, J. A. (2000). A Simulation Approach for Stochastic Data Envelopment Analysis. *International Journal of information and Management Sciences*, 11(1), 11-31.

368. Raff, S. (1996). Preface: Special issue on data envelopment analysis in honor of Abraham Charnes. *Computers & Operations Research*, 23(4), R5-R5.

369. Ray, S. C. (1985). DEA, nondiscretionary inputs and efficiency: An alternative interpretation. *Socio-Economic Planning Sciences*, 22(4), 167-176.

370. Ray, S. C. (1997). Weak axiom of cost dominance: A nonparametric test of cost efficiency without input quantity data. *The Journal of Productivity Analysis*, 8(2), 151-165.

371. Ray, S. C. (1999). Measuring scale efficiency from a translog production function. *The Journal of Productivity Analysis*, 11(2), 183-194.

372. Reinhard, A., Stijn, C., Lovell, C. A. K., and Thijssen, G. J. (2000). Environmental efficiency with multiple environmentally detrimental variables; estimated with SFA and DEA. *European Journal of Operational Research*, 12(2), 287-303.

373. Retzlaff-Roberts, D. L. (1996). A ratio model for discriminant analysis using linear programming. *European Journal of Operational Research*, 94(1), 112-121.

374. Retzlaff-Roberts, D. L. (1996). Relating discriminant analysis and data envelopment analysis to one another. *Computers & Operations Research*, 23(4), 311-322.

375. Retzlaff-Roberts, D. L. (1997). A data envelopment analysis approach to discriminant analysis. *Annals of Operations Research*, 73, 299-321.

376. Retzlaff-Roberts, D. L. and Puelz, R. (1996). Classification in automobile insurance

using a DEA and discriminant analysis hybrid. *The Journal of Productivity Analysis*, 7(4), 417-427.

377. Riddington, G. and Cowie, J. (1994). Viewpoints: Performance assessment using DEA – A cautionary note. *Journal of the Operational Research Society*, 45(5), 603-604.

378. Ritchie, P. C. and Rowcroft, E. (1996). Choice of metric in the measurement of relative productive efficiency. *International Journal of Production Economics*, 46(1), 433-439.

379. Roll, Y. and Golany, B. (1993). Alternate methods of treating factor weights in DEA. *Omega*, 21(1), 99-109.

380. Roll, Y., Cook, W. D., and Golany, B. (1991). Controlling factor weights in DEA. *IIE Transactions*, 23(1), 2-9.

381. Rosen, D., Schaffinit, C. and Paradi, J. C. (1998). Marginal rates and two dimensional level curves in DEA. *The Journal of Productivity Analysis*, 9(3), 187-204.

382. Rosenberg, D. (1991). Forget CEA (cost effectiveness analysis). Use DEA (data envelopment analysis). *Journal of Health Human Resource Administration*, 14(1), 109-112.

383. Rosenberg, D. (1991). Productivity analysis: DEA (data envelopment analysis) with fixed input. *Journal of Health Human Resource Administration*, 42(4), 589-613.

384. Rousseau, J. J. and Semple, J. H. (1993). Notes: Categorical outputs in data envelopment analysis. *Management Science*, 39(3), 384-386.

385. Rousseau, J. J. and Semple, J. H. (1995). Radii of classification preservation in data envelopment analysis: A case study of "Program follow-through". *Journal of the Operational Research Society*, 46, 943-957.

386. Rousseau, J. J. and Semple, J. H. (1995). Two-person ratio efficiency games. *Management Science*, 41(3), 435-441.

387. Ruggiero, J. (1998). A new approach for technical efficiency estimation in multiple output production. *European Journal of Operational Research*, 111(2), 369-380.

388. Ruggiero, J. (1998). Non-discretionary inputs in data envelopment analysis. *European Journal of Operational Research*, 111(3), 461-469.

389. Ruggiero, J. (1999). Efficiency estimation and error decomposition in the stochastic frontier model: A Monte Carlo analysis. *European Journal of Operational Research*, 115(3), 555-563.

390. Ruggiero, J. (1999). Nonparametric analysis of educational costs. *European Journal of Operational Research*, 119(3), 605-612.

391. Ruggiero, J. (2000). Measuring technical efficiency. *European Journal of Operational Research*, 121(1), 138-150.

392. Ruggiero, J. and Bretschneider (1998). The weighted Russell measure of technical efficiency. *European Journal of Operational Research*, 108(2), 438-451.

393. Ruiz, J. L. (2001). Techniques for the assessment of influence in DEA. *European Journal of Operational Research*, 132(2), 390.

394. Ruiz, J. L. and Sirvent, I. (2001). Techniques for the assessment of influences in DEA. *European Journal of Operational Research*, 132(2), 390-399.

395. Russell, R. R. (1985). Measures of technical efficiency. *Journal of Economic Theory*, 35, 109-126.

396. Sahoo, B. K., Mohapatra, K. J., and Trivedi, M. L. (1999). A comparative application of data envelopment analysis and frontier translog production function for estimating returns to scale and efficiencies. *International Journal of Systems Sciences*, 30(4), 379-394.

397. Sarafoglou, N. (1998). The most influential DEA publications: A comment on Seiford. *The Journal of Productivity Analysis*, 9(3), 279-281.

398. Sarath, B. and Maindiratta, A. (1997). On the consistency of maximum likelihood estimation of monotone and concave production frontiers. *The Journal of Productivity Analysis*, 8(3), 239-246.

399. Sarkis, J. (2000). A comparative analysis of DEA as a discrete alternative multiple criteria decision tool, *European Journal of Operational Research* 123(3), 543-557.

400. Scheel, H. (2001). Undesirable outputs in efficiency valuations. *European Journal of Operational Research*, 132(2), 400-410.

401. Scheel, H. (2003). Continuity of DEA efficiency measures. *Operations Research*, 51(1), 149-160.

402. Schmidt, P. (1986). Frontier production functions. *Econometric Reviews*, 4, 289-328.

403. Seaford, L. M. (1990). Models, extensions, and applications of data envelopment analysis: A selected reference set. *Computers, Environment and Urban Systems*, 14(2).

404. Seaford, L. M. (1996). Data Envelopment Analysis: The Evolution of the State of the Art (1978-1995). *The Journal of Productivity Analysis*, 7, 99-137.

405. Seaford, L. M. (1997). A bibliography for data envelopment analysis (1978-1996). *Annals of Operations Research*, 73, 393-438.

406. Seiford , L. M. and Zhu, J. (1999). An investigation of returns to scale in data envelopment analysis. *Omega*, 27(1), 1-11.

407. Seiford, L. M. (2002). Modeling undesirable factors in efficiency evaluation. *European Journal of Operational Research*, 142(1), 16-20.

408. Seiford, L. M. and Zhu, J. (1998). An acceptance system decision rule with data envelopment analysis. *Computers & Operations Research*, 25(4), 329-332.

409. Seiford, L. M. and Zhu, J. (1998). On alternative optimal solutions in the estimation of returns to scale in DEA. *European Journal of Operational Research* 108(1), 149-152.

410. Seiford, L. M. and Zhu, J. (1998). On piecewise loglinear frontiers and log efficiency measures. *Computers & Operations Research*, 25(5), 389-395.

411. Seiford, L. M. and Zhu, J. (1998). Stability regions for maintaining efficiency in data

envelopment analysis. *European Journal of Operation Research*, 108(1), 127-139.

412. Seiford, L. M. and Zhu, J. (1998). Sensitivity analysis of DEA models for simultaneous changes in all the data. *Journal of the Operational Research Society*, 49, 1060-1071.

413. Semple, J.H. (1997). Constrained games for evaluating organizational performance. *European Journal of Operational Research*, 96(1), 103-112.

414. Sena, V. (2001). The Generalized Malmquist index and capacity utilization change: An application to the Italian manufacturing, 1989-1994. *Applied Economics*, 33(1), 1-9.

415. Sengupta, J. K. (1982). Efficiency measurement in stochastic input-output systems. *International Journal of Systems Science*, 13, 273-287.

416. Sengupta, J. K. (1987). Data envelopment analysis for efficiency measurement in the stochastic case. *Computers & Operations Research*, 14(2), 117-129.

417. Sengupta, J. K. (1987). Production frontier estimation to measure efficiency: A critical evaluation in light of data envelopment analysis. *Managerial and Decision Economics*, 8(2), 93-99.

418. Sengupta, J. K. (1988). Efficiency comparisons in input-output systems. *International Journal of Systems Science*, 19(7), 1085-1094.

419. Sengupta, J. K. (1988). Robust efficiency measures in a stochastic efficiency model. *International Journal of Systems Science*, 19(5), 779-791.

420. Sengupta, J. K. (1988). The measurement of productive efficiency: A robust minimax approach. *Managerial and Decision Economics*, 9, 153-161.

421. Sengupta, J. K. (1989). Data envelopment with maximum correlation. *International Journal of Systems Science,* 20(11), 2085-2093.

422. Sengupta, J. K. (1989). Measuring economic efficiency with stochastic input-output data. *International Journal of Systems Science*, 20(2), 203-213.

423. Sengupta, J. K. (1989). Nonlinear measures of technical efficiency. *Computers & Operations Research*, 16(1), 55-65.

424. Sengupta, J. K. (1990). Tests of efficiency in data envelopment analysis. *Computers & Operations Research*, 17(2), 123-132.

425. Sengupta, J. K. (1990). Transformations in stochastic DEA models. *Journal of Econometrics*, 46, 109-123.

426. Sengupta, J. K. (1991). Robust decisions in economic models. *Computers & Operations Research*, 18(2), 221-232.

427. Sengupta, J. K. (1991). Robust solutions in stochastic linear programming. *Journal of the Operational Research Society*, 42(10), 857-870.

428. Sengupta, J. K. (1991). The influence curve approach in data envelopment analysis. *Mathematical Programming*, 52(1), 147-166.

429. Sengupta, J. K. (1992). A fuzzy systems approach in data envelopment analysis. *Computers and Mathematics with Applications*, 24, 259-266.

430. Sengupta, J. K. (1992). Measuring efficiency by a fuzzy statistical approach. *Fuzzy Sets and Systems*, 46(1).

431. Sengupta, J. K. (1992). On the price and structural efficiency in Farrell's model. *Bulletin of Economic Research*, 44, 281-300.

432. Sengupta, J. K. (1994). Measuring dynamic efficiency under risk aversion. *European Journal of Operational Research*, 74(1), 16-69.

433. Sengupta, J. K. (1996). Economic theory and DEA models; A critical review, *International Journal of Systems Science*, 27(1), 77-86.

434. Sengupta, J. K. (1996). Technical change and efficiency in data envelopment analysis. *Cybernetics and Systems*, 27(1), 77-92.

435. Sengupta, J. K. (1996). The efficiency distribution approach in data envelopment analysis: An application. *Journal of the Operational Research Society*, 47, 1387-1397.

436. Sengupta, J. K. (1997). Contributions to data envelopment analysis. *Cybernetics and Systems*, 28(1), 79-78.

437. Sengupta, J. K. (1998). New efficiency theory: Extensions and new applications of data envelopment analysis. *International Journal of Systems Science*, 29(3), 255-265.

438. Sengupta, J. K. (1998). Stochastic data envelopment analysis: A new approach, *Applied Economics Letters*, 5(5), 287-290.

439. Sengupta, J. K. (2000). Efficiency analysis by stochastic data envelopment analysis. *Applied Economics Letters*, 7(6), 379-383.

440. Sengupta, J. K., (1993). Measuring efficiency of dynamic input-output systems. *International Journal of Systems Science*, 24(11), 2159-2173.

441. Sengupta, J. K., (1996). Recent models in data envelopment analysis: Theory and applications. *Applied Stochastic Models and Data Analysis*, 12(1), 1-26.

442. Sengupta, J. K., (1998). Testing allocative efficiency by data envelopment analysis. *Applied Economics Letters*, 5(11), 689-692.

443. Sengupta, J. K., (1999). A dynamic efficiency model using data envelopment analysis. *International Journal of Production Economics*, 62(3), 209-218.

444. Sherman, H. (1984). Data envelopment analysis as a new managerial audit methodology – Test and evaluation. *Auditing: A Journal of Practice and Theory*, 4(1), 35-53.

445. Simar, L. (1992). Estimating efficiencies from frontier models with panel data: A comparison of parametric, non-parametric and semi-parametric methods with bootstrapping. *The Journal of Productivity analysis*, 3, 171-203.

446. Simar, L. (1996). Aspects of statistical analysis in DEA-type frontier models. *The Journal of Productivity Analysis*, 7, 177-186.

447. Simar, L. and Wilson, P. W. (1998). Sensitivity analysis of efficiency scores: How to bootstrap in nonparametric frontier models. *Management Science*, 44(1), 49-61.

448.　Simar, L. and Wilson, P. W. (1999). Estimating and bootstrapping Malmquist indices. *European Journal of Operational Research,* 115(3), 459-471.

449.　Simar, L. and Wilson, P. W. (1999). Some problems with the Ferrier Hirschberg bootstrap idea. *The Journal of Productivity Analysis,* 11(1), 67-80.

450.　Simar, L. and Wilson, P. W. (2000). A general methodology for bootstrapping in non-parametric frontier models. *Journal of Applied Statistics,* 27(6), 779-802.

451.　Simar, L. and Wilson, P. W. (2000). Statistical inference in nonparametric frontier models: The state of the art. *The Journal of Productivity Analysis,* 13(1), 49-78.

452.　Simons, R. (1996). How DEA can be a spur to improved performance. *Operations Research Newsletter,* 11-13.

453.　Simpson, G. P. M. (1999). Dealing with outliers when setting targets by DEA. *O.R. Insight,* 12(3), 29-31.

454.　Sinuany-Stern, Z. and Friedman, L. (1998). DEA and the discriminant analysis of ratios for ranking units. *European journal of Operational Research,* 111(3), 470-478.

455.　Sinuany-Stern, Z., Mehrez, A., and Hadad, Y. (2000). An AHP/DEA methodology for ranking decision making units. *International Transactions in Operational Research,* 7(2), 109-124.

456.　Sowlati, T. (2003). Compress data to compete: Is data envelopment analysis the answer? *Woodmaking,* 17(2), 31.

457.　Staat, M. (2002). Bootstrapped efficiency estimates for a model for groups and hierarchies in DEA. *European Journal of Operational Research,* 138(1), 1-8.

458.　Stanton, K. R. (2002). Trends in relationship lending and factors affecting relationship lending efficiency. *Journal of Banking & Finance,* 26(1), 127.

459.　Steinmann, L. and Zweifel, P. (2001). The Range Adjusted Measure (RAM) in DEA: Comment. *The Journal of Productivity Analysis,* 15(2), 139-144.

460.　Stewart, T. J. (1996). Relationships between data envelopment analysis and multicriteria decision analysis. *Journal of the Operational Research Society,* 47, 654-665.

461.　Stolp, C. (1990). Strengths and weaknesses of data envelopment analysis: An urban and regional perspective. *Computers, Environment and Urban Systems,* 14(2), 103-116.

462.　Sueyosh, I. T. (1995). Data envelopment analysis: Formulations and economic interpretation. *Mathematica Japonica,* 42(1), 187-200.

463.　Sueyoshi, T. (1990). A special algorithm for an additive model in data envelopment analysis. *Journal of the Operational Research Society,* 41(3), 249-257.

464.　Sueyoshi, T. (1991). Algorithmic strategy for assurance region analysis in DEA. *Journal of the Operations Research Society of Japan,* 35(1), 62-76.

465.　Sueyoshi, T. (1991). Estimation of stochastic frontier cost function using data envelopment analysis: An application divesture. *Journal of the Operational Research*

Society, 42(6), 463-477.

466. Sueyoshi, T. (1992). Measuring technical, allocative and overall efficiencies using a DEA algorithm. *Journal of the Operational Research Society*, 43(2), 141-155.

467. Sueyoshi, T. (1997). DEA pricing. *Journal of the Operations research society of Japan*, 40(2), 220-235.

468. Sueyoshi, T. (1998). Privatization of Nippon Telegraph and Telephone: Was it a good policy decision? *European Journal of Operational Research*, 107(1), 45-61.

469. Sueyoshi, T. (1999). DEA duality on returns to scale (RTS) in production and cost analyses: An occurrence of multiple solutions and differences between production-based and cost-based RTS estimates. *Management Science*, 45(11).

470. Sueyoshi, T. (1999). DEA non-parametric ranking test and index measurement: Slack-adjusted DEA and an application to Japanese agriculture cooperatives. *Omega*, 27(3), 315-326.

471. Sueyoshi, T. (1999). DEA-discriminant analysis in the view of goal programming. *European Journal of Operational Research*, 115(3), 564-582.

472. Sueyoshi, T. (2000). Stochastic DEA for restructure strategy: An application to a Japanese petroleum company. *Omega*, 28(4), 385-398.

473. Sueyoshi, T. (2001). A use of a nonparametric statistic for DEA frontier shift: The Kruskal and Wallis rank test. *Omega*, 29(1), 1-18.

474. Sueyoshi, T. (2001). Extended DEA-discriminant analysis. *European Journal of Operational Research*, 131(2), 324-351.

475. Sueyoshi, T. and Goto, M. (2001). Slack-adjusted DEA for time series analysis: Performance measurement of Japanese electric power generation industry in 1984-1993. *European Journal of Operational Research*, 133(2), 232-259.

476. Sutton, P. P. and Green, R. H. (2002). A data envelopment approach to decision analysis. *The Journal of the Operational Research Society*, 53(11), 1215-1224.

477. Takeda, A. and Nishino H. (2001). On measuring the inefficiency with the inner-product norm in data envelopment analysis. *European Journal of Operational Research*, 133(2), 377-393.

478. Takeda, E. (2000). An extended DEA model: Appending an additional input to make all DMUs at least weakly efficient. *European Journal of Operational Research*, 125(1), 25-33.

479. Talluri, S. (2000). Data envelopment analysis: Models and extensions. *Decision Line*, 31(3), 8-11.

480. Tarim, A. (2001). Data envelopment analysis in performance evaluation. *International Journal of Government Auditing*, 28(4), 12-14.

481. Tauer, L (2001). Input aggregation and computed technical efficiency. *Applied Economics Letters*, 8(5), 295-297.

482. Thanassoulis, E. (1994). Viewpoints: Performance assessment using DEA – discussion

of `a cautionary note. *Journal of the Operational Research Society*, 45(5), 604-607.

483.　Thanassoulis, E. (1995). Exploring output quality targets in the provision of perinatal care in England using data envelopment analysis. *European Journal of Operational Research*, 80(3), 588-607.

484.　Thanassoulis, E. (1999). Setting individual achievement targets with DEA. *O.R. Insight*, 12(2), 2-7.

485.　Thanassoulis, E. (1992). Estimating preferred target input-output levels using data envelopment analysis. *European Journal of Operational Research*, 56, 80-97.

486.　Thanassoulis, E., Boussfiane, A., and Dyson R. G. (1996). A comparison of data envelopment analysis and ratio analysis as tools for performance assessment. *Omega*, 24(3), 397-411.

487.　Thanassoulis, E. (1993). A comparison of regression analysis and envelopment analysis as alternative for performance assessments. *Journal of the Operational Research Society*, 44(11), 1129-1144.

488.　Thompson, R. G. and Thrall, R. M. (1985). Normative analysis in policy decisions, public and private. *Annals of Operations Research*, 2.

489.　Thompson, R. G., Dharmapala, P. S., and Thrall, R. M. (1993). Importance for DEA of zeros in data, multipliers, and solutions. *The Journal of Productivity Analysis*, 4(4), 379-390.

490.　Thompson, R. G., Dharmapala, P. S., Diáz, J., Gonzáles-Lima, M., and Thrall, R. M. (1996). DEA multiplier analytic center sensitivity with an illustrative application to independent oil companies. *Annals of Operations Research*, 66,163-177.

491.　Thompson, R. G., Dharmapala, P. S., Gatewood, E. J., Macy, S., and Thrall, R. M. (1996). DEA/assurance region SBDC efficiency and unique projections. *Operations Research* 44(4), 533-542.

492.　Thompson, R. G., Lamotte, L. R., Oxspring, H., Davis, G. B., and Blaich, O. P., (1985). Measuring the value of information: The case of data on the cost of production cotton. *Annals of Operations Research*, 2, 317-328.

493.　Thompson, R. G., Langemeier, L. N., Lee, C. T., Lee, E., and Thrall, R. M. (1990). The role of multiplier bounds in efficiency analysis with application to Kansas Farming. *Journal of Econometrics*, 46, 93-108.

494.　Thrall, R. M. (1996). The lack of invariance of optimal dual solutions under translation. *Annals of Operations Research*, 66, 103-108.

495.　Thrall, R. M. (1999). What is the economic meaning of FDH? *The Journal of Productivity Analysis*, 11(3), 243-250.

496.　Thrall, R.M (2000). Measures in DEA with an application to the Malmquist index. *The Journal of Productivity Analysis*, 13(2), 125-137.

497.　Thrall, R.M. (1996). Duality, classification and slacks in DEA. *Annals of Operations Research*, 66, 109-138.

498. Thrall. R. M. (1989). Classification transitions under expansion of inputs and outputs in data envelopment analysis. *Managerial and Decision Economics*, 10(2), 159-162.

499. Tofallis, C. (1996). Improving discernment in DEA using profiling. *Omega*, 24(3), 361-364.

500. Tofallis, C. (1997). Input efficiency profiling: An application to airlines. *Computers & Operations Research*, 24 (3), 253-258.

501. Tofallis, C. (2001). Combining two approaches to efficiency assessment. *Journal of the Operational Research Society*, 52(11), 1225- 1231.

502. Tone, K. (1989). A comparative study on AHP and DEA. *International Journal on Policy and Information*, 13(2), 57-63.

503. Tone, K. (1993). An epsilon-free DEA and a new measure of efficiency. *Journal of the Operations Research Society of Japan*, 36(3), 167-174.

504. Tone, K. (1996). A simple characterization of returns to scale in DEA. *Journal of the Operations Research Society of Japan*, 39(4), 604-613.

505. Tone, K. (2001). A slacks-based measure of efficiency in data envelopment analysis. *European Journal of Operational Research*, 130(3), 498-509.

506. Tone, K. (2002). A slacks-based measure of super-efficiency in data envelopment analysis. *European Journal of Operational Research*, 143(1), 32.

507. Torgersen, A. M., Førsund, F. R., and Kittelsen, S. A. (1996). Slack-adjusted efficiency measures and ranking of efficient units. *The Journal of Productivity Analysis*, 7(4), 379-398.

508. Triantis, K. P. and Eeckaut, P. V. (2000). Fuzzy pair-wise dominance and implications for technical efficiency performance assessment. *The Journal of Productivity Analysis*, 13(3), 203-226.

509. Triantis, P. and Girod, O. (1998). A mathematical programming approach for measuring technical efficiency in a fuzzy environment. *The Journal of Productivity Analysis*, 10(1), 85-102.

510. Troutt, M. D. (2003). Enhanced bisection strategies for the maximum efficiency ratio model. *European Journal of Operational Research*, 144(3), 545.

511. Tulkens, H. (1993). On FDH efficiency analysis: some methodological issues and applications to retail banking, courts, and urban transit. *The Journal of Productivity Analysis*, 4,183-211.

512. Tulkens, H. and Eeckaut , P. V. (1995). Non-frontier measures of efficiency, Progress and regress for time series data. *International Journal of Production Economics*, 39(1), 83-97.

513. Tulkens, H. and Eeckaut , P. V. (1995). Non-parametric efficiency, progress and regress measures for panel data: Methodological aspects. *European Journal of Operational Research*, 83(3), 474-499.

514. Tyteca, D. (1997). Linear programming models for the measurement of environmental

performance of firms concepts and empirical results. *The Journal of productivity Analysis*, 8(2), 183-197.

515. Uri, N. D. (2001). Changing productive efficiency in telecommunications in the United States. *International Journal of Production Economics*, 72(2), 121-137.

516. Varian, H. R. (1990). Goodness-of-fit in optimizing models. *Journal of Econometrics*, 46, 125-140.

517. Wang, S. H. (2003). Adaptive non-parametric efficiency frontier analysis: A neural-network-based model. *Computers & Operations Research*, 30(2), 279.

518. Wei, Q. L., Lu, G., and Yue, M. (1989). Some identities for sets of efficient decision making units of data envelopment analysis in composite data envelopment analysis models. *Journal of Systems Science and Mathematical Science*, 9.

519. Wei, Q. L., Zhang, J., and Zhang, X. S. (2000). An inverse DEA model for inputs/outputs estimate. *European Journal of Operational Research*, 121(1), 151-163.

520. Wilson, P. W. (1993). Detecting outliers in deterministic nonparametric frontier models with multiple outputs. *Journal of Business & economic Statistics*, 11(3), 319-323.

521. Wong, H. B. and Beasley, J. E. (1990). Restricting weight flexibility in data envelopment analysis. *Journal of the Operational research Society*, 41(9), 829-835.

522. Xue, M. (2002). Note: Ranking DMUs with infeasible super-efficiency DEA models. *Management Science*, 48(5), 705-710.

523. Yamada, Y. Matsui, T., and Sugiyama, M. (1994). An inefficiency measurement method for management systems. *Journal of the Operations Research Society of Japan*, 37(2), 158-168.

524. Yan, H. and Wei, Q. L. (2000). A method of transferring cones of intersection form to cones of sum form and its applications in data envelopment analysis models. *International Journal of Systems Sciences*, 31(5), 629-638.

525. Yang, Y. S. (1998). Data envelopment analysis (DEA) model with interval gray numbers. *International Journal of information and Management Sciences*, 9(4), 11-23.

526. Yu, C. (1998). The effects of exogenous variables in efficiency measurement – A Monte Carlo study. *European Journal of Operational Research*, 105(3), 569-580.

527. Yu, G., Wei, Q. L., and Brockett, P. L. (1996). A generalized data envelopment analysis model: A unification and extension of existing methods for efficiency analysis of decision making units. *Annals of Operations Research*, 66, 47-89.

528. Yu, G., Wei, Q. L., Brockett, P. L.,. and Li Zhou (1996). Construction of all DEA efficient surfaces of the Production possibility set under the generalized data envelopment analysis model. *European Journal of Operational Research*, 95(3), 491-510.

529. Yun, Y. B., Nakayama, H., Tanino, T., and Arakawa, M. (2001). Generation of efficient frontiers in multi-objective optimization problems by generalized data

envelopment analysis. *European Journal of Operational Research*, 129(3), 586-595.

530. Zhu, J. (1996). Data envelopment analysis with preference structure. *Journal of the Operational Research Society,* 47(1), 136-150.

531. Zhu, J. (2000). Further discussion on linear production functions and DEA. *European Journal of Operational Research*, 127(3), 611-618.

532. Zhu, J. (2000). Setting scale efficient targets in DEA via returns to scale estimation method. *Journal of the Operational Research Society*, 51(3), 376-378.

533. Zhu, J. (2001). Super-efficiency and DEA sensitivity analysis. *European Journal of Operational Research,* 129(2), 443-455.

534. Zhu, J. (2003). Efficiency evaluation with strong ordinal input and output measures. *European Journal of Operational Research*, 146(3), 477-485.

535. Zhu, J. (2003). Imprecise data envelopment analysis (IDEA): A review and improvement with an application. *European Journal of Operational Research*, 144(1), 513-529.

9.2 應用文獻目錄

一、中文部分

1. 方國定、胡琇娟（2002），資訊科技應用對銀行經營績效之影響——DEA之評估模式，《資訊、科技與社會學報》，2（1），1-32。

2. 王永昌、何文榮（2002），臺灣儲蓄互助社營運效率之評估，《企業管理學報》，55，25-46。

3. 王珮玲（2001），公共圖書館績效評估之研究——以臺北市立圖書館為例，《國家圖書館館刊》，90（2），35-65。

4. 王國明、顧志遠（1991），DEA模式在教育評鑑上應用之研究，《現代教育》，6（1），118-127。

5. 王國樑、翁志強、張美玲（1998），臺灣綜合證券商技術效率探討，《證券市場發展》，10（2），93-115。

6. 王鳳生、陳益華（1998），以DEA模式評估我國與外國電信公司之經營效率，《亞太經濟管理評論》，1（2），129-147。

7. 石淦生、羅紀、陳國樑（1996），公私立綜合醫院服務層面效率差異之探討，《中華公共衛生雜誌》，15（5），469-482。

8. 刑台平、曾國雄（2002），警察機關刑事偵防績效衡量——DEA與AHP法之應用，《資訊、科技與社會學報》，2（1），33-56。

9.　朱斌妤（2000），電子化/網路化政府政策下行政機關生產力衡量模式與民眾滿意度落差之比較，《管理評論》，19（1），119-150。

10.　朱斌妤、楊俊宏（1998），電子化政府與行政機關生產力——以臺北、高雄兩市戶政電腦化為例，《研考雙月刊》，22（4），65-71。

11.　江勁毅、曾國雄（2000），新的 DEA 效率衡量方式：以模糊多目標規劃建立之效率達成度，《管理學報》，17（26），369-388。

12.　何文榮、彭俊豪（2001），以不同類神經網路建構上市公司財務預警模型，《台灣土地金融季刊》，38（3），1-23。

13.　吳學良（1997），我國鋼鐵工業生產效率之探討——資料包絡分析之實證研究，《台灣經濟》，251，1-14。

14.　吳濟華、劉春初（1998），應用 DEA 模型分析高雄市垃圾清運區隊之生產效率，《中山管理評論》，6（3），879-902。

15.　呂理場（2001），臺灣地區民營加油站之相對經營績效評估，《能源季刊》，31（1），77-98。

16.　李宗儒（2000），以資料包絡分析法衡量臺灣地區魚市場經營之相對效率，《農林學報》，49（3），53-63。

17.　邢台平、黃政治、曾國雄（2001），臺灣地區警察機關刑事偵防工作生產力發展評估模式——麥式指數之應用，《資訊、科技與社會學報》，1，17-39。

18.　尚瑞國、林森田（1997），臺灣「三七五減租」政策實施前後農場經營效率之比較研究，Proceeding of the National Science Council（Part C），7（4），514-530。

19.　尚瑞國、林森田（1997），臺灣日據時期水稻佃耕農場與自耕農場經營效率之比較分析，《農業經濟半月刊》，61，45-75。

20.　林基煌（1998），我國證券商經營績效之研究，《證券金融》，58，1-24。

21.　林崇雄、林宜德（2001），以資料包絡分析法探討一個區域銀行之各分行經營績效評鑑，《亞太經濟管理評論》，4（2），101-115。

22.　孫遜（2003），台北市立綜合醫院績效評估之研究，《管理學報》，20（5），993-1022。

23.　孫遜（2003），軍事院校辦學績效評估之研究——以國防管理學院為例，《中山管理評論》，11（2），219-250。

24.　徐守德等（1999），臺灣地區商業銀行的技術性效率研究，《亞太經濟管理評論》，2（2），23-48。

25.　翁興利、李盬玲、潘婉如（1996），相對效率之衡量 DEA 之運用，《中國行政評論》，5（4），63-106。

26.　高強、高重光（1994），由資源分配提升多單位組織之整體效率，《中山管理評論》，2（2），18-28。

27.　張東生、曾國強（2000），利用融入價值判斷之資料包絡分析模式衡量臺灣地區公共安全品質，《管理與系統》，7（3），283-303。

28.　張保隆、黃旭男、沈佩蒂（1997），臺灣地區社會福利慈善事業基金會之績效評估，《管理與系統》，4（1），145-160。

29.　張睿詒、侯穎蕙（2001），省立醫院最佳經營典範探討——技術效率、分配效率

與整體效率之評估，《管理評論》，20（4），1-27。

30. 張睿詒、陳隆鴻、侯穎蕙（2002），醫師團隊相對效率評估與效率提昇典範分析，《管理學報》，19（1），41-58。

31. 張錫惠　王巧雲　蕭家旗（1998），我國地區醫院經營效率影響因素之探討，《管理評論》，17（1），21-38。

32. 張錫惠、張寶光（1996），兼備理論與實用　適用營利及非營利──當代管理會計績效評估之新技術：資料包絡分析，《會計研究月刊》，122，85-89。

33. 張錫惠、蕭家旗（1995），我國醫療基金營運效率之評估，《會計評論》，29，pp.41-78。

34. 許智富、曾國雄（2002），臺灣農業生產力之評估分析──DEA 評估法的應用，《台灣土地金融季刊》，39（2），139-157。

35. 許棟樑、吳振寧（2000），臺灣半導體廠設備管理指標模型建立與評比── 1998 ～99 年成果，《機械工業，202，94-104。

36. 郭乃文（2000），醫院效率之研究：資料包絡分析法之應用，《新台北醫藥》，2(1)，27-38。

37. 郭憲章（2001），臺灣地區商業銀行效率之研究──應用資料包絡分析法，《亞太社會科技學報》，1（1），129-148。

38. 陳世能（2002），臺灣地區安療養機構經營效率之分析──資料包絡法，《經濟研究》，38（1），23-56。

39. 陳永生（2001），華裔與非華裔企業大陸投資績效之比較研究，《中國大陸研究》，44（8），23-42。

40. 陳敦基、蕭智文（1994），公路客運業總體績效 DEA 評估模式建立之研究，《運輸計劃》，23（1），11-39。

41. 陳慧澄（2000），科學園區主要產業的相對效率之衡量，《產業論壇》，1，135-146。

42. 陳澤義、余序江（1997），美國商業照明需求面管理方案的績效評估，《能源季刊》，27（2），49-69。

43. 章定、劉小蘭、尚瑞國（2002），我國各縣市財政支出與經營績效之研究，《台灣土地研究》，5，45-66。

44. 彭克仲、鄭媚尹（2002），臺灣地區果菜批發市場經營之相對效率研究── DEA 模式之應用，《中國農學會報》，3（2），137-153。

45. 黃月桂、張保隆、李延春（1996），臺北市立綜合醫院經營績效之評估，《中華公共衛生雜誌》，15（4），382-390。

46. 黃旭男　唐先楠(1996)，臺灣地區環境品質之衡量，《管理與系統》，3(1)，117-134。

47. 黃旭男（1999），二階段資料包絡分析法在績效評估上之應用：以臺灣地區環保機構組織績效之評估為例，《管理與系統》，6（1），111-130。

48. 黃旭男、吳國華(2001)，臺灣地區壽險業經營績效之衡量，《管理與系統》，8(4)，401-419。

49. 黃旭男、林進財、康傳富（1998），臺灣地區電子業經營績效之評估：並探討經營績效與股價變動之關係，《科技管理學刊》，3（2），27-50。

50. 黃明聖（2000），專科學校財稅科評鑑之研究，《經社法制論叢》，26，263-287。

51. 黃崇興、黃蘭貴（2000），應用數據包絡法於航空公司航線經營績效之分析，《管理學報》，17（1），149-181。

52. 黃萬傳（1998），臺灣良質米與一般稻米生產效率之比較分析──資料包絡分析法之應用，《產業金融論叢》，40，119-169。

53. 黃瓊慧、侯玉燦（2000），臺灣地區信用合作社經營績效評估之研究，《當代會計》，1（1），55-88。

54. 葉立仁、許和鈞、鄭鎮樑（2001），郵政壽險資金運用之研究，《保險專刊》，66，48-69。

55. 葉桂珍、陳昱志（1995），銀行經營績效分析──資料包絡分析法（DEA）與財務比率法之比較，《企銀季刊》，19（2），30-39。

56. 葉彩蓮（1998），臺灣地區銀行經營效率之比較──資料包絡分析法的應用，《企銀季刊》，22（1），37-52。

57. 葉彩蓮（1999），透過財務指標與先驗資訊來衡量銀行的經營績效，《產業金融季刊》，105，56-68。

58. 葉彩蓮、陳澤義（1998），臺灣地區銀行的總效率與技術效率──資料包絡分析之應用，《臺灣銀行季刊》，49（2），163-183。

59. 葉彩蓮、陳澤義（2000），壽險業資源使用效率之衡量，《臺灣銀行季刊》，51（1），322-341。

60. 董鈺琪、鍾國彪、張睿詒（2000），綜合教學醫院推行品質管理與營運績效之關係研究，《中華公共衛生雜誌》，19（3），221-230。

61. 鄒平儀（2000），醫療社會工作生產效率之研究，《社會工作與社會政策學刊》，4（1），77-155。

62. 劉代洋、董鍾明（2002），研發效率評估之資料包絡分析法實證研究──以主導性新產品開發計畫為例，《管理與系統》，9（4），399-412。

63. 劉純之、李君屏（1995），經濟規模與壽險公司經營效率──兼論資料包絡分析法，《壽險季刊》，95，19-28。

64. 劉祥熹、林嘉玲，臺電公司及其各區營業處經營績效之探討── DEA 方法之應用，《公營事業評論》，2（1），75-124。

65. 劉祥熹、莊慶達、林榮昌（1997），臺灣地區漁會信用部經營績效之分析──資料包絡分析法之應用，《基層金融》，35，107-134。

66. 歐進士、林秋萍，（2000）我國國立大學校長由官派制改為遴選制對大學經營效率之影響，《中山管理評論》，8（2），213-248。

67. 練有為（2000），改善公共基礎建設經營管理之研究──以我國鐵路運輸系統為例，《運輸計畫》，29（4），781-816。

68. 鄭秀玲　劉育碩（2000），銀行規模、多角化程度與經營效率分析：資料包絡法之應用，《人文及社會科學集刊》，12（1），103-148。

69. 蕭志同（2002），研究機構專利績效評估模式之建立與分析──以工研院為例，《產業論壇》，3（2），192-214。

70. 蕭志同、張國賓、涂宜君（1999），臺灣連鎖便利商店經營效率之研究，《台北銀行月刊》，29（5），144-154。

71. 蕭幸金 張石柱（1997），醫院最適規模之探討，《管理學報》，14（4），611-634。

72. 謝俊雄（1997），臺灣良質米生產效率之計量分析──資料包絡分析法之應用，《台灣土地金融季刊》，34（4），77-107。

73. 藍武王、李怡容、高傳凱（1997），基隆港貨櫃基地生產效率之資料包絡分析，《運輸學刊》，10（2），1-34。

74. 藍武王、林村基（2003），鐵路運輸之生產效率分析：DEA 與 SFA 方法之比較，《運輸學刊》，15（1），49-78。

75. 魏清圳、胡毓彬、李博文（2000），以 DEA 模型評估縣市政府開闢財源績效作為補助基準之研究，《財稅研究》，32（6），107-135。

76. 蘇志強、莊弼昌、陳少旭（1998），交通執法勤務績效評估模式之建立，《運輸計畫》，27（3），407-433。

77. 蘇雄義 曹耀鈞（2001），資料包絡分析與分析層級程序兩種模式於科技類股投資組合決策之應用研究，《證券暨期貨管理》，19（5），1-22。

78. 蘇錦麗、顏慧明（2000），臺灣省立高級中學相對效率評估之研究：資料包絡分析之應用，《臺灣銀行季刊》，51（4），279-317。

79. 顧志遠（1999），高等教育單位之生產力評估與資源分配整合模式研究，《管理與系統》，6（3），347-364。

二、英文部分

1. Abbot, M. and Doucouliagos, C. (2003). The efficiency of Australian universities: A data enevlopment analysis. *Economics of Education Review*, 22(1), 89-97.Abbot, M. (2002). A data envelopment analysis of the efficiency of Victorian TAFE institutes. *The Australian Economic Review*, 35(1), 55.

3. Abbott, M. (2002). Total factor productivity and efficiency of Australian airports. *The Australian Economic Review*, 35(3), 244-260.

4. Adam, Jr. and Everett, E. (1994). Alternative quality improvement practices and organization performance. *Journal of Operations Management*, 12(1), 27-44.

5. Adenso-Diaz, B. (2002). Introduction to the theory and application of data envelopment analysis: A foundation text with integrated software. *Interfaces*, 32(5), 102-103.

6. Adler, N. and Golanzy, B. (2001). Evaluation of deregulated airline networks using data envelopment combined with principal component analysis with an application to Western Europe. *European Journal of Operational Research*, 132(2), 260-273.

7.　Adolphson, D. L., Cornia, G. C., and Walters, L. C. (1989). Railroad property valuation using data envelopment analysis. *Interfaces*, 19(3), 18-26.

8.　Ahmad, M. and Bravo-Ureta, B. (1996). Technical efficiency measures for dairy farms using panel data: A comparison of Alternative model specifications. *The Journal of Productivity Analysis*, 7(4), 399-415.

9.　Ahn, T. K., Arnold, V. L., Charnes, A., and Cooper, W. W. (1989). DEA and ratio efficiency for public institutions of higher learning in Texas. *Research in Governmental and Nonprofit Accounting*, 5, 165-185.

10.　Ahn, T. S., Charnes, A., and Cooper, W. W. (1988). Some statistical and DEA evaluations of relative efficiencies of public and private institutions of higher learning. *Socio-Economic Planning Sciences*, 22(6), 259-269.

11.　Ahn, T. S., Charnes, A., and Cooper, W. W. (1989). Using data envelopment analysis to measure the efficiency of not-for-profit organization: A critical evaluation – A comment. *Managerial and Decision Economics*, 9(3), 251-253.

12.　Ahuja, G. and Majumdar, S. K. (1998). An assessment of the performance of Indian state-owned enterprises. *The Journal of Productivity Analysis*, 9(2), 113-132.

13.　Aida, K., Cooper, W. W., Pastor, J. M., and Sueyoshi, T. (1998). Evaluating water supply services in Japan with RAM: A range-adjusted measure of inefficiency. *Omega*, 26(2), 207-232.

14.　Akhavein, J. D., Swamy, P. A. V. B., Taubman, S. B., and Singamsetti, R. N. (1997). A general method of deriving the inefficiencies of banks from a profit function. *The Journal of Productivity Analysis*, 8(1), 71-93.

15.　Alam, I., Semenick, M., and Sickles, C. (1998). The relationship between stock market returns and technical efficiency innovations: Evidence from the US airline industry. *The Journal of Productivity Analysis*, 9(1), 35-51.

16.　Al-Faraj, T. N., Alidi, A. S., and Bubshait, K. A. (1993). Evaluation of bank branches by means of data envelopment analysis. *International Journal of Operations and Production Management*, 13(9), 45-52.

17.　Allen, J. and Rai, A. (1996). Operation efficiency in banking: An international comparison. *Journal of Banking and Finance*, 20, 665-672.

18.　Al-Naji, K. and Field K. (1993). Cybernetics and performance measurement of U.K. universities. *Systemist*, 15(3), 115-122.

19.　Al-Shammari, M. (1999). Optimization modeling for estimating and enhancing relative efficiency with application to industrial companies. *European Journal of Operational Research*, 115(3), 488-496.

20.　Althin, R. Färe, F., and Grosskopf, S. (1996). Profitability and productivity changes: An application to Swedish pharmacies. *Annals of Operations Research*, 66, 219-230.

21.　Ammar, S. and Wright, R. (2000). Applying fuzzy-set theory to performance evaluation. *Socio-Economic Planning Sciences*, 34(4), 285-302.

22. Anderson, R. I., Fok, R., Springer, T., and Webb, J. (2002). Technical efficiency and economies of scale: A non-parametric analysis of REIT operating efficiency. *European Journal of Operational Research*, 139(3), 598.

23. Anderson, T. R. and Sharp, G. P. (1997). A new measure of baseball batters using DEA. *Annals of Operations Research*, 73, 141-155.

24. Anderson, U. and Cooper, W. W. (1994). DEA evaluations of performance audits. *Internal Auditing*, 10, 13-22.

25. Anonymous (2002). Benchmarking your warehouse. *Warehousing Management*, 9(10), 28.

26. Arcelus, F. J. and Arozena, P. (1999). Measuring sectoral productivity across time and across countries. *European Journal of Operational Research*, 119(2), 254-266.

27. Arcelus, F. J. and Coleman, D. (1997). An efficiency review of university departments. *International Journal of Systems Science*, 28(7), 721-729.

28. Arnold, V. L., Bardhan, I. R. (1994). Excellence and efficiency in Texas public schools. *Texas Business Review*, 5-7.

29. Arnold, V. L., Bardhan, I. R., Cooper, W. W., and Kumbhakar, S. C. (1996). New uses of DEA and statistical regression for efficiency evaluation and estimation – with an illustrative application to public secondary schools in Texas. *Annals of Operations Research*, 66, 255-277.

30. Athanassopoulos, A. D. and Giokas, D. I. (1998). Technical efficiency and economies of scale in state owned enterprises: The Hellenic telecommunications organization. *European Journal of Operational Research*, 107(1), 62-75.

31. Athanassopoulos, A. D. and Gounaris, C. (2001). Assessing the technical and allocative efficiency of hospital operations in Greece and its resource allocation implications. *European Journal of Operational Research*, 133(2), 416-431.

32. Athanasspoulos, A. D. (1995). Performance improvement decision aid systems (PIDAS) in retailing organizations using data envelopment analysis. *The Journal of Productivity Analysis*, 6(2), 153-170.

33. Athanasspoulos, A. D. (1996). Assessing the comparative spatial disadvantage (CSD) of regions in the European union using non-radial data envelopment analysis methods. *European Journal of Operational Research*, 94(3), 439-452.

34. Athanasspoulos, A. D. (1997). Service quality and operating efficiency synergies for management control in the provision of financial services: Evidence from Greek bank branches. *European Journal of Operational Research*, 98(2), 300-313.

35. Athanasspoulos, A. D. (1998). Decision support for target-based resource allocation of public services in multiunit and multilevel systems. *Management Science*, 44(2), 173-187.

36. Athanasspoulos, A. D. (1998). Optimization models for assessing marketing

efficiency in multi-branch organizations. *The International Review of Retail, Distribution and Consumer Research*, 8(4), 415-443.

37. Athanasspoulos, A. D. and Ballantime, J. A. (1995). Ratio and frontier analysis for assessing corporate performance: Evidence from the grocery industry in the UK. *Journal of the Operational Research Society*, 46, 427-440.

38. Athanasspoulos, A. D. and Curram, S. P. (1996). A comparison of data envelopment analysis and artificial neural networks as tools for assessing the efficiency of decision making units. *Journal of the Operational Research Society*, 47, 1000-1016.

39. Athanasspoulos, A. D. and Giokas, D. I. (2000). The use of data envelopment analysis in banking institutions: Evidence from the commercial bank of Greece. *Interfaces*, 30(2), 81-95.

40. Athanasspoulos, A. D. and Gounaris, C. (1999). A descriptive assessment of the production and cost efficiency of general hospitals in Greece. *Health Care Management Science*, 2(2), 97-106.

41. Athanasspoulos, A. D. and Karkazis, J. (1996). Assessing the social and economic image effectiveness of spatial configurations with an application to the prefectures of Northern Greece. *Journal of Regional Sciences*.

42. Athanasspoulos, A. D. and Storbeck, J. E. (1995). Non-parametric models for assessing spatial efficiency. *The Journal of Productivity Analysis*, 6(3), 225-245.

43. Athanasspoulos, A. D. and Thanassoulis, E. (1995). Assessing marginal impacts of investments on organizational performance. *International Journal of Production Economics*, 39(1), 149-164.

44. Athanasspoulos, A. D. and Triantis, K. P. (1996). Assessing aggregate cost efficiency and the related policy implications for Greek local municipalities. *INFOR*, 36(3), 66-83.

45. Athanasspoulos, A. D., Lambroukos, N., and Seiford, L. M. (1999). Data envelopment scenario analysis for setting targets to electricity generating plants. *European Journal of Operational Research*, 115(3), 413-428.

46. Audibert, M. (1997). Technical inefficiency effects among paddy farmers in the villages of the 'Office du Niger', Mali, West Africa. *The Journal of Productivity Analysis*, 8(4), 379-394.

47. Avkiran, N. K. (1999). An application reference for data envelopment analysis in branch banking: Helping the novice research. *International Journal of Bank Marketing*, 17(5).

48. Avkiran, N. K. (1999). The evidence on efficiency gains: The role of mergers and the benefits to the public. *Journal of Banking and Finance*, 23(7), 991-1013.

49. Avkiran, N. K. (2001). Investigating technical and scale efficiencies of Australian Universities through data envelopment analysis. *Socio-Economic Planning Sciences*, 35(1), 57-80.

50. Avkiran, N. K. (2002). Monitoring hotel performance. *Journal of Asia-Pacific Business*, 4(1), 51.

51. Baker, R. C. and Talluri, S. (1997). A closer look at the use of data envelopment analysis for technology selection. *Computers and Industrial Engineering*, 32(1), 101-108.

52. Balakrishnan, P. V., Desai, A., and Storbeck, J. E. (1994). Efficiency evaluation of retail outlet networks. *Environment and Planning B: Planning and Design*, 21(4), 477-488.

53. Ball, V. E., Lovell, C. A. K., and Nehring, R. F. (1994). Incorporating undersirable outputs into models of production: An application to US agriculture. *Cahiers d'Economie et Sociologie Rurales*, 31, 60-74.

54. Ballestero, E. (1999). Measuring efficiency by a single price system. *European Journal of Operational Research*, 115(3), 616-623.

55. Banathy, B. A. (1999). An information typology for the understanding of social systems. *Systems Research and Behavioral Science*, 16(6), 479-494.

56. Banker, R. D. and Kemerer, C. F. (1989). Scale economies in new software development. *IEEE Transactions on Software Engineering*, 15(10), 1199-1205.

57. Banker, R. D. and Kemerer, C. F. (1992). Performance evaluation metrics for information systems development: A principal-agent model. *Information Systems Research*, 3(4), 379-400.

58. Banker, R. D., Datar, S. M., and Kemerer, C. F. (1991). A model to evaluate variables impacting the productivity of software maintenance projects. *Management Science*, 37(1), 1-18.

59. Banker, R. D., Datar, S. M., and Rajan, M. (1987). Measurement of productivity improvements: An empirical analysis. *Journal of Accounting, Auditing and Finance*, 2, 319-347.

60. Bannick, R. R. and Ozcan, Y. A. (1995). Efficiency analysis of federally funded hospitals: Comparison of DoD and VA hospitals using data envelopment analysis. *Health Services Management Research*, 8(2), 73-85.

61. Bannister, G. and Stolp, C. (1995). Regional concentration and efficiency in Mexican manufacturing. *European Journal of Operational Research*, 80(3), 672-690.

62. Barr, R. S. (2002). Evaluating the productive efficiency and performance of U.S. commercial banks. *Managerial Finance*, 28(8), 3-25.

63. Barr, R. S., Seiford, L. M. and Siems, T. F. (1993). An envelopment-analysis approach to measuring the managerial efficiency of banks. *Annals of Operations Research*, 45, 1-19.

64. Barr, R. S., Seiford, L. M., and Siems, T. F. (1994). Forecasting bank failure: A non-parametric frontier estimation approach. *Researches Economicques de Louvain*, 60(4), 417-429.

65. Barrar, P. (2002). The efficiency of accounting service provision. *Business Process Management Journal*, 8(3), 195.

66. Barrow, M. and Wagstaff, A. (1989). Efficiency measurement in the public sector: An appraisal. *Fiscal Studies*, 10, 72-97.

67. Basso, A. (2001). A data envelopment analysis approach to measure the mutual fund performance. *European Journal of Operational Research*, 135(3), 477.

68. Bates, J. M. (1997). Measuring predetermined socioeconomic 'inputs' when assessing the efficiency of educational outputs. *Applied Economics*, 29(1), 85-93.

69. Bates, J. M., Baines, D., and Whynes, D. K. (1996). Measuring the efficiency of prescribing by general practitioners. *Journal of the Operational Research Society*, 47(12), 1443-1451.

70. Baxter, L. W. Feldman, S. L., Schinnar, A. P., and Wirtshafter, R. M. (1986). An efficiency analysis of household energy use. *The Engineering Economist*, April, 62-73.

71. Beasley, J. E. (1990). Comparing university departments. *Omega*, 18(2), 171-183.

72. Beasley, J. E. (1995). Determining teaching and research efficiencies. *Journal of the Operational Society*, 46(4), 441-452.

73. Beasley, J. E. (2003). Allocating fixed costs and resources via data envelopment analysis. *European Journal of Operational Research*, 147(1), 198-216.

74. Beenstock, M. (1997). Business sector production in the short and long run in Israel. *The Journal of Productivity Analysis*, 8(1), 53-69.

75. Bendheim, C. L., Waddock, S. A., Graves, S. B. (1998). Determining best practice in corporate stakeholder relations using data envelopment analysis. *Business & Society*, 37(3), 305-338.

76. Berg, S. A., Førsund, F. R., Hialmarsson, L., and Suominen, M. (1993). Banking efficiency in the Nordic countries. *Journal of Banking and Finance*, 17, 371-388.

77. Berger, A. N. (1993). Distribution-free estimates of efficiency in the U.S. Banking Industry and tests of the standard distributional assumptions. *The Journal of Productivity Analysis*, 4, 261-292.

78. Berger, A. N. and Humphrey, D. B. (1997). Efficiency of financial institutions: International survey and directions for future research. *European Journal of Operational Research*, 98(2), 175-212.

79. Berger, A. N., Brockett, P. L., Cooper, W. W., and Pastor, J. T. (1997). Preface: New approaches for analyzing and evaluating the performance of financial institutions. *European Journal of Operational Research*, 98(2), 170-174.

80. Berry, B. J. L. and Kim, H. (2002). Demographic efficiency: Concept and estimation. *Population and Environment*, 23(3), 267.

81. Bertels, K. Jacques, M., Neuberg, L., and Gatot, L. (1999). Qualitative company performance: Linear discriminant analysis and neural network models. *European*

Journal of Operational Research, 115(3), 608-615.

82. Bessent, A. M. and Bessent, E. W. (1980). Determining the comparative efficiency of schools through data envelopment analysis. *Educational Administration Quarterly*, 16(2), 57-75.

83. Bessent, A. M. and Bessent, E. W. (1983). Evaluation of educational program proposals by means of DEA. *Educational Administration Quarterly*, 19(2), 82-107.

84. Bessent, A. M., Bessent, E. W., Clark, C. T., and Garrett, A. W. (1986). Managerial efficiency measurement in school administration. *National Forum of Educational Administration and Supervision Journal*, 3(3), 56-66.

85. Bessent, A. M., Bessent, E. W., Elam, J. and Long, D. (1984). Educational productivity council employs management science methods to improve educational quality. *Interfaces*, 14(6), 1-8.

86. Bessent, A. M., Bessent, E. W., Kennington, J., and Reagan, B. (1982). An application of mathematical programming to assess productivity in the Houston independent school district. *Management Science*, 28(12), 1355-1367.

87. Bhattacharyya, A., Bhattacharyya, A., and Mitra, K. (1997). Decomposition of technological change and factor bias in Indian power sector: An unbalanced panel data approach. *The Journal of Productivity Analysis*, 8(1), 35-52.

88. Bitran, G. R. and Valor-Sabatier, J. (1987). Some mathematical programming based measures of efficiency in health care institutions. *Advances in Mathematical Programming and Financial Planning*, 1, 61-84.

89. Bjöekgren, M. A. Häkkinen, U., and Linna, M. (2001). Measuring efficiency of long-term care units in Finland. *Health Care Management Science*, 4(3), 193-200.

90. Bogetoft, P. (2000). DEA and activity planning under asymmetric information. *The journal of Productivity Analysis*, 13(1), 7-48.

91. Boile, M. P. (2001). Estimating technical and scale inefficiencies of public transit systems. *Journal of Transportation Engineering* 127(3), 187-194.

92. Bookbinder, J. H. and Qu, W. W. (1993). Comparing the performance of major American railroads. *Journal of the Transportation Research Forum*, 33(1), 70-83.

93. Borden, J. P. (1988). An assessment of the impact of Diagnosis-Related Group – Based reimbursement on the technical efficiency of New Jersey hospitals using data envelopment analysis. *Journal of Accounting and Public Policy*, 7(2), 77-96.

94. Borger, B. and Kerstens, K. (1996). Radial and non-radial measures of technical efficiency: An empirical illustration for Belgian local governments using an FDH reference technology. *The Journal of Productivity Analysis*, 7(1), 41-62.

95. Borger, B. Ferrier, G. D., and Kerstens, K. (1998). The choice of a technical efficiency measure on the free disposal hull reference technology: A comparison using US banking data. *European Journal of Operational Research*, 105, 427-446.

96. Bosworth, W. (2003). Executive compensation and efficiency: A study of large and medium sized bank holding companies. *American Business Review*, 21(1), 91-99.

97. Bowen, W. M. (1990). Subjective judgements and data envelopment analysis in site selection. *Computer, Environment and Urban Systems*, 14(2), 133-144.

98. Bowlin, W. F. (1986). Evaluating performance in governmental organizations. *Government Accountants Journal*, 36(2), 50-57.

99. Bowlin, W. F. (1987). Evaluating the efficiency of US Air force real-property maintenance activities. *Journal of the Operational Research Society*, 38(2), 127-135.

100. Bowlin, W. F. (1989). An intertemporal assessment of the efficiency of Air Force Accounting and Finance Offices. *Research in Governmental and Nonprofit Accounting*, 5, 293-310.

101. Bowlin, W. F. (1997). A proposal for designing employment contracts for government managers. *Socio-Economic Planning Sciences*, 31(3), 161-244.

102. Bowlin, W. F. Wallace II, J. R., and Murphy, R. L. (1989). Efficiency-based budgeting. *Journal of Cost Analysis*, 8, 35-54.

103. Bradbury, M. E. (2002). An application of data envelopment analysis to the evaluation of audit risk. *Abacus*, 38(2), 263-279.

104. Bradley, M. D. and Bagron, D. M. (1993). Performance in a multiproduct firm: An application to the U.S. postal service. *Operations Research*, 41(3), 450-488.

105. Bradley, S., Johnes, G., and Millington, J. (2001). The effect of competition on the efficiency of secondary schools in England. *European Journal of Operational Research*, 135(3), 545-568.

106. Braglia, M. and Petroni, A. (1999). Data envelopment analysis for dispatching rule selection. *Production Planning and Control*, 10(5), 454-461.

107. Braglia, M. and Petroni, A. (1999). Evaluating and selecting investments in industrial robots. *International Journal of Production Research*, 37(18), 4157-4178.

108. Breslaw, J. A. and McIntosh, J. (1997). Scale efficiency in Canadian trust companies. *The Journal of Productivity Analysis*, 8(3), 281-292.

109. Breu, T. M. and Raab, R. (1994). Efficiency and Perceived Quality of the Nation's Top 25 National Universities and national liberal arts colleges: An application of data envelopment analysis to higher education. *Socio-Economic Planning Sciences*, 28(1), 33-45.

110. Brockett, P. L. (2001). The identification of target firms and functional areas for strategic benchmarking. *The Engineering Economist*, 46(4).

111. Brockett, P. L. and Golany, B. (1996). Using rank statistics for determining programmatic efficiency differences in data envelopment. *Management Science*, 42(3), 466-472.

112. Brockett, P. L. Cooper, W. W., and Wang, Y. (1998). Inefficiency and congestion in

Chinese production before and after the 1978 economic reforms. *Socio-Economic Planning Sciences*, 32(1), 1-20.

113. Brockett, P. L., Charnes, A., Cooper, W. W., Huang, Z. M., and Sun, D. B. (1997). Data transformations in DEA cone ratio envelopment approaches for monitoring bank performance. *European Journal of Operational Research*, 98(2), 250-268.

114. Brockett, P. L., Golany, B., and Li, S. (1999). Analysis of intertemporal efficiency trends using rank statistic with an application evaluating the macro economic performance of OECD nations. *The Journal of Productivity Analysis*, 11(2), 169-182.

115. Brynzér, H. and Johansson, M. I. (1995). Design and performance of kitting and order picking systems. *International Journal of Production Economics*, 41, 115-125.

116. Buccola, S. T. (2000). Material and value-adding inputs in manufacturing enterprises. *The Journal of Productivity Analysis*, 13(3), 227-243.

117. Bulla, S. P., Cooper, W. W., Park, K. S., and Wilson, D. (2000). Evaluating efficiencies of turbofan jet engines in multiple input-output contexts: A data envelopment analysis approach. *Journal of Propulsion and Power*, 16(3), 431-439.

118. Burgess, J. F. and Wilson, P. W. (1995). Decomposing hospital productivity changes 1985-1988: A nonparametric Malmquist approach. *The Journal of Productivity Analysis*, 6(4), 343-363.

119. Burgess, J. F. and Wilson, P. W. (1996). Hospital ownership and technical inefficiency. *Management Science*, 42(1), 110-123.

120. Burgess, J. F. and Wilson, P. W. (1998). Variation in inefficiency among US hospitals. *INFOR*, 36(3), 84-102.

121. Byrnes, P. E. and Färe, R. (1987). Surface mining of coal: Efficiency of US interior mines. *Applied Economics*, 19, 1665-1673.

122. Byrnes, P. E. and Storbeck, J. E. (2000). Efficiency gains from regionalization: Economic development in China revisited. *Socio-Economic Planning Sciences*, 34(2), 141-154.

123. Byrnes, P. E., Färe, R., and Grosskopf, S. (1984). Measuring productive efficiency: An application to Illinois strip mines. *Management Science*, 30(6), 671-681.

124. Byrnes, P. E., Färe, R., Grosskopf, S., and Lovell, C. A. K. (1988). The effect of unions on productivity: U.S. surface mining of coal. *Management Science*, 34(9), 1037-1053.

125. Byrnes, P. E., Grosskopf, S., and Hayes, K. J. (1986). Efficiency and ownership: Further evidence. *Review of Economics and Statistics*, 65, 337-341.

126. Callen, J. L. (1991). Data envelopment analysis: Partial survey and applications for management accounting. *Journal of Management Accounting Research*, 3, 35-56.

127. Callen, J. L. (1992). Money donations, volunteering and organizational efficiency.

The Journal of Productivity Analysis, 5(3), 215-228.

128. Callen, J. L. and Falk, H. (1993). Agency and efficiency in nonprofit organizations: The case of 'specific health focus' charities. *Accounting Review*, 68(1), 48-65.

129. Camanho, A. S. and Dyson, R. G. (1999). Efficiency, size, benchmarks and targets for bank branches: An application of data envelopment analysis. *Journal of the Operational Research Society*, 50(9), 903-915.

130. Camm, J. D. and Burwell, T. H. (1998). An application of frontier analysis: Handicapping running races. *Management Science*, 18(6), 52-60.

131. Capettini, R., Dittman, D. A., and Morey, R. C. (1985). Reimbursement rate setting for Medicaid prescription drugs based on relative efficiencies. *Journal of Accounting and Public Policy*, 42(2), 83-110.

132. Caporaletti, L. E., Dulá, J. H., Womer, N. K. (1999). Performance evaluation based on multiple attributes with nonparametric frontiers. *Omega*, 27(6), 637-645.

133. Cardillo, D. L. and Fortuna, T. (2000). A DEA model for the efficiency evaluation of nondominated paths on a road network. *European Journal of Operational Research*, 12(3), 549-558.

134. Carrington, R., Puthucheary, N., Rose, D., and Yaisawarng, S. (1997). Performance measurement in government service provision: The case of police services in New South Wales. *The Journal of Productivity Analysis*, 8(4), 415-430.

135. Castelli, L., Pesenti, R., Ukovich, W. (2001). DEA-like models for efficiency evaluations of specialized and interdependent units. *European Journal of Operational Research*, 132(2), 274.

136. Casu, B. (2002). A comparative study of the cost efficiency of Italian bank conglomerates. *Managerial Finance*, 28(9), 3-23.

137. Ceha, R. and Ohta, H. (2000). Productivity change model in the airline industry: A parametric approach. *European Journal of Operational Research*, 121(3), 641-655.

138. Chaffai, M. E. (1997). Estimating input-specific technical inefficiency: The case of the Tunisian banking industry. *European Journal of Operational Research*, 98(2), 314-331.

139. Chai, D. and Ho, D. C. (1998). Multiple criteria decision model for resource allocation: A case study in an electric utility. *INFOR*, 36(3), 151-160.

140. Chakraborty, K. (2001). Measurement of technical efficiency in public education: A stochastic and nonstochastic production function approach. *Southern Economic Journal*, 67(4), 889-905.

141. Chalos, P. (1997). An examination of budgetary inefficiency in education using data envelopment analysis. *Financial Accountability and Management*, 13(1), 55-69.

142. Chan, P. S. and Sueyoshi, T. (1991). Environmental change, competition, strategy, structure and firm performance: An application of data envelopment analysis in the airline industry. *International Journal of Systems Science*, 22(9), 1625-1636.

143. Chang, A. Whitehouse, D. J., Chang, S., and Hsieh, Y. C. (2001). An approach to the measurement of single-machine flexibility. *International Journal of Production Research*, 39(8), 1589-1601.

144. Chang, H. (1998). Determinants of hospital efficiency: The case of central government-owned hospitals in Taiwan. *Omega*, 26(2), 307-317.

145. Chang, K. and Kao, P. (1992). The relative efficiency of public versus private municipal bus firms: An application of data envelopment analysis. *The Journal of Productivity Analysis*, 3, 67-84.

146. Chang, Y. and Sueyoshi, T. (1991). An interactive application of data envelopment analysis in microcomputers. *Computer Science in Economics and Management*, 4(1), 51-64.

147. Charnes, A. and Cooper, W. W. (1980). Auditing and accounting for program efficiency and management efficiency in not-for-profit entities. *Accounting, Organizations and Society*, 5(1), 87-107.

148. Charnes, A., Clark, C. T., Cooper, W. W., and Golany, B. (1985). A developmental study of data envelopment analysis in measuring the efficiency of maintenance units in the U.S. Air Forces. *Annals of Operations Research*, 2, 95-112.

149. Charnes, A., Cooper, W. W., and Huang, Z. M. (1990). Polyhedral cone-ratio DEA models with an illustrative application to large commercial banks. *Journal of Econometrics*, 46, 73-91.

150. Charnes, A., Cooper, W. W., and Li, S. X. (1989). Using data envelopment analysis to evaluate efficiency in the economic performance of Chinese cities. *Socio-Economic Planning Sciences*, 23(6), 325-344.

151. Charnes, A., Cooper, W. W., and Rhodes, E. L. (1981). Evaluating program and managerial efficiency: An application of DEA to program follow through. *Management Science*, 27(6), 668-697.

152. Charnes, A., Cooper, W. W., Divine, J. D., Ruefli, T. W., and Thomas, D. (1989). Comparisons of DEA and existing ratio and regression systems for effecting efficiency evaluations of regulated electric cooperatives in Texas. *Research in Governmental and Nonprofit Accounting*, 5, 187-210.

153. Charnes, A., Cooper, W. W., Rousseau, J. J., Schinnar, A. P., Terleckyj, N., and Levy, D. (1980). A goal-focusing approach to intergenerational transfers of income. *International Journal of Systems Science*, 7, 443-446.

154. Charnes, A., Gallegos, A., and Li, H. (1996). Robustly efficient parametric frontiers via multiplicative DEA for domestic and international operations of the Latin American airline industry. *European Journal of Operational Research*, 88(3), 525-536.

155. Chattopadhyay, S. K. and Ray, S. C. (1996). Technical, scale, and size efficiency in nursing home care: A nonparametric analysis of Connecticut homes. *Health*

Economics, 5(4), 363-373.

156. Chatzoglou, P. D. and Soteriou, A. C. (1999). A DEA framework to assess the efficiency of the software requirements capture and analysis process. *Decision Sciences*, 30(2), 503-531.

157. Chavas, J. P. and Cox, T. L. (1994). A primal-dual approach to nonparametric productivity analysis: The case of U. S. agriculture. *The Journal of Productivity Analysis*, 5(4), 359-373.

158. Chen, T. Y. (1997). A measurement of the resource utilization efficiency of university libraries. *International Journal of Production Economics*, 53(1), 71-80.

159. Chen, T. Y. (1998). A study of bank efficiency and ownership in Taiwan. *Applied Economics Letters*, 5(10), 613-616.

160. Chen, T. Y. (2001). An estimation of X-inefficiency in Taiwan's banks. *Applied Financial Economics*, 11(3), 237-242.

161. Chen, T. Y. (2002). A comparison of chance-constrained DEA and stochastic frontier analysis: Bank efficiency in Taiwan. *The Journal of the Operational Research Society*, 53(5), 492-500.

162. Chen, T. Y. (2002). An assessment of technical efficiency and cross-efficiency in Taiwan's electricity distribution sector. *European Journal of Operational Research*, 137(2), 421-433.

163. Chen, Y. (2003). A non-radia Malmquist productivity index with an illustrative application to Chinese major industries. *International Journal of Production Economics*, 83(1), 27-35.

164. Chen, Y. and Ali, A. I. (2002). Output-input ratio analysis and DEA frontier. *European Journal of Operational Research*, 142(3), 476.

165. Cherchye, L. (2001). Product mixes as objects of choice in non-parametric efficiency measurement. *European Journal of Operational Research*, 132(2), 287.

166. Cherchye, L. (2001). Using data envelopment analysis to assess macroeconomic policy performance. *Applied Economics*, 33(3), 407-416.

167. Cherchye, L., Kuosmanen, T., and Post, T. (2002). Non-parametric production analysis in non-competitive environments. *International Journal of Production Economics*, 80(3), 279-294.

168. Cherchye, L., Kuosmanen, T., and Post, T. (2001). FDH directional distance functions with an application to European commercial banks. *The Journal of Productivity Analysis*, 15(3), 201-215.

169. Chien, C. F., Lo, F. V., and Lin, J. T. (2003). Using DEA to measure the relative efficiency of the service center and improve operation efficiency through reorganization. *IEEE Transactions on Power Systems*, 18(1), 366.

170. Chilingerian, J. A. (1995). Evaluating physician efficiency in hospitals: A multivariate analysis of best practices. *European Journal of Operational Research*,

80(3), 548-574.

171. Chilingerian, J. A. and Sherman, H. D. (1990). Managing physician efficiency and effectiveness in providing hospital services. *Health Services Management Research*, 3(1), 3-15.

172. Chilingerian, J. A. and Sherman, H. D. (1994). Evaluating and marketing efficient physicians toward competitive advantage. *Health Care Strategic Management*, 12(5), 16-19.

173. Chirikos, T. N. and Sear, A. M. (1994). Technical efficiency and the competitive behavior of hospitals. *Socio-Economic Planning Sciences*, 28(4), 219-227.

174. Chu, H. L. (2003). The initial effects of physician compensation programs in Taiwan hospitals: Implications for Staff Model HMOs. *Health Care Management Science*, 6(1), 17.

175. Chu, X., Fielding, G. J., and Lamar, B. (1992). Measuring transit performance using data envelopment analysis. *Transportation Research Part A: Policy and Practice*, 26(3), 223-230.

176. Chu-chun-lin, S. (1998). Bidding efficiencies for rights to car ownership in Singapore. *Omega*, 26(2), 297-306.

177. Clark, G. E., Moser, S. C., Ratick, S. J., Dow, K., Meyer, W. B., Jin, W., Kasperson, R. E., and Schwara, H. (1998). Assessing the vulnerability of coastal communities to extreme storms: The case of Revere, MA., USA. *The Journal of Productivity Analysis,* 3(1), 59-82.

178. Clarke, R. L. (1992). Evaluating USAF vehicle maintenance productivity over time: An application of data envelopment analysis. *Decision Science*, 23(2), 376-384.

179. Clarke, R. L. and Gourdin, K. N. (1991). Measuring the efficiency of the logistics process. *Journal of Business Logistics*, 12(2).

180. Co, H. C. and Chew, K. S. (1997). Performance and R&D expenditures in American and Japanese manufacturing firms. *International Journal of Production Research*, 35(12), 3333-3348.

181. Coelli, T. J. and Perelman, S. (1999). A comparison of parametric distance functions: With application to European railways. *European Journal of Operational Research*, 117(2), 326-339.

182. Coelli, T. J., Perelman, S., and Romano, E. (1999). Accounting for environmental influences in stochastic frontier models: With application to international airlines. *The Journal of Productivity Analysis*, 11(3), 251-273.

183. Colbert, A., Levary, R. R., and Shaner, M. C. (2000). Determining the relative efficiency of MBA programs using DEA. *European Journal of Operational Research*, 125(3), 656-669.

184. Conceicao, M. and Portela, S. (2001). Decomposing school and school-type efficiency. *European Journal of Operational Research*, 132(2), 357.

185. Cook, W. D. (2001). Prioritizing highway accident sites: A data envelopment analysis model. *The Journal of the Operational Research Society*, 52(3), 303.

186. Cook, W. D. (2001). Sales performance measurement in bank branches. *Omega*, 29(4), 299.

187. Cook, W. D. and Green, R. H. (2000). Project prioritization: A resource-constrained data envelopment analysis approach. *Socio-Economic Planning Sciences*, 34(2), 85-99.

188. Cook, W. D. and Hababou, M. (2001). Sales performance measurement in bank branches. *Omega*, 29(4), 299-307.

189. Cook, W. D. and Johnston, D. A. (1992). Evaluating suppliers of complex systems: A multiple criteria approach. *Journal of the Operational Research Society*, 43(11), 1055-1061.

190. Cook, W. D. and Kress, M. (1999). Characterizing an equitable allocation of shared costs: A DEA approach. *European Journal of Operational Research*, 119(3), 652-661.

191. Cook, W. D., Doyle, J. R., Green, R. H., and Kress, M. (1996). Ranking players in multiple tournaments. *Computers & Operations Research*, 23(9), 869-880.

192. Cook, W. D., Golan, I., Kazakov, A., and Kress, M. (1988). A case study of non-compensatory approach to ranking transportation project. *Journal of the Operational Research Society*, 29(10), 901-910.

193. Cook, W. D., Hababou, M., and Tuenter, H. (2000). Multi-component efficiency measurement and shared inputs in data envelopment analysis: An application to sales and service performance in bank branches. *The Journal of Productivity Analysis* 14(3), 209-224.

194. Cook, W. D., Johnston, D. A., and McCutcheon, D. (1992). Implementations of robotics: Identifying efficient implementers. *Omega*, 20(2), 227-239.

195. Cook, W. D., Kazakov, A., and Persaud, N. (2001). Prioritising highway accident sites: A data envelopment analysis model. *Journal of the Operational Research Socioety*, 52(3), 303-309.

196. Cook, W. D., Kazakov, A., Roll, Y., and Seiford, L. M. (1991). A data envelopment approach to measuring efficiency: Case analysis of highway maintenance patrols. *Journal of Socio-Economics*, 20(1), 83-103.

197. Cook, W. D., Roll, Y., and Kazakov, A. (1990). A DEA model for measuring the relative efficiency of highway maintenance patrols. *INFOR*, 28(2), 113-124.

198. Cooper, W. W. (2001). An illustrative application of IDEA (imprecise data envelopment analysis) to a Korean mobile telecommunication company. *Operations Research*, 49(6), 807-823.

199. Cooper, W. W. (2002). Chance constrained programming approaches to technical efficiencies and inefficiencies in stochastic data envelopment analysis. *The Journal*

   of the Operational Research Society, 53(12), 1347.

200. Cooper, W. W., Deng, H., Gu, B., Li, S., and Thrall, M. R. (2001). Using DEA to improve the management of congestion in Chinese industries (1981-1997). *Socio-Economic Planning Sciences*, 35(4), 227-242.

201. Cooper, W. W., Kumbhakar, S. C., Thrall, R. M., and Yu, Y. X. (1995). DEA and stochastic frontier analysis of the effects of the 1978 Chinese economic reforms. *Socio-Economic Planning Sciences*, 29(2), 85-112.

202. Cooper, W. W., Lelas, V., and Sueyoshi, T. (1997). Goal programming models and their duality relations for use in evaluating security portfolio and regression relations. *European Journal of Operational Research*, 98(2), 434-443.

203. Cooper, W. W., Park, K. S., and Yu, G. (2001). IDEA (Imprecise Data Envelopment Analysis) with CMDs (Column Maximum Decision Making Units). *The Journal of the Operational Research Society*, 52(2), 176.

204. Cooper, W. W., Sinha, K. K., and Sullivan, R. S. (1995). Accounting for complexity in costing high technology manufacturing. *European Journal of Operational Research*, 85(2), 316-326.

205. Costa, A. and Markellos, R. N. (1997). Evaluating public transport efficiency with neural network models. *Transportation Research Part* C (5), 301-312.

206. Cowie, J. and Riddington, G. (1996). Measuring the efficiency of European railways. *Applied Economics* 28(8), 1027-1035.

207. Cuesta, R. A. (2000). A production model with firm-specific temporal variation in technical inefficiency: With application to Spanish dairy firms. *The Journal of Productivity Analysis*, 13(2), 139-158.

208. Cumins, J. D. (2002). Optimal capital utilization by financial firms: Evidence from the property-liability insurance industry. *Journal of Financial Services Research*, 21(1), 15.

209. Cummins, J. D. and Zi, H. (1999). Comparison of frontier efficiency methods: An application to the U.S. life insurance industry. *The Journal of Productivity Analysis*, 10(2), 131-152.

210. Cummins, J. D., Weiss, M. A., and Zi, H. (1999). Organizational form and efficiency: The coexistence of stock and mutual property-liability insurers. *Management Science*, 45(9), 1254-1269.

211. Dalen, D. M. (1996). Strategic responses to frontier-based budget allocation: Implications for bureaucratic slack. *The Journal of Productivity Analysis*, 7(1), 29-40.

212. Dalmau-Atarrodona, E. and Puig-Junoy, J. (1998). Market structure and hospital efficiency: Evaluating potential effects of deregulation in a national health service. *Review of Industrial Organization*, 13(4), 447-466.

213. Dasgupta, S., Sarkis, J., and Talluri, S. (1998). Influence of information technology

investment on firm productivity: A cross-sectional study. *Logistics and Information Management Journal.*

214. Day, D. L., Lewin, A. Y., and Li, H. (1995). Strategic leaders or strategic groups: A longitudinal data envelopment analysis of the U.S. brewing industry. *European Journal of Operational Research*, 80(3), 619-638.

215. De Koeijer, T. J. (2002). Measuring agricultural sustainability in terms of efficiency: The case of Dutch sugar beet growers. *Journal of Environmental Management*, 66(1), 9.

216. Dekker, R. and Post, T. (2001). A quasi-concave DEA model with an application for bank branch performance evaluation. *European Journal of Operational Research*, 132(2), 296-311.

217. Delorme, Jr. C. D., Thompson, H. J., and Warren, R. S. (1995). Money and Production: A stochastic frontier approach. *The Journal of Productivity Analysis*, 6(4), 333-342.

218. Desai, A. and Henderson, J. H. (1988). Natural gas prices and contractual terms. *Energy Systems and Policy*, 12(4), 255-271.

219. Desai, A. and Schinnar, A. P. (1990). Technical issues in measuring scholastic improvement due to compensatory education programs. *Socio-Economic Planning Sciences*, 24(2), 143-153.

220. Desai, A. and Storbeck, J. E. (1990). A data envelopment analysis for spatial efficiency. *Computer, Environment and Urban Systems*, 14(2), 145-156.

221. Diamond, Jr. A. and Medewitz, J. N. (1990). Use of data envelopment analysis in an evaluation of the efficiency of the deep program for economic education. *Journal of Economic Education*, 21(3), 337-354.

222. Dickhoff, H. and Allen, K. (2001). Measuring ecological efficiency with data envelopment analysis. *European Journal of Operational Research*, 132(2), 312-325.

223. Dinc, M. and Haynes, K. E. (1999). Sources of regional inefficiency. *The Annals of Regional Science*, 33(4), 469-489.

224. Dinc, M., Haynes, K. E., Stough, R. R., and Yilmaz, S. (1998). Regional universal telecommunication service provisions in the U.S. efficiency versus penetration. *Telecommunications Policy*, 22(6), 541-553.

225. Dismuke, C. E. and Sena, V. (1999). Has DRG payment influenced the technical efficiency and productivity of diagnostic in Portuguese public hospitals? An empirical analysis using parametric and non-parametric methods. *Health Care Management Science*, 2(2), 107-116.

226. Distexhe, V. and Perelman, S. (1994). Technical efficiency and productivity growth in an era of deregulation: The case of airlines. *Swiss Journal of Economics and Statistics*, 130(4), 669-689.

227. Dittman, D. A., Capettini, R., and Morey, R. C. (1991). Measuring efficiency in

acute care hospitals: An application of data envelopment analysis. *Journal of Health Human Resource Administration*, 14(1), 89-108.

228. Donthu, N. and Yoo, B. (1998). Retail productivity assessment using data envelopment analysis. *Journal of Retailing*, 74(1), 89-105.

229. Dopuch, N. and Gupta, M. (2003). Production efficiency and the pricing of audit services. *Contemporary Accounting Research*, 20(1), 47-77.

230. Doyle, J. R. and Green, R. H. (1991). Comparing products using data envelopment analysis. *Omega*, 19(6), 631-638.

231. Doyle, J. R. and Green, R. H. (1995). Judging the quality of research in Business Schools: The UK as a case study. *Omega*, 23(3), 257-270.

232. Doyle, J. R., Arthurs, A. J., Green, R. H., McAulay, G. L., Pitt, M. R., Bottomley, P. A., and Evans, W. (1996). The judge, the model of judge, and the model of the judged as judge: Analysis of the UK 1992 research assessment exercise data for business and management studies. *Omega*, 24(1), 13-28.

233. Drake, L. (2002). An insight into the size efficiency of a UK bank branch network. *Managerial Finance*, 28(9), 24-36.

234. Drake, L. (2003). The measurement of English and Welsh police force efficiency: A comparison of distance function models. *European Journal of Operational Research*, 147(1), 165.

235. Drake, L. and Howcroft, B. (1994). Relative efficiency in the branch network of a UK bank: An empirical study. *Omega*, 22(1), 83-90.

236. Drake, L. and Simper, R. (2002). X-efficiency and scale economies in policing: A comparative study using the distribution free approach and DEA. *Applied Economics*, 34(15), 1859-1870.

237. Draper, D. A., Solti, I., and Ozcan, Y. A. (2000). Characteristics of health maintenance organizations and their influence on efficiency. *Health Services Management Research*, 13(1), 40-56.

238. Dufour, C., Lanoie, P., and Patry, M. (1998). Regulation and productivity. *The Journal of Productivity Analysis*, 9(3), 233-247.

239. Dupont, D. P. (2002). Capacity utilization measures and excess capacity in multi-product privatized fisheries. *Resource and Energy Economics*, 24(3), 193.

240. Dusansky, R. and Wilson, P. W. (1995). On the relative efficiency of alternative modes of producing a public sector output: The case of the developmentally disable. *European Journal of Operational Research*, 80(3), 608-618.

241. Dyckhoff, H. and Allen, K. (2001). Measuring ecological efficiency with data envelopment analysis (DEA). *European Journal of Operational Research*, 132(2), 312-325.

242. Dyson, R. G. (2000). Performance measurement and data envelopment analysis – Ranking are rank! *O.R. Insight*, 13(4).

243. Dyson, R. G. (2000). Strategy, performance and operational research. *Journal of the Operational Research Society*, 51(1), 5-11.

244. Dyson, R. G. and Thanassoulis, E. (1988). Reducing weight flexibility in data envelopment analysis. *Journal of the Operational research Society*, 39(6), 563-576.

245. Dyson, R. G. Foster, R. G., and Thanassoulis, E. (1985). Data envelopment analysis - A real-world application. *Journal of the Operational Research Society*, 36, 1145-1145.

246. Dyson, R. G., Podinovski, V. V., and Shale, E. (2001). Data envelopment analysis at the European Summer Institute XVI University of Warwick. *European Journal of Operational Research*, 132(2), 243-244.

247. Elam, J. and Thomas, J. B. (1989). Evaluating productivity of information systems organizations in state government. *Public Productivity Review*, 12(3), 263-277.

248. Elyasiani, E. and Mehdian, S. (1990). Efficiency in the commercial banking industry: A production frontier approach. *Applied Economics*, 22, 539-551.

249. Engert, F. (1996). The reporting of school district efficiency: The adequacy of ratio measures. *Public Budgeting and Financial Management*, 8(2), 247-271.

250. English, M. Grosskopf, S. and Yaisawarng, S. (1993). Output allocative and technical efficiency of banks. *Journal of Banking and Finance*, 17, 349-366.

251. Epstein, M. K. and Henderson, J. C. (1989). Data envelopment analysis for managerial control and diagnosis. *Decision Sciences*, 20, 90-119.

252. Ersoy, K., Kavuncubasi, K., Ozcan, Y. A., and Harris II, J. M. (1997). Technical efficiencies of Turkish hospitals: DEA approach. *Journal of Medical Systems*, 21(2), 67-74.

253. Evanoff, D. D. and Israilevich, P. R. (1991). Productive efficiency in banking. *Economic Perspectives*, 15(4), 11-32.

254. Färe, R. and Primont, D. (1984). Efficiency measures for multiplant firms. *Operations Research Letters*, 3(3), 257-260.

255. Färe, R., Grabowski, R., and Grosskopf, S. (1985). Technical efficiency of Philippine agriculture. *Applied Economics*, 17, 205-214.

256. Färe, R., Grosskopf, S., and Logan, J. (1985). The relative efficiency of Illinois electric utilities. *Resources and Energy*, 54(4), 349-367.

257. Färe, R., Grosskopf, S., and Logan, J. (1985). The relative performance of publically-owned and privately-owned electric utilities. *Journal of Public Economics*, 26, 89-106.

258. Färe, R., Grosskopf, S., and Logan, J. (1987). The comparative efficiency of western coal-fired steam-electric generating plants: 1977-1979. *Engineering Costs and Production Economics*, 11, 21-30.

259. Färe, R., Grosskopf, S., and Lovell, C. A. K. (1988). An indirect approach to the evaluation of producer performance. *Journal of Public Economics*, 37, 71-89.

260. Färe, R., Grosskopf, S., and Pasurka, C. (1989). effects on relative efficiency in electric-power generation environmental controls. *Resources and Energy*, 8, 167-184.

261. Färe, R., Grosskopf, S., and Pasurka, C. (1989). The effect of environmental regulations on the efficiency of electric utilities: 1969 versus 1975. *Applied Economics*, 21, 225-235.

262. Färe, R., Grosskopf, S., and Roos, P. (1995). Productivity and quality changes in Swedish pharmacies. *International Journal of Production Economics*, 39, 137-147.

263. Färe, R., Grosskopf, S., and Weber, W. L. (1989). Measuring school of district performance. *Public Finance Quarterly*, 17(4), 409-428.

264. Färe, R., Grosskopf, S., Lindgren, B., and Roos, P. (1992). Productivity changes in Swedish pharmacies 1980-1989: A non-parametric Malmquist approach. *The Journal of Productivity Analysis*, 3, 85-101.

265. Färe, R., Grosskopf, S., Norris, M., and Zhang, Z. (1994). Productivity growth, technical progress, and efficiency change in industrialized countries. *The American Economic Review*, 84, 66-83.

266. Färe, R., Grosskopf, S., Yaisawarng, S., Li, S. K., and Wang, Z. P. (1990). Productivity growth in Illinois electric utilities. *Resource and Energy*, 12, 383-398.

267. Favero, C. A. and Papi, L. (1995). Technical efficiency and scale efficiency in the Italian banking sector: A non-parametric approach. *Applied Economics*, 27(4), 385-395.

268. Fecher, F., Kessler, D., Perelman, S., and Pertieau, P. (1993). Productive performance of the French insurance industry. *The Journal of Productivity Analysis*, 4, 77-93.

269. Felder, S. (1995). The use of data envelopment analysis for the detection of price above the competitive level. *Empirica*, 22(2), 103-113.

270. Fernandes, E. and Pacheco, R. R. (2002). Efficient use of airport capacity. *Transportation Research. Part A: Policy and Practice*, 36(3), 225-238.

271. Fernandez-Castro, A. (2002). Lancaster's characteristics approach revisited: Product selection using non-parametric methods. *Managerial and Decision Economics*, 23(2), 83

272. Ferog, E. H. (2001). An income efficiency model approach to the economic consequences of OSHA cotton dust regulation. *Australian Journal of Management*, 26(1), 69-89.

273. Feroz, E., Kim, S., and Raab, R. L. (2001). The technical efficiency of vacuum-pan sugar industry of India: An application of a stochastic frontier production function using panel data. *European Journal of Operational Research*, 80(3), 639-653.

274. Ferrantino, M. J., Ferrier, G. D., and Linvill, C. B. (1995). Organizational form and efficiency: Evidence from Indian sugar manufacturing. *Journal of Comparative*

Economics, 21, 29-53.

275. Ferrier, G. D. and Hirschberg, G. (1992). Climate control efficiency. *Energy Journal,* 13(1), 37-54.

276. Ferrier, G. D. and Lovell, C. A. K. (1990). Measuring cost efficiency in banking. *Journal of Econometrics,* 46, 229-245.

277. Ferrier, G. D. and Porter, P. K. (1991). The productive efficiency of US milk processing co-operatives. *Journal of Agricultural Economics,* 42(2), 161-173.

278. Ferrier, G. D. and Valdmanis, V. G. (1996). Rural hospital performance and its correlates. *The Journal of Productivity Analysis,* 7(1), 63-80.

279. Fizel, J. L. and D'Itri, M. P. (1997). Managerial efficiency, managerial succession and organizational performance. *Managerial and Decision Economics,* 18(4), 295-308.

280. Flitman, A. M. (2001). Facilitating software development time and cost estimation using data envelopment analysis and neural network meta-models. *Asia Pacific Management Review,* 6(3), 279-293.

281. Forker, L. B. and Mendez, D. (2001). An analytical method for benchmarking best peer suppliers. *International Journal of Operations & Production Management,* 21(1), 195-209.

282. Forker, L. B., Mendez, D., and Hershauer, J. C. (1997). Total quality management in the supply chain: What is its impact on performance? *International Journal of Production Research,* 35(6), 1681-1702.

283. Førsund, F. R. (1992). A comparison of parametric and non-parametric efficiency measures: The case of Norwegian ferries. *The Journal of Productivity Analysis,* 3, 25-43.

284. Førsund, F. R. and Hjalmarsson, L. (1979). Generalised Farell measures of efficiency: An application to milk processing in Swedish dairy plants. *The Economic Journal,* 89, 294-315.

285. Foster M. J. (1989). A comment on evaluating the efficiency of US air-force organizations. *Journal of the Operational Research Society,* 40, 1059.

286. Frei, F. X., Kalakota, R. Leone, A. J., and Marx, M. (1999). Process variation as a determinant of bank performance: Evidence from the retail banking study. *Management Science,* 45(9), 1210-1220.

287. Fried, H. O., Lovell, C. A. K, and Turner, J. A. (1996). An analysis of the performance of university-affiliated credit unions. *Computers & Operations Research,* 23(4), 375-384.

288. Fried, H. O., Schmidit, S., and Yaisawarng, S. (1998). Productive scale and scope efficiencies in U.S. hospital-based nursing homes. *INFOR,* 36(3), 103-119.

289. Fukuyama, H. (1993). Technical and scale efficiency of Japanese commercial banks: A non-parametric approach. *Applied Economics,* 25(8), 1101-1112.

290. Fukuyama, H. (1995). Measuring efficiency and productivity growth in Japan banking: A nonparametric frontier approach. *Applied Financial Economics*, 5(2), 95-107.

291. Fukuyama, H. (1997). Investigating productive efficiency and productivity changes of Japan life insurance companies. *Pacific-Basin Finance Journal*, 5(4), 481-509.

292. Fukuyama, H. (2002). Estimating output allocative efficiency and productivity change: Application to Japanese banks. *European Journal of Operational Research*, 137(1), 177.

293. Fukuyama, H. (2003). Scale characterizations in a DEA directional technology distance function framework. *European Journal of Operational Research*, 144(1), 108.

294. Fukuyama, H. and Weber, W. L. (2002). Evaluating public school district performance via DEA gain functions. *The Journal of the Operational Research Society*, 53(9), 992-1003.

295. Fukuyama, H. and Weber, W. L. (1999). The efficiency of productivity of Japanese securities firms. *Japan and the World Economy*, 11(1), 115-133.

296. Fukuyama, H. and Weber, W. L. (2001). Measuring efficiency and productivity growth in Japanese banking: A nonparametric frontier approach. *Applied Financial Economics*, 5(2), 95-107.

297. Fukuyama, H., Guerra, R., and Weber, W. L. (1999). Efficiency and ownership: Evidence from Japanese credit cooperatives. *Journal of Economics and Business*, 51(6), 473-487.

298. Gerdtham, U. G., Rehnberg C., and Tambour M. (1999). The impact of internal markets on health care efficiency: Evidence from health care reforms in Sweden. *Applied Economics*, 31(8), 935-945.

299. Giokas, I. D. (2000). Greek hospitals: How well their resources are used. *Omega*, 29(1), 73-83.

300. Giokas, I. D. and Pentzaropoulos, G. C. (1995). Evaluating the relative operational efficiency of large-scale computer networks: An approach via data envelopment analysis. *Applied Mathematical Modelling*, 19(6), 363-370.

301. Giokas, I. D., and Pentzaropoulos, G. C. (2000). Efficient storage allocation for processing in backlog-controlled queueing networks using multicriteria techniques. *European Journal of Operational Research*, 124(3), 539-549.

302. Giuffrida, A. (1999). Productivity and efficiency changes in primary care: A Malmquist index approach. *Health Care Management Science*, 2(1), 11-26.

303. Giuffrida, A. and Gravelle, H. (2001). Measuring performance in primary care: Econometric analysis and DEA. *Applied Economics*, 33(2), 163-175.

304. Glass, J. C. Mckillop, D. G., and O'Rourke, G. (1999). A cost indirect evaluation of productivity change in UK universities. *The Journal of Productivity Analysis*, 10(2),

153-175.

305. Gökçekus, Ö. (1995). The effects of trade exposure on technical efficiency : New evidence from the Turkish rubber industry. *The Journal of Productivity Analysis*, 6 (1), 77-85.

306. Golany, B. and Storbeck, J. E. (1999). A data envelopment analysis of the operational efficiency of bank branches. *Interfaces*, 29 (3), 14-26.

307. Golany, B. and Tamir, E. (1995). Evaluating efficiency-effectiveness-equality trade-offs: A data envelopment analysis approach. *Management Science*, 41 (7), 1172-1184.

308. Galagedera, D. U. A. (2002). Australian mutual fund performance appraisal using data envelopment analysis, *Managerial Finance*, 28(9), 60-73.

309. Gathon, H. J. and Pestieau, P. (1995). Decomposing efficiency into its managerial and its regulatory components: The case of European railways. *European Journal of Operational Research*, 80(3), 500-507.

310. Gerdtham., U. G., Löthgren, M., Tambour M. and Rehnberg C. (1999). Internal markets on health care efficiency: A multiple-output stochastic frontier analysis. *Health Economics*, 8, 151-164.

311. Gillen, D. and Lall, A. (1997). Developing measures of airport productivity and performance: An application of data envelopment analysis. *Transportation Research Part E: Logistics and Transportation Review*, 33(4), 261-273.

312. Giokas, D. I. (2001). Greek hospitals: How well their resources are used. *Omega*, 29(1), 73.

313. Giokas, I. D. (1991). Bank branch operating efficiency: A comparative application of DEA and the loglinear model. *Omega*, 19(6), 549-557.

314. Giuffrida, A. and Gravelle, H. (2001). Measuring performance in primary care: Econometric analysis and DEA. *Applied Economics*, 33(2), 163-175.

315. Goaëd., M. and Ayed-Mouelhi, R. B. (2000). Efficiency from Tunisian textile, clothing and leather industries. *The Journal of Productivity Analysis*, 13(3), 245-258.

316. Golany, B. and Thore, S. A. (1997). Restricted best practice selection in DEA: An overview with a case study evaluating the socio-economic performance of nation. *Annals of operations Research*, 73,117-140.

317. Golany, B., Learner, D. B., Phillips, F. Y., and Rousseau, J. J. (1990). Managing service productivity: The data envelopment analysis perspective. *Computers, Environment and Urban Systems*, 14(2), 89-102.

318. Good, D. H., Roller, L. H., and Sickles, R. C. (1995). Airline efficiency differences between Europe and the US: Implications for the pace of EC integration and domestic regulation. *European Journal of Operational Research*, 80(3), 508-518.

319. Goto, M., and Tsutsui, M. (1998). Comparison of productive and cost efficiencies

among Japanese and US electric utilities. *Omega*, 26(2), 177-194.

320. Granderson, G. (2002). Regulation, efficiency, and granger causality. *International Journal of Industrial Organization*, 20(9), 1225.

321. Granderson, G. and Linvill, C. B. (1999). Parametric and nonparametric approaches to benchmarking the regulated firm. *The Journal of Productivity Analysis*, 12(3), 211-231.

322. Green, A. and Mayes, D. G. (1991). Technical inefficiency in manufacturing industries. *The Economic Journal*, 101, 523-538.

323. Grifell-Tatje, E. and Lovell, C. A. K. (1995). Deregulation and productivity decline: The case of Spanish savings banks. *European Economic Review*, 40, 1281-1303.

324. Grifell-Tatjé, E. and Lovell, C. A. K. (1997). The sources of productivity change in the Spanish banking. *European Journal of Operational Research*, 98, 364-380.

325. Grosskopf, S. (1986). The role of reference technology in measuring productivity efficiency. *The Economic Journal*, 96, 499-513.

326. Grosskopf, S. and Moutray, C. (2001). Evaluating performance in Chicago public high schools in the wake of decentralization. *Economics of Education Review*, 20(1), 1-14.

327. Grosskopf, S. and Valdmanis, V. G. (1987). Measuring hospital performance: A non-parametric approach. *Journal of Health Economics*, 6, 87-92.

328. Grosskopf, S., Hayes, K. J., Taylor, L. L., and Weber, W. L. (1999). Anticipating the consequences of school reform: A new use of DEA. *Management Science*, 45(4), 608-620.

329. Grosskopf, S., Margaritis, D., and Valdmanis, V. G. (2001). Comparing teaching and non-teaching hospitals: A frontier approach (teaching vs. non-teaching hospitals. *Health Care Management Science*, 4(2), 83-90.

330. Grosskopf, S., Margaritis, D., and Valdmanis, V. G. (2001). The effects of teaching on hospital productivity. *Socio-Economic Planning Sciences*, 35(3), 189-204.

331. Gruca, T. S. and Nath, D. (2001). The technical efficiency of hospitals under a single payer system: The case of Ontario community hospitals. *Health Care Management Science*, 4(2), 91-101.

332. Grupp, H., Maital, S., and Frenkel, A. (1992). A data envelopment model to compare technological excellence and export sales in Israel and European community countries. *Research Evaluation*, 2(2), 87-101.

333. Gyimah-Brempong, K., and Gyapong, A. O. (1991). Characteristics of education production functions: An application of canonical regression analysis. *Economics of Education Review*, 10, 7-17.

334. Haag, S., and Jaska, P. V. (1995). Interpreting inefficiency ratings: An application of bank branch operating efficiencies. *Managerial and Decision Economics*, 16(1), 7-14.

335. Hackman, S. T., Frazelle, E. H., Griffin, P. M., Griffin, S. O., and Vlasta, D. A.

(2001). Benchmarking warehousing and distribution operations: An input-output approach. *The Journal of Productivity Analysis*, 16(1), 79-100.

336. Haetman, T. E., Storbeck, J. E., and Byrnes, P. E. (2001). Allocative efficiency in branch banking. *European Journal of Operational Research*, 134(2), 232-242.

337. Halme, M., Joro, T., and Koivu, M. (2002). Dealing with interval scale data in data envelopment analysis. *European Journal of Operational Research*, 137(1), 22-27.

338. Hammond, C. J. (2002). Efficiency in the provision of public services: A data envelopment analysis of UK public library systems. *Applied Economics*, 34(5), 649-657.

339. Hand, N. and White, L. (1999). Banking on efficiency. *O. R. Insight*, 9(4), 28-32.

340. Hanushek, E. A. (1986). The economics of schooling: Production and efficiency in public schools. *Journal of Economic Literature*, 24, 1141-1177.

341. Harris II, J. M., Ozgen, H., and Ozcan, Y. A. (2000). Do mergers enhance the performance of hospital efficiency? *Journal of the Operational Research*, 51(7), 801-811.

342. Hartman, T. E. and Storbeck, J. E. (1996). Input congestion in loan operations. *International Journal of Production Economics*, 46, 413-421.

343. Hashimoto, A. (1996). A DEA selection system for selective examination. *Journal of the Operations Research Society of Japan*, 39(4), 475-485.

344. Hashimoto, A. and Ishikawa, H. (1993). Using DEA to evaluate the state of society as measured by multiple social indicators. *Socio-Economic Planning Sciences*, 27(4), 257-268.

345. Hashimoto, A. and Kodama, M. (1997). Has livability of Japan gotten better for 1956-1990? A DEA approach. *The Journal of Productivity Analysis*, 8(3), 359-373.

346. Haynes, K. E., Ratick S. J., and Cummings-Saxton, J. (1994). Toward a pollution abatement monitoring policy: Measurements, model mechanics, and data requirements. *The Environmental Professional*, 16, 292-303

347. Heffeman, J. (1991). Efficiency considerations in the social welfare agency. *Administration in Social Work*, 15(1, 2).

348. Hensher, D A., Rhonda, D., and Demellow, I. (1995). A comparative assessment of the productivity of Australia's public rail systems 1971/72-1991/92. *The Journal of Productivity Analysis*, 6(3), 201-223.

349. Heshmati A., Kumbhakar, S. C., and Hjalmarsson, L. (1995). Efficiency of the Swedish pork industry: A farm level study using rotating panel data 1976-1988. *European Journal of Operational Research*, 80(3), 519-533.

350. Hjalmarsson, L. and Odeck, J. O. (1996). Efficiency of trucks in road construction and maintenance: An evaluation with data envelopment analysis. *Computers & Operations Research*, 23(4), 393-404.

351. Hjalmarsson, L., Ann, V., and Mork, K. A. (1992). Productivity in Swedish

electricity retail distribution: Comment. *Scandinavian Journal of Economics*, 94.

352. Hollas, D. R. (2002). A data envelopment analysis of gas utilities' efficiency. *Journal of Economics and Finance*, 26(2), 123-137.

353. Hollingsworth, B. (2002). The efficiency of immunization of infants by local government. *Applied Economics*, 34(18), 2341.

354. Hollingsworth, B. and David, P. (1995). The efficiency of Scottish acute hospitals: An application of data envelopment analysis. *Journal of Mathematics Applied to Medicine and Biology*, 12, 161-173.

355. Hollingsworth, B., Dawson P. J., and Nikos, M. (1999). Efficiency measurement of health care: A review of non-parametric methods and applications. *Health Care Management Science*, 2(3), 161-172.

356. Homburg, C. (2001). Using data envelopment analysis to benchmark activities. *International Journal of Production Economics*, 73(1), 51-58.

357. Hooper, P. G. and Hensher, D. A., (1997). Measuring total factor productivity of airports – An index number approach. *Transportation Research Part E: Logistics and Transportation Review*, 33(4), 249-259.

358. Horrace, W. C. and Schmidt, P. (2000). Multiple comparisons with the best, with economic application. *Journal of Applied Econometrics*, 15, 1-26.

359. Howard, L. W. and Miller, J. L. (1993). Fair pay for fair play: Estimating pay equity in professional baseball with data envelopment analysis. *Academy of Management Journal*, 36(4), 882-894.

360. Huang, Y. L. (1989). Using mathematical programming to assess the relative performance of the health care industry. *Journal of Medical Systems*, 13(3), 155-162.

361. Huang, Y. L. and McLaughlin, C. P. (1989). Relative efficiency in rural primary health care: An application of data envelopment analysis. *Health Services Research*, 24(2), 143-158.

362. Humphrey, D. B. and Pulley, L. (1995). Banks' responses to deregulation: Profits, technology and efficiency. *Journal of Money, Credit and Banking, 29*.

363. Hunsucker, J. L. and Shah, J. R. (1994). Comparative performance analysis of priority rules in a constrained flow shop with multiple processors environment. *European Journal of Operational Research*, 72(1), 102-114.

364. Hunter, W. C. and Timme, S. G. (1986). Technical change, organizational form, and the structure of bank productivity. *Journal of Money, Credit and Banking*, 18, 152-166.

365. Husain, N., Abdullah, M., and Kuman, S. (2000). Evaluating public sector efficiency with data envelopment analysis (DEA): A case study in Road Transport Department, Selangor, Malaysia. *Total Quality Management*, 11(4), 830-836.

366. Islei, G., Lockett, G., Cox, B., Gisbourne, S., and Stratford (1991). Modelling

strategic decision making and performance measurement at ICI Pharmaceuticals. *Interface*, 21(6), 4-22.

367. Jacobs, R. (2001). Alternative methods to examine hospital efficiency: Data envelopment analysis and stochastic frontier analysis. *Health Care Management Science*, 4(2), 103-115.

368. Jaenicke, E. C. (2000). Testing for intermediate outputs in dynamic DEA models: Accounting for soil capital in rotational crop production and productivity measures. *The journal of Productivity Analysis*, 14(3), 247-266.

369. Jaska, P. V., Haag, S., and Semple, J. H. (1992). Assessing the relative efficiency of agricultural production units. *Applied Economics*, 24(5), 559-565.

370. Jemric, I. (2002). Efficiency of banks in Croatia: A DEA approach. *Comparative Economic Studies*, 44(2/3), 169-193.

371. Jesson, S. R., Butt, S. E., Lyth, D. M., and Mallak, L. (1999). Performance assessment in the education sector: Educational and economic perspectives. *Oxford Review of Education*, 13(3), 249-266.

372. Jha, R., Chitkara, P., and Gupta, S. (2000). Productivity, technical and allocative efficiency and farm size in wheat farming in India: A DEA approach. *Applied Economics Letters*, 7(1), 1-5.

373. Johnes, G. (1995). Scale and technical efficiency in the production of economic research. *Applied Economics Letters*, 2(1), 7-11.

374. Johnes, G. (1998). The cost of multi-product organizations and the heuristic evaluation of industrial structure. *Socio-Economic Planning Sciences*, 32(3), 199-209.

375. Johnes, G. and Johnes, J. (1993). Measuring the research performance of UK economics departments: An application of data envelopment analysis. *Oxford Economic Papers*, 45, 332-347.

376. Johnes, J. and Johnes, G. (1995). Research funding and performance in U.K. university departments of economics: A frontier analysis. *Economics of Education Review*, 14(3), 301-314.

377. Johns, N. Howcroft, B., and Drake, L. (1997). The use of data envelopment analysis to monitor hotel productivity. *Progress in Tourism and Hospitality Research*, 3(2), 119-127.

378. Jones, V. A. (2001). Data warehousing: A different type of central file. *Office Solutions*, 18(7), 26-30.

379. Kamakura, W. A. (1988). A note on "The use of categorical variables in data envelopment analysis". *Management Science*, 34(10), 1273-1276.

380. Kamakura, W. A. and Ratchdord, B. T. (1988). Measuring market efficiency and welfare loss. *Journal of Consumer Research*, 15(3).

381. Kao, C. (2000). Data envelopment analysis in resource allocation: An application to

forest management. *International Journal of Systems Science*, 31(9), 1059-1066.

382. Kao, C. and Liu, S. T. (2000). Data envelopment analysis with missing data: An application to university libraries in Taiwan. *Journal of the Operational Research Society*, 51(8), 897-905.

383. Kao, C. and Yang, Y. C. (1992). Reorganization of forest districts via efficiency measurement. *European Journal of Operational Research*, 58(3), 356-362.

384. Karkazis, J. and Thanassoulis, E. (1998). Assessing the effectiveness of regional development policies in northern Greece using data envelopment analysis. *Socio-Economic Planning Sciences*, 32(2), 123-137.

385. Karlaftis, M. G. (2003). Investigating transit production and performance: a programming approach. *Transportation Research Part A, Policy and Practice*, 37(3), 225-240.

386. Karsak, E. E. (1998). A two-phase robot selection procedure. *Production Planning and Control*, 9(7), 675-684.

387. Kazakov, A.,Cook,W. D., and Roll, Y. (1989). Measurement of highway maintenance patrol efficiency: Model and factors. *Transportation Research Record*, 1216, 39-45.

388. Kerstens, K. (1996). Technical efficiency measurement and explanation of French urban transit companies. *Transportation Research Part A: Policy and Practice*, 30(6), 431-452.

389. Kerstens, K. and Eeckaut, P. V. (1999). A new criterion for technical efficiency measures:Non-monotonicity across dimensions axioms. *Managerial and Decision Econmics*, 20(1), 45-59.

390. Khouja, M. (1995). The use of data envelopment analysis for technology selection. *Computers & Operations Research*, 28(1), 123-132.

391. Kim, S. and Han, G. (2001). A decomposition of total factor productivity growth in Korean manufacturing industries: A stochastic frontier approach. *The Journal of Productivity Analysis*, 6(3), 269-281.

392. Kim, S. H., Park, C. G., and Park, S. K. (1999). An application of data envelopment analysis in telephone offices evaluation with partial data. *Computers & Operations Research*, 26(1), 123-124.

393. Kirigia, J. M. Sambo, L. G., and Scheel, H. (2001). Technical efficiency of public clinics in Kwazulu-Natal province of South Africa. *East African Medical Journal*, 78(2), 1-13.

394. Kirkley, J., Squires, D., and Strand, E. I. (1998). Characterizing managerial skill and technical efficiency in a fishery. *The Journal of Productivity Analysis*, 9(2), 145-160.

395. Kitchenham, B. A. (2002). The question of scale economies in software - Why cannot researchers agree? *Information and Software Technology*, 44(1), 13.

396. Kittelsen, S. A. C. and Førsund, F. R. (1992). Efficiency analysis of Norwegian district courts. *The Journal of Productivity Analysis*, 3(3), 277-306.

397. Kleinsorge, I. K. and Karney, D. F. (1992). Management of nursing homes using data envelopment analysis. *Socio-Economic Planning Sciences*, 26(1), 57-71.

398. Kleinsorge, I. K., Schary, P. B., and Tanner, R. D. (1989). Evaluating logistics decisions. *International Journal of Physical Distribution and Materials Management*, 19(12).

399. Kleinsorge, I. K., Schary, P. B., and Tanner, R. D. (1991). The shipper-carrier partnership: A new tool for performance evaluation. *Journal of Business Logistics*, 12(2).

400. Kleinsorge, I. K., Schary, P. B., and Tanner, R. D. (1992). Data envelopment analysis for monitoring customer-supplier relationships. *Journal of Accounting and Public Policy*, 11(4).

401. Korhonen, P., Tainio, R., and Wallenius, J. (2001). Value efficiency analysis of academic research. *European Journal of Operational Research*, 130(1), 121-132.

402. Kornbluth, J. S. H. (1991). Analysing policy effectiveness using cone restricted data envelopment analysis. *Journal of the Operational Research Society*, 42(12), 1097-1104.

403. Koski, H. A. and Majumdar, S. K. (2000). Convergence in telecommunications infrastructure development in OECD countries. *Information Economics and Policy*, 12(2), 111-131.

404. Kramer, B. (1997). N. E. W. S. : A model for the evaluation of non-life insurance companies. *European Journal of Operational Research*, 98(2), 419-430.

405. Krivonozhko, V. E. (2002). Interpretation of modelling results in data envelopment analysis. *Managerial Finance*, 28(9), 37-47.

406. Kulshreshtha, M. and Parikh, J. K. (2002). Study of efficiency and productivity growth in opencast and underground coal mining in India. *Energy Economics*, 24(5), 439-453.

407. Kumar, C. K. and Sinha, B. K. (1999). Efficiency based production planning and control models. *European Journal of Operational Research*, 117(3), 450-469.

408. Kuosmanen, T. (2001). DEA with efficiency classification preserving conditional convexity. *European Journal of Operational Research*, 132(2), 326.

409. Kuosmanen, T. and Post, T. (2001). Measuring economic efficiency with incomplete price information: With an application to European commercial banks. *European Journal of Operational Research*, 134(1), 43-58.

410. Kuosmanen, T. (2003). Measuring economic efficiency with incomplete price information. *European Journal of Operational Research*, 144(2), 454.

411. Lang, G. and Welzel, P. (1998). Technology and cost efficiency in universal banking a thick frontier–Analysis of the German banking industry. *The Journal of*

Productivity Analysis, 10(1), 63-84.

412. Lang, J. R. and Golden, P. A. (1989). Evaluating the efficiency of SBDCs with data envelopment analysis: A longitudinal approach. *Journal of Small Business Management,* 27(2).

413. Lasserre, P. and Ouellette, P. (1999). Dynamic factor demands and technology measurement under arbitrary expectations. *The Journal of Productivity Analysis,* 11(3), 219-241.

414. Lau, K. N. (2002). Economic freedom ranking of 161 countries in year 2000: a minimum disagreement approach. *The Journal of the Operational Research Society,* 53(6), 664.

415. Law, S. M. (2002). Measuring the impact of regulation: A study of Canadian basic cable television. *Review of Industrial Organization,* 21(3), 231.

416. Lawrence., D., Houghton, J., and George, A. (1997). International comparisons of Australia's infrastructure performance. *The Journal of Productivity Analysis,* 8(4), 361-378.

417. Lee, Y. K., Park, K. S. and Kim, S. H. (2002). Identification of inefficiencies in an additive model based IDEA (imprecise data envelopment analysis). *Computers & Operations Research,* 29(12), 1661-1676.

418. Levin, M. (1974). Measuring efficiency in educational production. *Public Finance Quarterly,* 2, 3-24.

419. Lewin, A. Y. and Morey, R. C. (1981). Measuring the output potential of public sector organizations: An application of data envelopment analysis. *International Journal of Policy Analysis and Information Systems,* 5(4), 267-285.

420. Lewin, A. Y., (1983). Comments on Measuring routine nursing service Efficiency : A comparison of cost per patient day and data envelopment analysis models. *Health Services Research,* 18(2), 206-208.

421. Lewin, A. Y., Morey, R. C., and Cook, T. J. (1982). Evaluating the administrative efficiency of courts. *Omega,* 10(4), 401-411.

422. Li, L. X. and Benton, W. C. (1996). Performance measurement criteria in health care organizations: Review and future research directions. *European Journal of Operational Research,* 93(3), 449-468.

423. Li, T. and Rosenman, R. (2001). Cost inefficiency in Washington hospitals: A stochastic frontier approach using panel data. *Health Care Management Science,* 4(2), 73-81.

424. Liao, H. H. (2002). Optimizing multi-response problem in the Taguchi method by DEA based ranking method. *The International Journal of Quality & Reliability Management,* 19(6/7), 825.

425. Lien, D. and Peng, Y. (2001). Competition and production efficiency: Telecommunications in OECD countries. *Information Economics and Policy,* 13(1),

51-76.

426. Lien, D. and Peng, Y. (1999). Measuring the efficiency of search engines: An application of data envelopment analysis. *Applied Economics,* 31(12), 1581-1587.

427. Lin, P. W. (2002). Cost efficiency analysis of commercial bank mergers in Taiwan. *International Journal of Management,* 19(3), 408.

428. Lin, P. W. (2002). The efficiency of commercial bank mergers in Taiwan: An envelopment analysis. *International Journal of Management,* 19(2), 334.

429. Linton, J. and Cook, W. D. (1998). Technology implementation: A comparative study of Canadian and US factories. *INFOR,* 36(3), 142-150.

430. Linton, J. D. (2002). Analysis, ranking and selection of R&D projects in a portfolio. *R & D Management,* 32(2), 139-148.

431. Linton, J. D. (2002). DEA: A method for ranking the Greeness of design decisions. *Journal of Mechanical Design,* 124(2), 145.

432. Lo, F. Y. (2001). A DEA study to evaluate the relative efficiency and investigate the district reorganization of the Taiwan power company. *IEEE Transactions on Power Systems,* 16(1), 170.

433. Löthgren, M. and Tambour, M. (1999). Productivity and customer satisfaction in Swedish pharmacies: A DEA network model. *European Journal of Operational Research* 115(3), 449-458.

434. Lovell, C. A. K. and Pastor, J. T. (1997). Target setting : An application to a bank branch network . *European Journal of Operational Research,* 98(2), 290-299.

435. Lovell, C. A. K. (1995). Measuring the macroeconomic performance of the Taiwanese economy. *International Journal of Production Economics* 39, 165-178.

436. Lovell, C. A. K. (1996). Applying efficiency measurement techniques to the measurement of productivity change. *The Journal of Productivity Analysis,* 7, 329-340.

437. Lovell, C. A. K. and Richard, R. C. (1991). The allocation of consumer incentives to meet simultaneous sales quotas: An application to U.S. army recruiting. *Management Science,* 37(3), 350-367.

438. Lozano, S., Villa, G., Guerrero, F., and Cortes, P. (2002). Measuring the performance of nations at the Summer Olympics using data envelopment analysis. *The Journal of the Operational Research Society,* 53(5), 501-511.

439. Ludwin, W. G. and Guthrie, T. L. (1989). Assessing productivity with data envelopment analysis. *Public Productivity Review,* 12(4).

440. Luksetich, W. and Hughes, P. N. (1997). Efficiency of fund-raising activities: An application of data envelopment analysis. *Nonprofit and Voluntary Sector Quarterly,* 26(1), 73-84.

441. Luo, X. (2001). Benchmarking advertising efficiency. *Journal of Advertising Research,* 41(6), 7-18.

442. Luoma, K., Järviö, M., Suoniemi, I, and Hjerppe, R. T. (1996). Financial incentives and productive efficiency in Finnish health centers. *Health Economics*, 5(5), 435-445.

443. Lynch, J. R. and Ozcan, Y. A. (1994). U.S. hospital closures: An efficiency analysis. *Hospital and Health Services Administration*, 39 (2), 205-220.

444. Ma, J. L., Evans, D. G., Fuller, R. J., and Stewart, D. F. (2002). Technical efficiency and productivity change of China's iron and steel industry. *International Journal of Production Economics*, 76(3), 293-312.

445. MacMillan, W. D. (1987). The measurement of efficiency in multiunit public services. *Environment and Planning*, A 19, 1511-1524.

446. Maddison, A. (1997). Causal influences on productivity performance 1820-1992: A global perspective. *The Journal of Productivity Analysis*, 8(4), 325-359.

447. Magnussen, J. (1996). Efficiency measurement and the operationalization of hospital production. *Health Services Research*, 31(1), 21-37.

448. Mahadevan, R. (2002). A DEA approach to understanding the productivity growth of Malaysia's manufacturing industries. *Asia Pacific Journal of Management*, 19(4), 587.

449. Mahajan, J. (1991). A data envelopment analytic model for assessing the relative efficiency of the selling function. *European Journal of Operational Research*, 53(2), 189-205.

450. Maital, S. (2001). Data envelopment analysis with resource constraints: An alternative model with non-discretionary factors. *European Journal of Operational Research*, 128(1), 206.

451. Majumdar, S. K. and Chang, H. H. (1996). Scale efficiencies in US telecommunications: An empirical investigation. *Managerial and Decision Economics*, 17(3), 303-318.

452. Makki, S. S., Tweeten, L. G., and Thraen, S. C. (1999). Investing in research and education versus commodity programs: Implications for agricultural productivity. *The Journal of Productivity Analysis*, 12(1), 77-94.

453. Manandhar, R. (2002). The evaluation of bank branch performance using data envelopment analysis: A framework. *Journal of High Technology Management Research*, 13(1), 1.

454. Maniadakis, K. Hollingsworth, B., and Thanassoulis, E. (1999). The impact of policy initiatives on productive performance. *Health Care Management Science*, 2(2), 75-85.

455. Maniadakis, N. and Thanassoulis, E. (2000). Assessing productivity changes in UK hospitals reflecting technology and input prices. *Applied Economics*, 32(12), 1575-1589.

456. Maniadakis, N., Hollingsworth, B., and Thanassoulis, E. (1999). The impact of the

internal market on hospital efficiency, productivity and service quality. *Health Care Management Science*, 2(2), 75-85.

457. Manos, B. and Psychoudakis, A. (1997). Investigation of the relative efficiency of dairy farms using data envelopment analysis. *Quarterly Journal of International Agriculture*, 36(2), 188-197.

458. Marlin, D., Honker, J. W., and Sun, M. (1999). Strategic group and performance in the nursing home industry: A reexamination. *Medical Care Research and Review*, 55(2), 156-176.

459. Martic, M. and Savic, G.. (2001). An application of DEA for comparative analysis and ranking of regions in Serbia with regards to social-economic development. *European Journal of Operational Research*, 132(2), 343-356.

460. Martin, L. L. (2002). Comparing the performance of multiple human service providers using data envelopment analysis. *Administration in Social Work*, 26(4), 45.

461. Mathijs, E. and Swinnen, J. F. M. (2001). Production organization and efficiency during transition: An empirical analysis of East German agriculture. *Review of Economics and Statistics*, 83, 100-107.

462. Mayston, D. J. (2003). Measuring and managing educational performance. *Journal of the Operational Research Society*, 54(7), 679-691.

463. Maudos, J. Manuel, Pastor, J. M., and Serrano, L. (2000). Efficiency and productive specialization: An application to the Spanish regions. *Regional Studies: The Journal of the Regional Studies Association*, 34(9), 829-842.

464. McDonald, J. (1997). Manorial efficiency in Domesday England. *The Journal of Productivity Analysis*, 8(2), 199-213.

465. Meimand, M. (2002). Using DEA and survival analysis for measuring performance of branches in New Zealand's accident, compensation corporation. *The Journal of the Operational Research Society*, 53(3), 303.

466. Mensah, Y. and Li, S. (1993). Measuring production efficiency in a not-for-profit setting: An extension. *Accounting Review*, 68(1), 66-88.

467. Meric, G. (2001). Risk and return in the world's major stock markets. *Journal of Investing*, 10(1), 63.

468. Mester, L. (1997). Measuring efficiency at U.S. banks: Accounting for heterogeneity is important. *European Journal of Operational Research*, 98(2), 230-242.

469. Metzger, L. M. (1992). Measuring production department efficiency using data envelopment analysis. *Journal of Managerial Issues*, 4(4), 494-510.

470. Miliotis, P, A. (1992). Data envelopment analysis applied to electricity distribution districts. *Journal of the Operational Research Society*, 43(5), 549-555.

471. Miller, S. M. and Noulas, A. G. (1996). The technical efficiency of large bank

production. *Journal of Banking and Finance*, 20(3), 495-509.

472. Mizala, A., Romaguera, P., and Farren, D. (2002). The technical efficiency of schools in Chile. *Applied Economics*, 34(12), 1533-1552.

473. Mobley, L. R. (2002). The impact of managed care penetration and hospital quality on efficiency in hospital staffing. *Journal of Health Care Finance*, 28(4), 24-42.

474. Mobley, L. R. and Magnussen, J. (1998). An international comparison of hospital efficiency: Does institutional environment matter? *Applied Economics*, 30(8), 1089-1100.

475. Moreno, A. A. (2002). Assessing academic department efficiency at a public university. *Managerial and Decision Economics*, 23(7), 385.

476. Morey, M. R. and Richard Morey, R. C. (1999). Mutual fund performance appraisals: A multi-horizon perspective with endogenous benchmarking. *Omega*, 27(2), 241-258.

477. Morey, R. C. (1991). The impact of changes in the delayed-entry program policy on navy recruiting cost. *Interfaces*, 21(4), 79-91.

478. Morey, R. C. and Bell, R. A. (1994). The search for appropriate benchmarking partners: A macro approach and application to corporate travel management. *Omega*, 22(5), 477-490.

479. Morey, R. C. and D. A. Dittman, (1995). Evaluating a hotel GM's performance. *Cornell Hotel and Restaurant Administration Quarterly*, 36(5), 30-35.

480. Morey, R. C. and Dittman, D. A. (1997). An aid in selecting the brand, size and other strategic choices for a hotel. *Journal of Hospitality and Tourism Research*, 21(1), 71-99.

481. Morey, R. C., Fine, D. J., and Loree, S. W., (1990). Comparing the allocative efficiencies of hospitals. *Omega*, 18(1), 71-83.

482. Morey, R. C., Robert, C., and Dittman, D. A. (1985). Pareto rate setting strategies: An application to medicaid drug reimbursement. *Policy Sciences*, 18(2), 169-200.

483. Morey, R.C., Retzlaff-Roberts, R. L., and Fine, D. J. (1994). Getting something for nothing: Estimating service level improvements possible in hospitals. *International Transactions in Operational Research*, 1(3), 285-292.

484. Morey, R.C., Yasar, A, Ozcan, Retzlaff-Roberts, D. L., and Fine, D. J. (1995). Estimating the hospital-wide cost differentials warranted for teaching hospitals: An alternative to regression approaches. *Medical Care*, 33(5), 531-552.

485. Mosheim, R. (2002). Organizational type and efficiency in the Costa Rican coffee processing sector. *Journal of Comparative Economics*, 30(2), 296.

486. Mukherjee, A. (2002). Performance benchmarking and strategic homogeneity of Indian banks. *The International Journal of Bank Marketing*, 20(2), 122.

487. Mukherjee, K. (2001). Productivity growth in large US commercial banks: The initial post-deregulation experience. *Journal of Banking & Finance*, 25(5), 913.

488. Muniz, M. A. (2002). Separating managerial inefficiency and external conditions in data envelopment analysis. *European Journal of Operational Research*, 143(3), 625.

489. Nagarur, N. N. (2001). Data envelopment analysis for the performance evaluation of air conditioning and refrigeration companies in Thailand. *International Journal of Business Performance Management*, 3(2), 276.

490. Narasimhan, R. (2001). Supplier evaluation and rationalization via data envelopment analysis: An empirical examination. *Journal of Supply Chain Management*, 37(3), 28-37.

491. Nathanson, B. H. (2003). An exploratory study using data envelopment analysis to assess Neurotrauma patients in the intensive care unit. *Health Care Management Science*, 6(1), 43.

492. Navarro, J. L. and Camacho, J. A. (2001). Productivity of the service sector: A regional perspective. *Service Industry Journal*, 21(1), 123-148.

493. Ng, Y. and Li, S. K. (2000). Measuring the research performance of Chinese higher education institutions: An application of data envelopment analysis. *Education Economic*, 8(2), 139-156.

494. Nghiem, H. S. (2002). The effect of incentive reforms upon productivity: Evidence from the Vietnamese rice industry. *The Journal of Development Studies*, 39(1), 74.

495. Nickel, S. J. (1996). Competition and corporate performance. *Journal of Political Economy*, 104(4), 724-746.

496. Nishimizu, M. and Page, J. M. (1982). Total factor productivity growth, technical progress and technical efficiency change: Dimensions of productivity change in Yugoslavia, 1965-1978. *The Economic Journal*, 92, 920-936.

497. Nolan, J. F., Ritchie, P. C., and Rowcroft, J. E. (2002). Identifying and measuring public policy goals: ISTEA and the US bus transit industry. *Journal of Economic Behavior & Organization*, 48(3), 291.

498. Noulas, A. G. (2001). Deregulation and operating efficiency: The case of the Greek banks. *Managerial Finance*, 27(8), 35-47.

499. Noulas, A. G. (2001). Non-parametric production frontier approach to the study of efficiency of non-life insurance companies in Greece. *Journal of Financial Management & Analysis*, 14(1), 19-27.

500. Noulas, A. G. and Ketkar, K. W. (1998). Efficient utilization of resources in public schools: A case study of New Jersey. *Applied Economics*, 30(10), 1299-1306.

501. Nozick, L. K., Borderas, H. and Meyburg, A. H. (1998). Evaluation of travel demand measures and programs: A data envelopment analysis approach. *Transportation Research Part A: Policy and Practice*, 32(5), 331-343.

502. Nunamaker, T. R. (1983). Measuring routine nursing service efficiency: A comparison of cost per patient day and data envelopment analysis models. *Health*

Services Research, 18(2), 183-205.

503. Nunamaker, T. R. (1985). Using data envelopment analysis to measure the efficiency of non-profit organizations: A critical evaluation. *Managerial and Decision Economics*, 6(1), 50-58.

504. Nunamaker, T. R. (1988). Using data envelopment analysis to measure the efficiency of non-profit organizations: A critical evaluation–Reply. *Managerial and Decision Economics*, 9(3), 255-256.

505. Nyhan, R. C. (2002). Benchmarking tools: An application to juvenile justice facility performance. *The Prison Journal*, 82(4), 423-439.

506. Nyman, J. A. and Bricker, D. L. (1989). Profit incentives and technical efficiency in the production of nursing home care. *Review of Economics and Statistics*, 71(4), 586-594.

507. Nyman, J. A. and Bricker, D. L. (1990). Technical efficiency in nursing homes. *Medical Care*, 28(6), 541-551.

508. Nyrud, A. Q. (2003). Production efficiency and productivity growth in Norwegian sawmilling. *Forest Science*, 49(1), 89.

509. Odeck, J. (2001). Evaluating efficiency in the Norwegian bus industry using data envelopment analysis. *Transportation*, 28(3), 211.

510. Odeck, J. O. (1996). Evaluating efficiency of rock blasting using data envelopment analysis. *Journal of Transport Engineering*, 122(1), 41-49.

511. Odeck, J. O. (1998). Measuring performance and productivity growth in motor vehicle inspection services with DEA and Malmquist indices. *International Journal of Operations and Quantitative Management*, 4, 69-89.

512. Odeck, J. O. (2000). Assessing performance and productivity growth of vehicle inspection services: An application of DEA and Malmquist indices. *European Journal of Operational Research*, 126(3), 501-514.

513. Odeck, J. O. and Hjalmarsson, L. (1996). The performance of trucks – An evaluation using data envelopment analysis. *Transportation Planning and Technology*, 20, 49-66.

514. Pacudan, R. and De Guzman, E. (2002). Impact of energy efficiency policy to productive efficiency of electricity distribution industry in the Philippines. *Energy Economics*, 24(1), 41-54.

515. Pahwa, A., Feng, X. M., and Lubkeman, D. (2003). Performance evaluation of electric distribution utilities based on data envelopment analysis. *IEEE Transactions on Power Systems*, 18(1), 400-405.

516. Papagapiou, A., Mingers, J., and Thanussoulis, E. (1997). Would you buy a used car with DEA?- applying data envelopment analysis to purchasing decisions. *O. R. Insight*, 10(1), 13-19.

517. Paphristodoulou, C., (1997). A DEA model to evaluate car efficiency. *Applied*

Economics, 29(11), 1493-1508.

518. Paradi, J. C., Smith, S., Schattnit-Chatterjee, C. (2002). Knowledge worker performance analysis using DEA: An application to engineering design teams at Bell Canada. *IEEE Transactions on Engineering Management*, 49(2), 161-172.

519. Paradi, J. C., Storbeck, J. E., and Seiford, L. M. (1997). Applications of DEA to measure The efficiency of software production at two large Canadian banks. *Annals of Operations Research*, 73, 91-115.

520. Park, S. U. and Lesourd, J. B. (2000). The efficiency of conventional fuel power plants in South Korea; A comparison of parametric and non-parametric approaches. *International Journal of Production Economics*, 63(1), 59-67.

521. Parkan, C. (1987). Measuring the of service operations: An application to bank branches. *Engineering Costs and Production Economics*, 12, 237-242.

522. Parkan, C. (1991). Calculation of operational performance ratings. International *Journal of Production Economics*, 24.165-173.

523. Parkan, C. (1996). Measuring the performance of hotel operations. *Socio-Economic Planning Sciences*, 30(4), 257-292.

524. Parkan, C. and Wu, M. L. (1997). Decision-making and performance measurement models with applications to robot selection. *Computers & Industrial Engineering*, 36(3), 57-523.

525. Parkan, C., Lam, K., and Hang, G. (1997). Operational competitiveness analysis on software development. *Journal of the Operational Research Society*, 48(9), 892-905.

526. Parkan, C.and Wu, M. L (1999). Measurement of the performance of an investment Bank using the operational competitiveness rating procedure. *Omega*, 27(2), 201-217.

527. Parkin, D. and Hollmgsworth, B. (1997). Measuring production efficiency of acute hospitals in Scotland, 1991-94: Validity issues in data envelopment Analysis. *Applied Economics*, 19(11), 1425-1433.

528. Pastor, J. M. (1999). Efficiency and risk management in Spanish banking: A method to decompose risk. *Applied Financial Economics*, 9(4), 371-384.

529. Pastor, J. M. (2002). Credit risk and efficiency in the European banking system: A three-stage analysis. *Applied Financial Economics*, 12(12), 895.

530. Pastor, J. M., Pérez, F., and Quesada, J. (1997). Efficiency analysis in banking firms: An international comparison. *European Journal of Operational Research*, 98(2), 395-407.

531. Peck, M. W., Scheraga, C. A., Boisjoly, R. P. (1998). Assessing the relative efficiency of aircraft maintenance technologies: An application of data envelopment analysis. *Transportation Research Part A: Policy and Practice*, 32(4), 261-269.

532. Pedraja-Chaparro, F. and Salinas-Jimenez, J. (1996). An assessment of the efficiency of Spanish courts using DEA. *Applied Economics*, 28(11), 1391-1403.

533. Pentzaropoulos, G. C. and Giokas, D. I. (2002). Comparing the operational efficiency

of the main European telecommunications organizations: A quantitative analysis. *Telecommunications Policy*, 16(11), 595-606.

534. Petroni, A. and Bevilacqua, M. (2002). Identifying manufacturing flexibility best practices in small and medium enterprises. *International Journal of Operations & Production Management*, 22(7/8), 929-947.

535. Piesse, J., Von Bach, H. S., Thirtle, C., and Zyl, J. V. (1996). The efficiency of smallholder agriculture in South Africa. *Journal of International Development,* 8(1), 125-144.

536. Pille, P. and Paradi, J. C. (2002). Financial performance analysis of Ontario (Canada) credit unions: An application of DEA in the regulatory environment. *European Journal of Operational Research*, 139(2), 339-350.

537. Pina, V. and Torres, L. (2001). Analysis of the efficiency of local government services delivery. an application to urban public transport. *Transportation Research. Part A: Policy and Practice*, 35(10), 929-944.

538. Piot-Lepetit, I., Vermersch, D., and Weaver, R. D. (1997). Agriculture's environmental externalities: DEA evidence for agriculture. *Applied Economics*, 29(3), 331-338.

539. Poli, P. M. (2001). A quality assessment of motor carrier maintenance strategies: An application of data envelopment analysis. *Quarterly Journal of Business and Economics*, 40(1), 25-43.

540. Premachandra, I. M. Powell, J. G., and Shi, J. (1998). Measuring the relative efficiency of fund management strategies in New Zealand using a spreadsheet-based stochastic data envelopment analysis model. *Omega*, 26(2), 319-331.

541. Prieto, A.M. and Zofio, J. L. (2001). Evaluating effectiveness in public provision of infrastructure and equipment: The case of Spanish municipalities. *The Journal of Productivity Analysis*, 15(1), 41-58.

542. Prior, D. (1996). Technical efficiency and scope economies in hospitals. *Applied Economics*, 28, 1295-1301.

543. Prior, D. (2003). Long and short run non-parametric cost frontier efficiency: An application to Spanish savings banks. *Journal of Banking & Finance*, 27(4), 655.

544. Prior, D. and Solá, M. (2000). Technical efficiency and economies of diversification in health care. *Health Care Management Science*, 3(4), 299-307.

545. Puig-Junoy, J. (1998). Measuring health production performance in the OEDC. *Applied Economics Letters*, 5(4), 255-259.

546. Puig-Junoy, J. (1998). Technical efficiency in the clinical management of critically ill patients. *Health Economics*, 7(3), 263-277.

547. Puig-Junoy, J. (2000). Partitioning input cost efficiency into its allocative and technical components: An empirical DEA application to hospitals. *Socio-Economic Planning Sciences*, 34(3), 199-218.

548. Raab, R. L (2002). Identifying subareas that comprise a greater metropolitan area: The

criterion of county relative efficiency. *Journal of Regional Science*, 42(3), 579-594.

549. Raab, R. L. and Lichty, R. (1997). An efficiency analysis of Minnesota counties: A data envelopment analysis using 1993 IMPLAN input-output analysis. *Journal of Regional Analysis and Policy*, 27(1), 75-93.

550. Raab, R. L., Kotamraju, P., and Haag, S. (2000). Efficient provision of child quality of life in less developed countries: Conventional development indexes versus a programming approach to development indexes. *Socio-Economic Planning Sciences*, 34(1), 51-67.

551. Ralston, D. (2003). Can mergers ensure the survival of credit unions in the third millenium?. *Journal of Banking & Finance*, 25(12), 2277.

552. Ramanathan, R. (2001). Comparative risk assessment of energy supply technologies: A data envelopment analysis approach. *Energy*, 26(2), 197-203.

553. Ramanathan, R. (2002). Combining indicators of energy consumption and CO2 emissions: A cross-country comparison. *International Journal of Global Energy Issues*, 17(3), 214.

554. Rangan, N., Grabowski, R., Aly, H. Y., and Pasurka, C. (1988). The technical efficiency of US banks. *Economics Letters*, 28, 169-175.

555. Raveh, A. (2000). The Greek banking system: Reanalysis of performance. *European Journal of Operational Research*, 120(3), 525-534.

556. Ray, S. C. (1991). Resource-use efficiency in public schools: A study of Connecticut data. *Management Science*, 37(12), 1620-1628.

557. Ray, S. C. and Hu, X. (1997). On the technically efficient organization of an industry: A study of U.S. airlines. *The Journal of Productivity Analysis*, 8(1), 5-18.

558. Ray, S. C. and Kim, H. J. (1995). Cost efficiency in the US steel industry: A nonparametric analysis using data envelopment analysis. *European Journal of Operational Research*, 80(3), 654-671.

559. Ray, S. C. and Mukherjee, K. (1998). Quantity, quality, and efficiency for a partially superadditive cost function: Connecticut public schools revised. *The Journal of Productivity Analysis*, 10(1), 47-62.

560. Ray, S. C. Seiford, L. M., and Zhu, J. (1998). Market entity behavior of Chinese state-owned enterprises. *Omega*, 26(2), 263-278.

561. Resende, M. (2002). Relative efficiency measurement and prospects for yardstick competition in Brazilian electricity distribution. *Energy Policy*, 30(8), 637-647.

562. Resti, A. (1997). Evaluating the cost-efficiency of the Italian banking system: What can be learned from the joint application of parametric and non-parametric techniques. *Journal of Banking and Finance*, 21, 221-250.

563. Resti, A. (2000). Efficiency measurement for multi-product industries: A comparison of classic and recent techniques based on simulated data. *European Journal of Operational Research*, 121(3), 559-578.

564. Reynolds, D (2003). Hospitality-productivity assessment using data envelopment analysis. *Cornell Hotel and Restaurant Administration Quarterly*, 44(2), 130.

565. Rhodes, E. L. (2002). Using data envelopment analysis (DEA) to evaluate environmental quality and justice: A different way of looking at the same old numbers. *International Journal of Public Administration*, 25(2), 253.

566. Roll, Y. and Hayuth, Y. (1993). Port performance comparison applying data envelopment analysis. *Maritime Policy and Management*, 20(2).

567. Roll, Y. Golany, B. and Seroussy, D. (1989). Measuring the efficiency of maintenance units in the Israeli Air Force. *European Journal of Operational Research*, 43(2), 136-142.

568. Roos, P. and Lundstrom, M. (1998). An index approach for the measurement of patient benefits from surgery–Illustrated in the case of cataract extraction. *INFOR*, 36(3), 120-128.

569. Rosenberg, E. and Gleit, A. (1994). Quantitative methods in credit management: A survey. *Operations Research*, 42(4), 589-613.

570. Rosenman, R., Siddharthan, K., and Ahern, M. (1997). Output efficiency of health maintenance organizations in Florida. *Health Economics*, 6(3), 295-302.

571. Rosko, M. D. (1990). Measuring technical efficiency in health care organizations. *Journal of Medical Systems*, 14(5), 307-322.

572. Rosko, M. D. (1999). Impact of internal and external environmental pressures on hospital inefficiency. *Health Care Management Science*, 2(2), 63-74.

573. Ross, A. D. (2000). An integrated benchmarking approach to distribution center performance using DEA modeling. *Journal of Operations Management*, 20(1), 19.

574. Ross, A. D., Venkataramanan, M. A., and Ernstberger, K. W. (1998). Reconfiguring the supply network using current performance data. *Decision Sciences*, 29(3), 707-728.

575. Rouse, P. (2002). Integrated performance measurement design: Insights from an application in aircraft maintenance. *Management Accounting Research*, 13(2), 229.

576. Rouse, P., Putterill, M., and Ryan, D. (1997). Towards a general managerial framework for performance measurement: A comprehensive highway maintenance application. *The Journal of Productivity Analysis*, 8(2), 127-149.

577. Ruggiero, J. (1996). Measuring technical inefficiency in the public sector: An analysis of educational production. *Review of Economics and Statistics*, 78(3), 499-509.

578. Ruggiero, J. (1996). On the measurement of technical efficiency in the public sector. *European Journal of Operational Research*, 90(3), 553-365.

579. Ruggiero, J. (2000). Nonparametric estimation of returns to scale in the public sector with an application to the provision of educational services. *Journal of the Operational Research Society*, 51(8), 906-912.

580. Ruggiero, J., Duncombe, Miner, J. (1995). On the measurement and causes of

technical inefficiency in local public services: An application to public education. *Journal of Policy Analysis and Theory*, 5, 403-428.

581. Saha, A. and Ravisankar, T. S. (2000). Rating of Indian commercial banks: A DEA approach. *European Journal of Operational Research*, 124(1), 187-203.

582. Sahin, I. and OZcan, Y. A. (2000). Public sector hospital efficiency for provincial markets in Turkey. *Journal of Medical Systems*, 24(6), 307-320.

583. Sahoo, B. K. (2000). Returns to scale and technical efficiency in Indian agriculture. *Anvesak*, 30(1), 39-60.

584. Salinas-Jimenez, J. and Smith, P. C. (1996). Data envelopment analysis applied to quality in primary health care. *Annals of Operations Research*, 67, 141-161.

585. Santos, J. (2001). An application of recent developments of data envelopment analysis to the evaluation of secondary schools in Portugal. *International Journal of Services Technology and Management*, 2(1), 142.

586. Sarafoglou, N. and Haynes, K. E. (1990). Regional efficiencies of building sector research in Sweden: An introduction. *Computers, Environment and Urban Systems*, 14(2), 117-132.

587. Sarkis, J. (1997). An empirical analysis of productivity and complexity for flexible manufacturing systems. *International Journal of Production Economic*, 48(1), 39-48.

588. Sarkis, J. (1997). Evaluating flexible manufacturing systems alternatives using data envelopment analysis. *The Engineering Economist*, 43(1), 25-27.

589. Sarkis, J. (1999). A methodological framework for evaluating environmentally conscious manufacturing programs. *Computers & Industrial Engineering*, 36(4), 793-810.

590. Sarkis, J. (2000). Analysis of the operational efficiency of major airports in the united states. *Journal of Operations Management*, 18(3), 335-351.

591. Sarkis, J. (2002). Efficiency measurement of hospitals: Issues and extensions. *International Journal of Operations & Production Management*, 22(3), 306-313.

592. Sarkis, J. and Cordeiro, J. (2001). An empirical evaluation of environmental efficiencies and firm performance:　Pollution prevention versus end-of-pipe practice. *European Journal of Operational Research*, 125(1), 102-122.

593. Sarkis, J. and Talluri, S. (1998). A decision model for evaluation of flexible manufacturing systems in the presence of both cardinal and ordinal factors, *International Journal of Production Research*, 37(13), 2927-2938.

594. Sarrico, C. and Dyson, R. G. (2000). Using DEA for planning in UK universities – An institutional perspective. *Journal of the Operational Research Society*, 51(7), 789-800.

595. Sarrico, C., Hogan, S. M., Dyson, R. G., and Athanassopoulos, A. D. (1997). Data envelopment analysis and university selection. *Journal of the Operational Research Society*, 48(12), 1163-1177.

596. Sathye, M. (2001). X-efficiency in Australian banking: An empirical investigation.

Journal of Banking and Finance, 25(3), 613-630.

597. Sathye, M. (2002). Measuring productivity changes in Australian banking: An application of Malmquist indices. *Managerial Finance*, 28(9), 48-59.

598. Schefczyk, M. (1993). Industrial benchmarking: A case study of performance analysis techniques. *International Journal of Production Economics*, 32(1), 1-11.

599. Schefczyk, M. (1993). Operational performance of airlines: An extension of traditional measurement paradigms. *Strategic Management Journal*, 14, 301-307.

600. Schinnar, A. P., Kamis-Gould, E., Delucia, D., and Rothbard, A. B. (1990). Organizational determinants of efficiency and effectiveness in mental health partial care programs. *Health Services Research*, 25(2), 387-420.

601. Sear, A. M. (1992). Operating characteristics and comparative performance of investor-owned multihospital systems. *Health Services Administration*, 37(3).

602. Seaver, B. L. and Konstantinos, P. T. (1992). A fuzzy clustering approach used in evaluating technical efficiency measures in manufacturing. *The Journal of Productivity Analysis*, 3(4), 337-363.

603. Seiford, L. M. and Zhu, J. (1998). Identifying excesses and deficits in Chinese industrial productivity (1953-1900). A weighted data envelopment analysis approach. *Omega*, 26(2), 279-296.

604. Sena, V. (2001). The Generalized Malmquist index and capacity utilization change: An application to the Italian manufacturing, 1989-1994. *Applied Economics*, 33(1), 1, 1-9.

605. Sengupta , J. K., and Sfeir, R. E. (1986). Production frontier estimates of scale in public schools in California. *Economics of Education Review*, 5(3), 297-307.

606. Sengupta, J. (1986). Measuring managerial efficiency by data envelopment analysis. *Management Review*, 1, 3-18.

607. Sengupta, J. K. (1987). Efficiency measurement in non-market systems through data envelopment analysis. *International Journal of Systems Science*, 18(12), 2279-2304.

608. Sengupta, J. K. (2002). Economics of efficiency measurement by the DEA approach. *Applied Economics*, 34(9), 1133-1139.

609. Sengupta, J. K. and Sfeir, R. E. (1988). Efficiency measurement by data envelopment analysis with econometric applications. *Applied Economics*, 20(3), 285-293.

610. Sengupta, J. K. (1999). Efficiency measurements with R&D inputs and learning by doing. *Applied Economics Letters*, 6(10), 629-632.

611. Serdar, Y. (2002). Telecommunications and regional development: Evidence from the U.S. States. *Economic Development Quarterly*, 16(3), 211.

612. Sexton, T. R., Leiken, A. M., Sleeper, S., and Coburn, A. F. (1989). The impact of prospective reimbursement on nursing home efficiency. *Medical Care*, 27(2), 154-163.

613. Sexton, T. R., Sleeper, S., and Taggart Jr., R. E. (1994). Improving pupil transportation in north Carolina. *Interfaces*, 24(1), 87-103.

614. Shafer, S. M. and Byrd, T. A. (2000). A framework for measuring the efficiency of

organizational investments in information technology using data envelopment analysis, *Omega*, 28(2), 125-141.

615. Shakun, M. F. and Sudit, E. F. (1983). Effectiveness, productivity and design of purposeful systems: The profit-making case. *International journal of General Systems*, 9(4), 205-215.

616. Shang, J. and Sueyoshi, T. (1995). A unified framework for the selection of a flexible manufacturing system. *European journal of Operational Research*, 85(2), 297-315.

617. Shao, B. B. M. (2002). Technical efficiency analysis of information technology investments: A two-stage empirical investigation. *Information & Management*, 39(5), 391-401.

618. Sheu, D. D. and Peng, S. L. (2003). Assessing manufacturing management performance for notebook, computer plants in Taiwan. *International Journal of Production Economics*, 84(2), 215-228.

619. Sherman, H. (1984). Hospital efficiency measurement and evaluation: Empirical test of a new technique. *Medical Care*, 22(10), 922-938.

620. Sherman, H. (1984). Improving the productivity of service businesses. *Sloan Management Review*, 25(3), 11-23.

621. Sherman, H. and Gold, F. H. (1985). Bank branch operating efficiency: Evaluation with data envelopment analysis. *Journal of Banking and Finance*, 9(2), 297-315.

622. Sherman, H. and Ladino, G. (1995). Managing bank productivity using data envelopment analysis (DEA). *Interfaces*, 25(2), 60-75.

623. Shroff, H. F., Gulledge, T. R., Haynes, K. E., and O'Neill, M. K. (1998). Sitting efficiency of long-term health care facilities. *Socio-Economic Planning Sciences*, 32(1), 25-43.

624. Shyu, J. (1998). Deregulation and bank operating efficiency: An empirical study of Taiwan's banks. *Journal of Emerging Markets*, 3, 27-46.

625. Sickles, R. C., and M. L., (1992). Technical inefficiency and productive decline in the U. S. interstate natural gas pipeline industry under the natural gas policy act. *The Journal of Productivity Analysis*, 3, 119-133.

626. Siddharthan, K. and R., (2000). Data Envelopment Analysis to determine efficiencies of health maintenance organizations. *Health Care Management Science*, 3(1), 23-29.

627. Sinha, K. K. (1991). Moving frontier analysis: An application of data envelopment analysis for competitive analysis of a high-technology manufacturing plant. *Annals of Operations Research*, 66,197-218.

628. Sinuany-Stern, Z., Mehrez, A., and Barboy, A. (1994). Academic departments efficiency via DEA. *Computers & Operations Research*, 21(5), 543-556.

629. Sinuany-Stern, Z., Mehrez, A., and Barboy, A. (1996). Erraum: Academic departments' efficiency via DEA. *Computers & Operations Research*, 23(5), 513-513

630. Smith, Carol E., Kleinbeck, S. V. M., Fernengel, K., and Mayer, L. M. (1997).

Efficiency of families managing home health care. *Annals of Operations Research*, 73,157-175.

631. Smith, P. C. (1990). Data envelopment analysis applied to financial statements. *Omega*, 18(2), 131-138.

632. Smith, P. C. and Fernandez-Castro, A. (1994). Towards a general non–parametric model of corporate performance. *Omega*, 22(3), 237-249.

633. Smith, P. C. and Mayston, D. (1987). Measuring efficiency in the public sector. *Omega*, 15(3), 181-189.

634. Smith, P. C., Sharp, C. A., and Orford, R. J. (1992). Negative political feedback: An examination of the problem of modeling political responses in public sector effectiveness auditing: Comments. *Accounting Auditing and Accountability Journal*, 5 (1).

635. Sola, M. (2001). Measuring productivity and quality changes using data envelopment analysis: An application to Catalan hospitals. *Financial Accountability & Management*, 17(3), 219-245.

636. Soloveitchik, D., Ben-Aderet, N., Grinman, M., and Lotov, A. (2002). Multiobjective optimization and marginal pollution abatement cost in the electricity sector--An Israeli case study. *European Journal of Operational Research*, 140(3), 571-583.

637. Sommersguter-Reichmann, M. (2000). The impact of the Austrian hospital financing reform on hospital productivity: Emperical evidence on efficiency and technology changes using a non-parametric input-based Malmquist approach. *Health Care Management Science*, 3(4), 309-321.

638. Soteriou, A. C. and Stavrinides, Y. (1997). An internal customer service quality data envelopment analysis model from bank branches. *International Journal of Operations and Production Management*, 17(8), 780-789.

639. Soteriou, A. C. and Zenios, S. A. (1999). Operations, quality, and profitability in the provision of banking services. *Management Science*, 45(9), 1221-1238.

640. Soteriou, A. C. and Zenios, S. A. (1999). Using data envelopment analysis for costing bank products. *European Journal of Operational Research*, 114(2), 123-248.

641. Steinmann, L. and Zweifel, P. (2003). On the (in)effeciency of Swiss hospitals. *Applied Economics*, 35(3), 361-370.

642. Stensrud, E. and Myrtveit, I. (2003). Identifying high performance ERP projects. *IEEE Transactions on Software Engineering*, 29(5), 398-416.

643. Stewart, T. J. (1994). Data envelopment analysis and multiple criteria decision making: A response. *Omega*, 22(2), 205-206.

644. Stone, M. (2002). Can public service efficiency measurement be a useful tool of government? The lesson of the Spottiswoode Report. *Public Money & Management*, 22(3), 33-39.

645. Subba-Narasimha, P. N. (2003). Technological knowledge and firm performance of

pharmaceutical firms. *Journal of Intellectual Capital*, 4(1), 20-33.

646. Sudit, E. F. (1995). Productivity measurement in industrial operations. *European Journal of Operational Research*, 85(3), 435-453.

647. Sueyoshi, T. (1992). Measuring the industrial performance of Chinese cities by data envelopment analysis. *Socio-Economic Planning Sciences*, 26(2), 75-88.

648. Sueyoshi, T. (1992). Scale efficiency of Nippon Telegraph & Telephone An applocation: An application of DEA (in Japanese). *Operations Research: Communication of the Operations Research Society of Japan*, 37(5), 210-219.

649. Sueyoshi, T. (1994). Stochastic frontier production analysis: Measuring Performance of public telecommunications in 24 OECD countries. *European Journal of Oerational Research*, 74(3), 466-478.

650. Sueyoshi, T. (1995). Production analysis in different time periods: An application of data envelopment analysis. *European Journal of Operational Research*, 86(2), 216-230.

651. Sueyoshi, T. (1996). Divesture of Nippon Telegram and Telephone. *Management Science*, 42, 1326-1351.

652. Sueyoshi, T. (1997). Measuring efficiencies and returns to scale of Nippon Telegraph & Telephone in production and cost analysis. *Management Science*, 43(6), 779-796.

653. Sueyoshi, T. (1999). Tariff structure of Japanese electric power companies: An empirical analysis using DEA. *European Journal of Operational Research*, 118(2), 350-374.

654. Sueyoshi, T. (2001). Integration of Japan Agricultural Co-operatives (Nokyo) in Miyagi Prefecture. *Asia Pacific Management Review*, 6(4), 377-408.

655. Sueyoshi, T. and Aoki, S. (2001). Slack-adjusted DEA for time series analysis: Performance measurement of Japanese electric power generation industry in 1984-1993. *European Journal of Operational Research*, 133(2), 232-259.

656. Sueyoshi, T. Hasebe, T., Fusao, F., Sakai, J., and Ozawa, W. (1998). DEA-bilateral performance comparison: An application to Japan agricultural co-operatives (Nokyo). *Omega*, 26(2), 233-248.

657. Sueyoshi, T., Machida, H., Sugiyama, M., Arai, K., and Yamada, Y., (1997). Privatization of Japan National Railroad: Three DEA time-series approaches (in Japanese). *Journal of the Operations Research Society of Japan*, 40(2), 186-205.

658. Sun, S. (2002). Assessing computer numerical control machines using data envelopment analysis. *International Journal of Production Research*, 40(9), 2011-2039.

659. Sun, S. (2002). Measuring the relative efficiency of policy precincts using data envelopment analysis. *Socio-Economic Planning Science*, 36, 51-71.

660. Sun, S. (2003). Assessing joint maintenance shops in the Taiwanese Army using data envelopment analysis. *Journal of Operations Management*, forthcoming.

661. Takeda, A. and Nishino, H. (2001). On measuring the inefficiency with the inner-product norm in data envelopment analysis. *European Journal of Operational Research*, 133(2), 377-393.

662. Talluri, S. (1998). A framework for designing efficient value chain networks. *Internation Journal of Production Economics*, 62, 133-144.

663. Talluri, S. (2000). A nonparametric stochastic procedure for FMS evaluation. *European Journal of Operational Research*, 124(3), 529-538.

664. Talluri, S. (1997). Application of data envelopment analysis for cell performance evaluation and process improvement in cellular manufacturing. *International Journal of Production Research*, 35(8), 2157-2170.

665. Talluri, S. and Baker, R. C. (2002). A multi-phase mathematical programming approach for effective suppy chain design. *European Journal of Operational Research*, 141(3), 544-558.

666. Talluri, S. and Sarkis, J. (1997). Extensions in efficiency measurement of alternate machine component grouping solutions. *IEEE Transactions on Engineering Management*, 44(3).

667. Talluri, S. and Yoon, K.P. (2000). A cone-ratio DEA approach for AMT justification. *International Journal of Production Economics*, 66(2), 119-129.

668. Tarim, S. A. (2001). Investment fund performance measurement using weight-restricted data envelopment analysis: An applications to the Turkish capital market. *Russian & East European Finance and Trade*, 37(5), 64-84.

669. Taskin, F. (2001). The role of international trade on environmental efficiency: A DEA approach. *Economic Modelling*, 18(1), 1.

670. Tavakoli, M. (1999). Modelling production and cost efficiency within health care system. *Health Care Management Science*, 2(2), 1-3.

671. Taylor, D. T. (1995). DEA best practice assesses relative efficiency, profitability. *The Oil and Gas Journal*, 93(46), 60-64.

672. Taylor, W. M. Thompson, R. G., Thrall, R. M., and Dharmapala, P. S. (1997). DEA/AR efficiency and profitability of Mexican banks: A total income model. *European Journal of Operational Research*, 98(2), 346-363.

673. Taymaz, E. (1997). Technical change and efficiency in Turkish manufacturing industries. *The Journal of Productivity Analysis*, 8(4), 461-475.

674. Thanassoulis, E. (1995). Assessing police forces in England and Wales using data envelopment analysis. *European Journal of Operational Research*, 87(3), 641-657.

675. Thanassoulis, E. (1996). A data envelopment analysis approach to clustering operating units for resource allocation purposes. *Omega*, 24(4), 463-476.

676. Thanassoulis, E. (1996). Altering the bias in differential school effectiveness using data envelopment analysis. *Journal of the Operational Research Society*, 47, 882-894.

677. Thanassoulis, E. (1996). Assessing the effectiveness of schools with pupils of different

ability using data envelopment analysis. *Journal of the Operational Research Society*, 47, 84-97.

678. Thanassoulis, E. (1997). Assessing the market efficiency of pubs. *O.R. Insight,* 10(4), 3-8.

679. Thanassoulis, E. (1999). Data envelopment analysis and its use in baking. *Interfaces*, 29(3), 1-13.

680. Thanassoulis, E. (1999). Setting achievement targets for school children. *Education Economics*, 7(2), 101-199.

681. Thanassoulis, E. (2000). The use of data envelopment analysis in the regulation of UK water utilities: Water distribution. *European Journal of Operational Research*, 126(2), 436-453.

682. Thanassoulis, E. (2002). Comparative performance measurement in regulation: The case of English and Welsh sewerage services. *The Journal of the Operational Research Society*, 53(3), 292-302.

683. Thanassoulis, E., Dyson, R. G., and Foster, M. J. (1987). Relative efficiency assessments using data envelopment analysis: An application to data on rates departments. *Journal of the Operational Research Society*, 38(5), 397-411.

684. Thirtle, Colin, Piesse, J., and Turk, J. (1996). The productivity of private and social farms: Multilateral Malmquist indices for Slovene dairying enterprises. *The Journal of Productivity analysis,* 7(4), 447-460.

685. Thity, Bernard and Tulkens, H. (1992). Allowing for inefficiency in parametric estimation of production functions for urban transit firms. *The Journal of Productivity Analysis*, 3, 45-65.

686. Thomas, P. (2002). Obnoxious-facility location and data-envelopment analysis: A combined distance-based formulation. *European Journal of Operational Research*, 141(3), 495.

687. Thompson, R. G., Binkmann, E. J., Dharmapala, P. S., Gonzáles-Lima, M., and Thrall R. M. (1997). DEA/AR profit ratios and sensitivity of 100 large U.S. banks. *European Journal of operational Research,* 98(2), 213-229.

688. Thompson, R. G., Singleton Jr., F. D., Thrall, R. M., and Smith B. A. (1986). Comparative site evaluations for locating a high-energy physics lab in Texas, *Interfaces*, 16(6), 35-49.

689. Thompson, R. G., Dharmapala, P. S., and Thrall, R. M. (1995). Linked-cone DEA profit rations and technical efficiency with application to Illinois coal mines. *International Journal of Production Economics*, 39, 99-115.

690. Thompson, R. G., Dharmapala, P. S., Diáz, J., Rothenberg, L. J., and Thrall R. M. (1996). DEA/AR efficiency profitability of 14 major oil companies in U.S. exploration and production. *Computers & Operations Research*, 23(4), 357-373.

691. Thompson, R.G., Lee E. and Thrall R. M. (1992). DEA/AR-efficiency of U.S

independent OIL/GAS producers over time. *Computers & Operations Research*, 19(5), 377-391.

692. Thore, S. A. (1993). Cost effectiveness and competitiveness in the computer industry: A new metric. *Technology Knowledge Activities*, 1(2), 1-10.

693. Thore, S. A. (1996). Economies of scale, emerging patterns, and self-organization in the U.S. computer industry: An empirical investigation using data envelopment analysis. *Journal of Economic Education*, 6(2), 199-216.

694. Thore, S. A. and Golany, B. (1997). The economic and social performance of nations: Efficiency and returns to scale. *Socio-Economic Planning Sciences*, 31(3), 191-204.

695. Thore, S. A., Phillips, F. Y., Ruefli, T. W., and Yue, P. (1996). DEA and the management of the product cycle: The U.S. computer industry. *Computers & Operations Research*, 23(4), 341-356.

696. Thore, S.A., Kozmesky, G., and Phillips, and Phillips, F. Y. (1994). DEA of financial statements data: The U.S computer industry. *The Journal of productivity Analysis*, 2, 229-248.

697. Thursby, J. G. (2002). Growth and productive efficiency of university intellectual property licensing. *Research Policy*, 31(1), 109.

698. Tone, K. (2002). A strange case of the cost and allocative efficiencies in DEA. *The Journal of the Operational Research Society*, 53(11), 1225.

699. Tongzon, J. (2001). Efficiency measurement of selected Australian and other international ports using data envelopment analysis. *Transportation Research Part A: Policy and Practice*, 35(2), 107-122.

700. Tortosa-Ausina, E. (2002). Exploring efficiency differences over time in the Spanish banking industry. *European Journal of Operational Research*, 139(3), 643-664.

701. Trout, M. D., Rai, A., and Zhang, A. (1996). The potential use of DEA for credit applicant acceptance systems. *Computers & Operations Research*, 23(4), 405-408.

702. Trueblood, M. A. and Ruttan, V. W. (1995). A comparison of multifactor productivity calculations of the U.S. agricultural sector. *The Journal of Productivity Analysis*, 6(4), 321-331.

703. Truett, L. J. and Truett, D. B. (1996). Economies of scale in the Mexican automotive sector. *The Journal of Productivity Analysis*, 7(4), 429-446.

704. Tsolas, I. E. and Mapoliadis, O. G. (2003). Sustainability indices of thermal electrical power production in Greece. *Journal of Environmental Engineering*, 129(2), 179-182.

705. Turner, L. D. and DePree, C. M. Jr. (1991). The relative efficiency of boards of accountancy: A measure of the profession's enforcement and disciplinary processes. *Journal of Accounting and Public Policy*, 10(1), 1-13.

706. Tveteras, R. (1999). Production risk and productivity growth: Some findings for Norwegian salmon aquaculture. *The Journal of Productivity Analysis*, 12(2), 161-179.

707. Tyler, L. H., Ozcan, Y. A., and Wogen, S. E. (1995). Mental health case management

and technical efficiency. *Journal of Medical Systems*, 19(5), 413-423.

708.　Ücer, M., Van Rijckeghem, C., and Yolalan, O. R. (1998). Leading indicators of currency crises: A brief literature survey and an application to Turkey. *Yapi Kredi Economic Review*, 9(2), 3-24.

709.　Uri, N. D. (2001). A note on productive efficiency in telecommunications in the USA. *International Journal of Business Performance Management*, 3(1), 66.

710.　Uri, N. D. (2001). Changing productive efficiency in telecommunications in the United States. *International Journal of Production Economics*, 72(2), 121-137.

711.　Uri, N. D. (2001). Measuring the impact of price caps on productive efficiency in telecommunications in the United States. *The Engineering Economist*, 46(2), 81-113.

712.　Uri, N. D. (2001). The effect of incentive regulation on productive efficiency in telecommunications. *Journal of Policy Modeling*, 23(8), 825-846.

713.　Uri, N. D. (2002). The effect of incentive regulation in telecommunications in the USA. *International Journal of Services Technology and Management*, 3(4), 441.

714.　Valdmanis, V. G. (1990). Ownership and technical efficiency of hospitals. *Medical Care*, 28(6).

715.　Vassiloglou, M. and Giokas, D. I. (1990). A study of the relative efficiency of bank branches: An application of data envelopment analysis. *Journal of the Operational Research Society*, 41(7), 591-597.

716.　Verma, D. and Sinha, K. K. (2002). Toward a theory of project interdependencies in high tech R&D environments. *Journal of Operations Management*, 20(5), 451-468.

717.　Vitaliano, D. F. (1998). Assessing public library efficiency using data envelopment analysis. *Annals of Public and Co-operative Economics*, 69(1), 107-122.

718.　Vivas, A. L. (1997). Profit efficiency for Spanish savings banks. *European Journal of Operational Research*, 98(2), 381-394.

719.　Wadud, M. A. and White, B. (2000). Farm household efficiency in Bangladesh: A comparison of stochastic frontier and DEA methods. *Applied Economics*, 32(13), 1665-1673.

720.　Wang, B. B., Ozcan, Y. A., Wan, T. T. H., and Harrison, J. (1999). Trends in hospital efficiency among metropolitan markets. *Journal of Medical Systems*, 23(2), 83-97.

721.　Wang, C. H., Gopal, R. D., and Zoints, S. (1997). Use of data envelopment analysis in assessing information technology impact on firm performance. *Annals of Operations Research*, 191-213.

722.　Wang, K. L. (2003). A study of production efficiencies of integrated securities firms in Taiwan. *Applied Financial Economics*, 159.

723.　Wang, K. L., Weng, C. C., and Chang, M. L. (2001). A study of technical efficiency of travel agencies in Taiwan. *Asia Pacific Management Review*, 6(1), 73-90.

724.　Ward, P. T., Storbeck, J. E., Mangum, S. L., and Byrnes, P. E. (1997). An analysis of staffing efficiency in U. S. manufacturing: 1983 and 1989. *Annals of Operations*

Research, 73, 67-89.

725. Weber, C. A. and Desai, A. (1996). Determination of paths to vendor market efficiency using parallel coordinates representation: A negotiation tool for buyers. *European Journal of Operational Research*, 90(1), 142-155.

726. Weber, C. A., Current, J. R., and Desai, A. (1998). Non-cooperative negotiation strategies for vendor selection. *European Journal of Operational Research*, 108(1), 208-223.

727. Wei, Q. L., Bruce, D., and Xiao, Z. J. (1995). Measuring technical progress with data envelopment analysis. *European Journal of Operational Research*, 80(3), 691-702.

728. Westermann, G. and Schaefer, H. (2001). Localised technological process and intra-sectoral structures of employment. *Economics of Innovation and New Technology*, 10, 23-43.

729. Worthington, A. C. (2001). Efficiency in pre-merger and post-merger non-bank financial institutions. *Managerial and Decision Economics*, 22(8), 439.

730. Worthington, A. C. (2002). Cost efficiency in Australian general insurers: A non-parametric approach. *The British Accounting Review*, 34(2), 89.

731. Worthington, A. C. (2003). Measuring efficiency in local government: An analysis of New South Wales municipalities' domestic waste management function. *Policy Studies Journal*, 29(2), 232-249.

732. Yan, H., Wei, Q. L., and Hao, G. (2002). DEA models for resource reallocation and production input/output estimation. *European Journal of Operational Research*, 136(1), 19-31.Yang, T. (2003). A hierarchical AHP/DEA methodology for the facilities layout design problem. *European Journal of Operational Research*, 147(1), 128.

734. Yeh, J., White, K. R., and Ozcan, Y. A. (1997). Efficiency evaluation of community-based youth services in Virginia. *Community Mental Health Journal*, 33(6), 487-499.

735. Yeh, Q. J. (1996). The application of data envelopment analysis in conjunction with financial ratios for bank performance evaluation. *Journal of the Operational Research Society*, 47, 980-988.

736. Yildirim, C. (2002). Evolution of banking efficiency within an unstable macroeconomic environment: The case of Turkish commercial banks. *Applied Economics*, 34(18), 2289-2301.

737. Ylvinger, S. (2000). Industry performance and structural efficiency measures: Solutions to problems in firm models. *European Journal of Operational Research*, 121(1), 164-174.

738. Ylvinger, S. (2003). Light-duty vehicles and external impacts: Product and policy performance assessment. *European Journal of Operational Research*, 144(1), 194.

739. Yoo, H. (2003). A study on the efficiency evaluation of total quality management

activities in Korean companies. *Total Quality Management & Business Excellence*, 14(1), 119-128.

740. Young, S. T. (1992). Multiple productivity measurement approaches for management, *Health Care Management Review*, 17(2), 51-58.

741. Yue, P. (1992). Data envelopment analysis and commercial bank performance: A primer with applications to Missouri banks. *Federal Reserve Bank of St. Louis Economic Review*, 74(1), 31-45.

742. Zaim, O. (1995). The effect of financial liberalization on the efficiency of Turkish Commercial banks. *Applied Financial Economics*, 5, 257-264.

743. Zaim, O. and Taskin, F. (1997). The comparative performance of the public enterprise sector in Turkey: A Malmquist productivity index approach. *Journal of Comparative Economics*, 25, 129-157.

744. Zeithsch, J. and Lawrence, D. (1996). Decomposing economic inefficiency in base-load power plants. *The Journal of Productivity Analysis*, 7(4), 359-398.

745. Zeng, G. (1996). Evaluating the efficiency of vehicle manufacturing with different products. *Annals of Operations Research*, 66, 299-310.

746. Zenios, C. V., Zenios, S. A., Agathocleous K., and Soteriou, A. C. (1999). Benchmarks of the efficiency of bank branches. *Interfaces*, 29(3), 37-51.

747. Zhang, X, S. and Cui, J. C. (1999). A project evaluation system in the state economic information system of China: An operations research practice in public sectors. *International Transactions in Operational Research*, 6(5), 441-452.

748. Zhang, Y. and Bartels, R. (1998). The effect of sample size on the mean efficiency in DEA with an application to electricity distribution in Australia, Sweden and New Zealand. *The Journal of Productivity Analysis*, 9(3), 205-232.

749. Zheng, J., Liu, X., and Bigsten, A. (1998). Ownership structure and determinants of technical efficiency: An application of data envelopment analysis to Chinese enterprises (1986-1990). *Journal of Comparative Economics*, 26, 465-484.

750. Zhu, J, (1996). DEA/AR analysis of the 1988-1989 performance of the Nanjing Textiles Corporation, *Annals of Operations Research*, 66, 311-335.

751. Zhu, J, (2001). Multidimensional quality-of-life measure with an application to Fortune's best cities. *Socio-Economic Planning Sciences*, 35(4), 263-284.

752. Zhu, J. (1998). Data envelopment analysis vs. principal component analysis: An illustrative study of economic performance of Chinese cities. *European Journal of Operational Research*, 111(1), 50-61.

753. Zhu, J. (2000). Multi-factor performance measure model with an application to Fortune 500 companies. *European Journal of Operational Research*, 123(1), 105-124.

754. Zofio, J. L. (2001). Graph efficiency and productivity measures: An application to US agriculture. *Applied Economics*, 33(11), 1433.

755. Zofio, J. L. and Prieto A. M. (2001). Environmental efficiency and regulatory

standards: The case of CO2 emissions from OECD industries. *Resource Energy Economic*, 23(1), 63-83.

第 10 章　績效評估方法

本章首先介紹除 DEA 外之其他績效評估方法；其次比較 DEA 與其他績效評估方法。

10.1 方法介紹

除 DEA 外，過去有許多學者曾使用不同方法來評估組織績效。本章回顧文獻，可歸納出經常使用的七種方法。茲將評估方法介紹說明如下：

一、比例分析法（Ratio Approach）

比例分析法利用各項指標值作相互之比較，如最大的產出與最小投入二者比較所得之值。概分為以下兩種比例法：

（一）財務比例法

由評估者依據個人主觀判斷，選取適當評估指標作為基準並賦予權數，利用已知的指標值相互比較計算出該受評估單位綜合評點，以點數高低評斷優劣。

（二）生產比例法

依實際投入人力、物力、財力之數值與產出之相對數值比較計

算方式，相互比較衡量數值有實物量、金額、約當量、近似值等四種。

1.優點

（1）計算方法簡單容易、意義易懂、運用上不需要太多的理論
　　基礎。

（2）可藉由標準差之設定區分極好或極壞之效率，明確評估績
　　效的特點。

（3）相關數據可直接取自報表資料，運用可靠簡單，且各比例
　　的意義明確易懂。

2.限制

（1）僅為評估作業效率指標之一，無法代表整體作業效率。

（2）評估指標很多，不易判斷不同受評單位績效高低，且其權
　　數會受主觀認定影響而失真。

（3）投入與產出項必須有相同計算衡量單位，因此投入與產出
　　項的選擇將有所限制，無法處理多項投入與多項產出及應
　　用於複雜系統中分析。

3.適用範圍：單項投入與單項產出的問題。

二、平衡計分卡（Balanced Scorecard）

平衡計分卡係將企業制定的策略與關鍵性績效評估指標相互結
合，並在長期與短期目標下對財務性與非財務性，外部構面與內部構
面，落後指標與領先指標，主觀與客觀面等績效指標間取得平衡。

（一）優點

1.可將所有關鍵性因素一併考量，整合相關資訊避免反功能性決策減少資訊超載，讓管理者有餘力在日常運作外，考量組織發展方面之事項。

2.將組織運作成果用作內部溝通、學習工具，而非僅例外管理之控制用途。

（二）限制

績效評估指標，必須透過專家賦予分數，不夠客觀公正。

（三）適用範圍

多項投入與單一產出的問題。

三、總要素生產力分析法（Total Factor Productivity, TFP）

總要素生產力分析法主要將總體總要素生產力變動率分解為代表產業內技術進步的總要素生產力加權平均變動率與代表產業間技術進步的資源總配置效果，並進行總體與產業之間的生產力聯結分析。

（一）優點

1.運算簡單容易，理論淺顯易懂。

2.可作統計上的檢定，具有客觀的效率值解釋能力。

3.可作為評估單位生產力之綜合指標。

（二）限制

1.需先推導生產函數，且投入與產出項需有相同計算衡量單位。

2.需先假設完全技術狀態，且無法有效提出效率改善目標值。

3.無法分辨 TFP 變動式來自技術進步或來自技術效率之變動。

（三）適用範圍

多項投入與單一產出的問題。

四、迴歸分析法（Regression Analysis）

迴歸分析法假設自變數與依變數間的函數關係為線性、二次或其他型式，運用最小平方法，找出自變數與依變數具因果關係的迴歸線。然後比較各評估對象與迴歸方程式的殘差項差異，評估彼此之間的效率高低。

（一）優點

1.利用函數表達投入與產出關係，分析嚴謹客觀。

2.具有統計分析學理的基礎，分析結果較科學化。

3.在有限的樣本限制情況下，不會將無效率單位當成有效率單位，可作為比較差異與預測工具。

（二）限制

1.需先假設自變數與依變數具有線性的函數關係。

2.在受評估單位樣本數較少時，無法找出最具效率之單位。

3.無法同時處理多項投入與產出的問題，須有詳細量化資料，殘差項需假設為常態分配。

4.迴歸分析結果呈趨中性（central tendency），無法確切指出組織間何者有效率、何者無效率。

（三）適用範圍

1.適用於多項投入與單一產出。

2.預測自變數與應變數間的函數關係與平均值之差異比較。

五、生產前緣法（Production Frontier Approach, PFA）

生產前緣法利用經濟學的生產函數法，找出受評估單位相關的生產函數，進而衡量受評估單位的生產力。概分為兩種評估函數：

（一）超越對數生產函數法

Translog 成本函數係有母數法的效率衡量，適用於企業的長期成本分析，找出其最適生產函數，資料型態為時間序列。Nishimizu and Page（1982）運用效率觀念，以超越對數型式之生產函數找出完全有效率的最大產量，其與實際產量的比值即得效率，即超越對數生產函數法（Translog Production Approach）。

（二）Cobb-Douglas 生產前緣線

Cobb-Douglas 生產前緣線（Cobb-Douglas Production Frontier）亦以有母數法衡量效率，適用規模可變的長期結構下的財貨產值分析，並利用迴歸方式使觀察值與推估值間知覺對離差最小，以求出函

數中之參數值。

1.優點

（1）運算簡單可運用統計檢定的方法，使評估結果更具客觀。

（2）使用限制條件較少，數理結構簡單且經濟意涵明確。

2.限制

（1）所有投入與產出項須皆可量化，無法同時處理多項投入與產出問題。

（2）須先假設為生產函數型態，且只有單一項產出。

（3）殘差項需假設為常態分配，否則無法求出生產函數。

3.適用範圍：多項投入與單一產出問題。

六、隨機性前緣法（Stochastic Frontier Approach, SFA）

隨機性前緣法說明生產無效率的原因除了考量個別廠商技術或管理差異所造成，尚必須考量廠商在實際生產過程中亦會受到一些隨機因素的干擾。因此生產無效率必須考量兩部分，一為技術無效率，即技術或管理差異所造成的無效率，另一部分則為隨機所造成。

（一）優點

1.考慮非廠商所能控制的隨機性因素。

2.評估較能接近實際生產狀況。

（二）限制

1.隨機因素考量難以量化，必須考量機率分配之假設。

2.需有較多觀測點，參數的估計值才會有較高的準確度。

（三）適用範圍

投入與產出之間存在不確定因素的狀況。

七、多準則決策（Multiple Criteria Decision Making, MCDM）

多準則決策在運用前必須先確定要評估的組織其效率是由多項因素組成，再依其處理的問題設定為多屬性（multiple attributes）或多目標（multiple criteria）的各種形式，為一衡量多項投入與多項產出效率的良好方法。

（一）優點

1.評估效率時，可考量多屬性、多目標，符合實際狀況。

2.可解決不確定因素。

（二）限制

1.準則間相對重要性之權數值決定相當困難。

2.處理多項投入及產出項，不易客觀給予各屬性上分數及權數值。

3.無法提供改善的建議。

（三）適用範圍

處理多項投入與多項產出之決策性問題。

10.2 方法比較

本節比較 DEA 與上述七種方法，如表 10.1 所示。

表 10.1 績效評估方法比較表

評估方法	優點	限制	使用時機	代表文獻
比例分析法	運用較可靠且簡單容易，各比例的意義明確易懂。 可藉由標準差之設定區分極好或極壞之效率，明確評估績效的特點。 相關數據可直接取自報表資料，運用可靠簡單，且各比例的意義明確易懂。	僅為評估作業效率的指標之一，無法代表全體作業效率。 指標多，不易判斷不同單位績效高低。 須先設定權數，無法擺脫主觀認定問題。 投入與產出項須有相同計算衡量單位。 無法同時處理多重投入與多重產出項的問題。	單一投入與產出項問題	Feng and Wang（2000）
平衡計分卡	可將所有關鍵性因素一併考量，整合資訊減少資訊超載，讓管理者有餘力在日常運作外，考量組織發展方面之事項。 將組織運作成果用作內部溝通、學習工具，而非僅例外管理之控制用途。	僅為評估作業效率的指標之一，無法代表全體作業效率。 績效評估指標，必須透過專家賦予分數，不夠客觀公正。	多項投入與單一產出的問題。	Kaplan and Norton（2001）

（續）表 10.1 績效評估方法比較表

評估方法	優點	限制	使用時機	代表文獻
總要素生產力分析法	運算簡單容易，理論淺顯易懂。 可作統計上的檢定，具有客觀的效率值解釋能力。 可作為評估企業生產力之綜合指標。	須先推導生產函數。且投入與產出項須有相同計算衡量單位。 需假設完全技術狀態，且無法提出效率改善目標值。 無法分辨 TFP 變動是來自技街進步或來自技術效率之變動。	多項投入與單一產出的問題	Agrell and West（2001）
迴歸分析法	利用函數表達投入與產出關係，分析嚴謹客觀。 具有統計分析學理的基礎，分析結果較科學化。 在有限的樣本限制情況下，不會將無效率單位當成有效率單位，可作為比較差異與預測工具。	需先假設自變數與依變數具有線性的函數關係。 在受評估單位樣本數較少時，無法找出最具效率之單位。 無法同時處理多項投入與產出的問題，須有詳細數量化資料，殘差項需假設為常態分配。 迴歸分析結果趨中性，無法確切指出組織間何者有效率、何者無效率。	適用於多項投入與單一產出預測自變數與應變數間的函數關係與平均值之差異比較	Griliches and Regev（1995）

（續）表 10.1 績效評估方法比較表

評估方法	優點	限制	使用時機	代表文獻
生產前緣法	運算簡單可運用統計檢定的方法，使評估結果更具客觀。 使用限制條件較少，數理結構簡單且經濟意涵明確。	所有投入與產出項須皆可量化，無法同時處理多項投入與產出問題。 須先假設為生產函數型態，且只有單一項產出。 殘差項需假設為常態分配，否則無法求出生產函數。	適用於多項投入與單一產出。	Studit（1995）
隨機性前緣法	考慮了非廠商所施控制的隨機性因素。 在效率評估時較接近實際生產狀況。	隨機因素考量難以量化，必須考量機率分配之假設。 需有較多觀測點，參數的估計值才會有較高的準確度。 因函數型態、估計方法不同有不同結果	適用於投入與產出存在不確定因素的狀況。	Kumbhakar et al.（1997）
多準則決策	評估效率時，可考量多屬性、多目標，符合實際狀況。 可解決不確定因素。	準則間相對重要性之權重值決定相當困難。 處理多項投入及多項產出，不易客觀給予各屬性上分數及權數值。 無法提供改善的建議。	處理多項投入與多項產出之決策性問題。	Chang and Yeh（2001）

（續）表 10.1 績效評估方法比較表

評估方法	優點	限制	使用時機	代表文獻
資料包絡分析法	可以同時處理不同衡量單位的多項投入與多項產出項之效率衡量。 無須事先假設生產函數關係的型式，可避免參數估計問題。 投入、產出項的權數值由數學規劃模型產生，不受人為主觀因素影響。 可以提供單位資源使用狀況，及效率改善資訊，建議管理者決策參考。	資料數據須十分精確，效率前緣才有意義。 須處理龐大的投入與產出項資料。 投入與產出項數值為負值時，無法處理。 樣本不足時，易將無效率單位當成有效率單位。 相對無效率 DMUs 效率值大小，無法分辨其效率高低。	多投入與多產出問題。	Clarke（1992）

應用篇

個案 1　台北市立綜合醫院營運績效評估

　　本研究的目的在於運用 DEA 來分析七所市立綜合醫院 87-89 年度之經營績效，並將 Free Disposal Hull 法所得之結果作一比較。另外，亦採交差效率模式來找出最佳營運績效醫院。本研究提出四個績效評估模式，分別用以分析醫院總體營運效率、醫療效率、人力效率與收入效率。研究發現：一、萬芳（88-89）、中興、婦幼、忠孝與陽明四所醫院（89）有總體經營效率，七所醫院 89 年度均達最適生產規模大小；最佳總體營運績效醫院為婦幼醫院（89）；二、中興、婦幼、陽明、和平、與仁愛（89）有醫療效率；三、萬芳（88-89）、中興、婦幼、忠孝、仁愛與和平五所（89）有收入效率；四、中興、仁愛、陽明與婦幼醫院（89）有人力效率；五、高醫療效率的醫院均有高人力效率與高收入效率；六、經與 DEA 作比較，FDH 模式會發覺許多醫院變為有效率，顯示 FDH 較不嚴謹，無法找出真正有效率醫院。最後，本研究針對評估結果提出改善建議，以提供主管機關政策制訂及市立醫院內部經營管理之參考。

前言

　　台北市衛生局現有八家綜合市立醫院、四家專科醫療院所及十二家衛生局。其中以醫院營運，投資成本最高，同業競爭壓力大（迄

89 年 6 月止，共有同業競爭者 47 家醫院）。市立衛生局身為醫院管理者必須做好有效率管理，降低醫療成本，提高醫療效率與效益，確保醫療品質。因此，醫院績效管理變成為一個重要的管理主題。本研究提出四個績效評估模式，運用「資料包絡分析法」評估市立醫院營運績效。

　　本研究選擇七家台北市立綜合醫院為研究對象，使用台北市衛生局（1998, 1999, 2000）之「台北市衛生醫療年鑑」作為資料來源。關渡醫院成立於 89 年 7 月，營運規模較小，故不選為研究對象。本文研究目的為：

1.分析市立醫院經營績效。

2.探討醫院績效改善空間。

3.提供市立衛生局管理改善建議。

本研究的問題有下列七項：

1.七家醫院總體績效與其最適生產規模大小（most productive scale size, MPSS）為何？

2.最佳營運總體績效醫院為何？

3.比較資 Data Envelopment Analysis（DEA）與 Free Disposal Hull（FDH）下各醫院之績效表現？

4.無效率醫院其參考改善群體與改善績效目標為何？

5.七家醫院醫療效率、人力效率及收入效率為何？

6.考慮作業效率、作業與服務效果之重要性，最佳綜合加權營運

績效醫院為何？

7.各醫院其醫療效率、人力效率及收入效率三者間關係為何？

本章組織架構如下：第二節探討運用 DEA 模式評估醫療院所經營績效之文獻；第三節說明本研究之研究方法；第四節提出實證分析；第五節對本文作一結論。

文獻探討

國外文獻針醫院、診所、醫療人員及醫療機構績效評估有很多的探討。Sherman（1984）指出三種方法：比例分析（Ratio Analysis）、迴歸分析（Regression Analysis）及資料包絡分析（DEA），可用來衡量醫院生產效率。但比例法只能同時評估一項投入及一相產出，而回歸分析需要大樣本資料，以多種投入與估計出單一產出之生產函數，無法找出無效率醫院。資料包落分析可同時考慮多種投入與產出，告知管理者無效率醫院及效率改善目標。由於篇幅限制，本節僅探討運用 DEA 來評估醫院之文獻，並依作者、研究目的、投入項目、研究結果、使用模式，重點摘要詳如表 C1.1。

表 C1.1 運用 DEA 來評估醫院文獻摘要表

作者 （年代）	研究目的	投入項目	產出項目	研究結果	使用 模式
Nunamaker （1983）	以 DEA 模式來評估 1978-1979 年 17 所醫院的生產力，並與健保制度所使用之指標─每日住院費用作一比較	住院日費用	老人住院日數 兒童住院日數 女性住院日數 其他患者住院日數	兩種方法並沒有顯著差異；生產力欲高的醫院其住院日費用愈低。	CCR
Sherman （1984）	使用比率分析與 DEA 模式來評估 1976 年 7 所教學醫院的內外科醫療效率	內外科醫生數 專職人員工時數 醫療材料成本 全年總病床數	健保老人住院日數 非健保病人住院日數 實習護士數 實習住院醫生數	DEA 的評估結果較比率法來得正確，但該結果與比率設定委員會所定義的無效率有部分的差異。	CCR 比率分析法
Banker et al. （1986）	利用 Translog 方法與 DEA 模式來評估 1978 年 114 家北加州醫院成本與生產力的關係	護士人數 醫療助理人數 行政管理人數 病床數	老人住院日數 兒童住院日數 成年病人數日數	小孩的醫療照護所用的資源大於成年人或老人所用的醫療資源；Translog 沒有出現同樣的技術效率結果與資源利用情形之關係。	Translog 方法 CCR
Grosskopf and Valdmanis （1987）	以 DEA 模式來評估加州 82 所非營利公立與私立醫院的績效	醫生人數 行政人員工時數 其他人員工時數 淨資產	急性住院人日 手術人次 加護病房人日 門急診人次	公立醫院比私人非營利醫院具有較高之經營績效。私人醫院在醫師人數、其他人員工時數及淨資產有改善空間。	CCR

（續）表 C1.1　運用 DEA 來評估醫院文獻摘要表

作者（年代）	研究目的	投入項目	產出項目	研究結果	使用模式
Sexton et al.（1989a）	利用 DEA 模式來評估緬因州 1981-1985 會計年度 52 所護理之家經營效率	註冊護士數執業護士數護佐數行政人員數非護理人員數	貧民病人住院人日貧民病人住院人日	預付報酬制度後護理之家的經營績效有降低之現象，影響之因可能爲高佔床率，或過高比例之殘障病人。	CCR迴歸分析
Sexton et al.（1989b）	以 DEA 模式評估 159 家榮民醫院之管理績效	醫師數兼任醫師數護理人員數住院醫師數醫療技術人員藥品及其他供應成本儀器成本	內科工作量加權精神工作量加權外科工作量加權居家護理工作量加權門診工作量加權中級看護工作量加權	159 家醫院中，有 107 家有效率 52 家無效率。大學附設醫院普遍無效率。	CCR
Huang and Mclaughlin（1989）	利用 DEA、比例分析及迴歸分析來評估 1978-1983 會計年度 77 所異質性的鄉村基層醫療照護機構之經營效率	可控制因素：醫師工時數實習生工時數護理人員工時數醫療技術人員工時行政人員工時數可控制因素：服務地區人口數機構成立時間病人年齡層分布	醫師服務病人數護理人員服務病人數技術人員服務病人數	將 DEA 的結果與成本比例分析、生產比例分析及迴歸分析的結果做一比較，發現四種方法所產生的結果有高度一致性，說明 DEA 可應用在異質性的機構。	CCR

（續）表 C1.1　運用 DEA 來評估醫院文獻摘要表

作者（年代）	研究目的	投入項目	產出項目	研究結果	使用模式
Ozcan et al.（1992）	比較全美 317 區 3000 家不同型態醫院之生產力	服務複雜度 醫院規模 員工數 營運費用	重病出院人次 門急診人次 院內受訓員工數	營利性醫院在設備及資產投入較無效率，在服務及人力投入較有效率。	CCR
Finkler and Whirtschafter（1993）	對美加州 HMO 制度下 9 家具有婦產科門診之醫院進行之績效評估	內科醫師工時數 合格護士及助產士工時數 註冊護理士工時數 職業護士工時數 居家照護時數	胎兒死亡率	將投入項分成醫師與護士二項時，有效率單位由 7 個降至 2 個；僅有一個單位有價格效率。	CCR
Chirikos and Sear（1994）	以 DEA 評估佛州 189 所急診醫院 1989 年之績效，並以迴歸分析來調查外在及內在限制對醫院效率之影響	直接人力成本 間接人力成本	住院人日加權 門診人日加權	在產出固定下，無效率醫院投入水準之減少變異大；其效率受競爭限制因素影響不大；但無效率醫院過去競爭表現會促成目前效率水準。	CCR
Lynch and Ozcan（1994）	以 158 所榮民醫院、65 所空軍、37 所陸及 24 所海軍醫院為研究對象，進行醫院效率之評估	病床數 醫師工時數 護理人員工時數 其他人員工時數 耗材設備費用	住院人日數 門診人次	以陸軍醫院的相對績效最佳，榮民醫院的相對績效最差，其因可能由於榮民醫院病人年齡偏高有關。	CCR

（續）表 C1.1 運用 DEA 來評估醫院文獻摘要表

作者 （年代）	研究目的	投入項目	產出項目	研究結果	使用 模式
Bannick and Ozcan （1995）	評估軍醫院與榮民醫院之效率	病床數 服務複雜度 營運費用 醫師總數 護理人員數 其他醫事人員	住院人日 門急診人日	軍醫院較榮民醫院有效率。	BCC
Ozcan （1995）	評估 1990 年美國 319 個大都會醫院之技術效率	醫療服務項目 病床數 全職非醫生人數及兼職人員數全數之加總 營運費用	住院病患出院數 急診人數	研究發現至少佔 3% GDP 之健康成本是由於美國提供過多的醫院建設所造成。	BCC
Ferrier and Valdmanis （1996）	評估美國鄉村醫院之效率	人員數 病床數 人員價格 病床價格	急性住院人日 加護病房住院人日 住院人日 手術人次 門診人次 出院人次	營利醫院之效率較非營利醫院及公立醫院佳。	CCR BCC
Tambour （1997）	評估瑞典 20 家醫院牙醫部門 1998 - 1993 年之生產力變動情形	醫師工作月數 眼科病床數	白內障手術人次 青光演手術人次 斜視手術人次 門診人次	除 1988 -1989 生產力爲負成長，其餘各年生產力爲正成長。	生　產 力　指 標
Chang （1998）	評估台灣政府所轄 6 家醫院 1990-1994 年之效率	行政人員數 醫師數 醫事人員數	總診療人次 總住院人日	18 個單位爲技術無效率，12 單位爲純技術無效率。 迴歸分析結果發現醫師人數佔床率 及評估年度對效率有影響。	CCR BCC

資料包絡分析法──理論與應用
Data Envelopment Analysis　Theory and Applications

（續）表 C1.1　運用 DEA 來評估醫院文獻摘要表

作者（年代）	研究目的	投入項目	產出項目	研究結果	使用模式
Puig-Junoy（2000）	評估西班牙94家嚴重疾病醫院之效率，並探討醫院環境變數對效率的影響	專職醫師數專職護士數專職行政人員數病床數	疾病門診人次疾病急診人次急性住院人日加護病房住院人日長期住院人日手術人次醫院服務項目救護車出動次數住院醫生數	平均而言，醫院要減少 10.1%的投入使用資源。36.2%的醫院處於最是生產規模，16%的醫院有成本效率。經迴歸分析後發現，市場競爭性與政府醫療補助對分別對技術與成本效率有些影響。	CCR BCC AR

　　由上述的文獻中可以發現，DEA 可用來作為評估醫院經營效率的分析工具，且經 DEA 與傳統分析法的結果比較，確定 DEA 有較好的效度。DEA 評估醫院文獻卻對三個問題未做探討。首先，DEA 有區別能力（discriminatory power）問題，既無法找出真正有效率單位。這問題的發生是由於 DEA 的效率值是經由運算較不實際投入項或產出項之權數所得，故造成某些有效率 DMU 是假相（false positive）有效率 DMU。其次，DEA 不是唯一的前緣線推論法。DEA 認為有效率 DMU 可藉由凸向前緣線（convex frontier）找出，但 Tulkens（1993）認為使用非凸向前緣線（non-convex frontier）之 Free Disposal Hull 比 DEA 更能所找出有效率 DMU。最後，過去文獻僅強調一階段分析，既只從一構面分析醫院整體相對效率。

　　本研究不同與以往文獻不同之處，在於藉由對台北市立醫院營運績效評估，探討這三個問題。首先，本研究運用資料包絡分析法（Data Envelopment Analysis）來分析七所市立綜合醫院 87-89 年度之經營績效，將 DEA 與 Free Disposal Hull 法所得之結果作一比較。另外，採用 Dolye and Green（1994）之交叉效率法來找出最佳營運績效醫院。最後，本研究從四個績效構面：醫院總體營運效率、醫療效率、人力效率與收入效率，來評估醫院營運績效與分析醫療效率、人力效率與收入效率三者間之關係。

研究方法

一、績效評估模式構建

　　台北市立衛生局（2000）認為市立醫院管理應加強組織在造，擴大醫療服務範圍、降低醫療成本、提升營運效益及改進醫療與服務品質。因此，本研究從四個構面：整體營運、醫療服務、人力運用及營運收入，來評估醫院營運績效。總體績效模式分析相對整體營運效率；醫療績效模式分析醫療服務效率；人力績效模式分析人力運用效率；收入績效模式分析醫院營運收入效率。參考國外文獻及資料獲得性，本研究分別為四個績效模式選取投入與產出變數，詳如表 C1.2。

表 C1.2 不同模式投入與產出變數表

變數	總體績效模式	醫療績效模式	人力績效模式	收入績效模式
病床數	I	I		I
醫師人數	I	I	I	I
醫技人員數	I	I	I	I
行政人員數	I	I	I	I
事業成本	I			I
門診人數	O	O	O	
急診人數	O	O	O	
住院人數	O	O	O	
事業收入	O			O

註：I 為投入項；O 為產出項。

二、決策單位選擇

本研究選取中興醫院、仁愛醫院、和平醫院、陽明醫院、忠孝醫院、婦幼醫院、萬芳醫院等七家市立綜合醫院為研究對象，使用 87-89 年度投入與產出資料進行分析。以各醫院每一年度作為一決策單位（decision making unit, DMU），共計 21 DMUs。因無法獲萬芳醫院 87 年度事業成本與事業收入資料，故本研究僅使用 20 DMUs。表 C1.3 為醫院投入與產出敘述統計資料表；表 C1.4 為醫院投入與產出變數相關係數表。由表 C1.4 中發現，投入與產出變數間有正相關，一部分投入增加會使得一部分產出項的增加，此一關係符合固定規模報酬假設。因此，本研究採固定規模報酬假設來進行分析。

表 C1.3 醫院投入與產出敘述統計資料表

	病床數	醫師數	醫技員	行政員	事業成本	門診人次	急診人次	住院人次	事業收入
Max	855	205	681	303	3587911216	878221	878221	288300	3831061925
Min	359	62	277	74	844774398	298195	298195	42808	898407005
Average	544.05	118.25	389.6	139.3	180303058464	554775.6	554775.6	133601.8	1955939236
SD	147.80	43.65	110.37	55.72	638373108.2	159264	159264	62232.57	684785999.3

表 C1.4 醫院投入與產出變數相關係數表

Correlation	病床數	醫師數	醫技人員	行政人員	事業成本	門診人次	急診人次	住院人次	事業收入
病床數	1	0.945	0.707	0.683	0.734	0.399	0.399	0.864	0.765
醫師數	0.945	1	0.712	0.644	0.762	0.353	0.563	0.901	0.799
醫技人員	0.707	0.712	1	0.945	0.407	0.281	0.558	0.683	0.509
行政人員	0.683	0.644	0.946	1	0.347	0.301	0.500	0.598	0.434
事業成本	0.734	0.762	0.407	0.347	1	0.809	0.590	0.859	0.991
門診人次	0.399	0.353	0.281	0.301	0.809	1	0.529	0.590	0.797
急診人次	0.399	0.563	0.558	0.500	0.590	0.529	1	0.737	0.647
住院人次	0.864	0.901	0.683	0.598	0.859	0.590	0.737	1	0.904
事業收入	0.765	0.799	0.509	0.434	0.991	0.797	0.647	0.904	1

三、DEA 模式與 FDH

本研究採用 CCR 模式、BCC 模式、Bilateral 、交叉效率模式與 FDH 作為分析評估模式。為了檢視各醫院是否盡可能降低使用投入資源，以維持現在營運產出水準，本研究採用投入導向（input-oriented）DEA 模式。本小節說明模式概念、用途與線性規劃式。有關 DEA 理論詳細介紹，讀者請參閱 Cooper et al.（2000）。

Charnes, Cooper and Rhodes（1978）參考 Farrell（1957）之效率

觀念，提出 CCR 模式，用以評估技術效率，其基本假設爲固定規模報酬。假設評估 n 個 DMUs，若每一個 DMU 運用了 m 個投入項目，而有 s 個產出。投入導向觀點希望在現有的產出基礎下，投入資源最經濟（少），爲達此目標，CCR 模式的線性規劃式如下：

$$\text{Min} \, \theta_C - \varepsilon \left(\sum_{i=1}^{m} s_i^- + \sum_{r=1}^{s} s_r^+ \right) \tag{C1.1}$$

$$\text{s.t.} \quad \theta_C x_{io} = \sum_{j=1}^{n} x_{ij} \lambda_j + s_i^-, i = 1, \ldots, m$$

$$y_{ro} = \sum_{j=1}^{n} y_{rj} \lambda_j - s_r^+, r = 1, \ldots, s$$

$$s_i^-, s_r^+, \lambda_j \geq 0$$

透過 CCR 模式可計算出 DMU 的總體效率／技術效率（θ_C）、權重 λ 與寬鬆變數（s_i^-, s_r^+）。其中 ε 爲非阿基米德數、x 爲投入項、y 爲投產出項、$\forall x_{ij}, y_{rj} \geq 0$。

爲區隔技術效率與規模效率，並求出純技術效率，Banker et al. （1984）遂提出 BCC 模式，模式基本假設爲假設變動規模報酬，投入導向 BCC 模式的線性規畫劃式如下：

$$\text{Min} \quad \theta_B - \varepsilon \left(\sum_{i=1}^{m} s_i^- + \sum_{r=1}^{s} s_r^+ \right) \tag{C1.2}$$

$$\text{s.t.} \quad \theta_B x_{io} = \sum_{j=1}^{n} x_{ij} \lambda_j + s_i^-, i = 1, \ldots, m$$

$$y_{ro} = \sum_{j=1}^{n} y_{rj} \lambda_j - s_r^+, r = 1, \ldots, s$$

$$\sum_{j=1}^{n} \lambda_j = 1 \quad , \quad s_i^-, s_r^+, \lambda_j \geq 0$$

其中 ε 為非阿基米德數、$\forall x_{ij}, y_{rj} \geq 0$。透過 BCC 模式可計算出 DMU 的純技術效率（θ_B）、權重 λ 與寬鬆變數（s_i^-, s_r^+）。$\theta_C / \theta_B = \theta_S$（規模效率）。

Banker（1984）提出最適生產規模大小（MPSS），來檢視無效率單位的生產規模。 Banker and Thrall（1992）提出定理證明，指出當某個 DMUo 其參考集合之 λ 的總和為 1，亦就是 $\sum_{j=1}^{n} \lambda_j^* = 1$ 時，表示投入一單位生產要素，可以產出一單位產品，其規模報酬是固定的；當 $\sum_{j=1}^{n} \lambda_j^* < 1$ 時，表示該決策單位處於規模報酬遞增，只要額外投入一單位的生產要素，會產出一單位以上的產品，因此應擴充規模，增加投入量，以生產出更多的產品，來提高組織的經營效率；反之，若 $\sum_{j=1}^{n} \lambda_j^* > 1$，表示規模報酬遞減，投入一單位的生產要素，會產出小於一單位的產品，因此應減少投入量，調整規模大小，以達最具生產的規模。

因 DEA 會產生數個有效率 DMUs 有相同效率值，為了區隔 DMUs 效率差異，Sexton et al.（1986）遂提出交叉效率概念。以特定 DMU$_l$ 的第 i 投入項的權數（v_{il}）與第 r 產出項的權數（u_{rl}），作為 DMU$_k$ 的第 i 投入項（x_{ik}）的權數與第 r 產出項（y_{rk}）的權數，而

稱 $E_{kl} = \dfrac{\sum_{r=1}^{s} u_{rl} y_{rk}}{\sum_{i=1}^{m} v_{il} x_{ik}}$ 為 DMU$_l$ 的交叉效率或自評效率（self-rated efficiency）

。Sexton et al.（1986）的交叉效率模式主要目的在於極大化自評效率

一 $E_{kk} = \dfrac{\sum_{r=1}^{s} u_{rk} Y_{rk}}{\sum_{i=1}^{m} v_{ik} X_{ik}}$ ，其次極小化除 DMU_k 外的其餘 DMU_l 的交叉效率

總合。線性規劃式如下：

$$\text{Max}\quad E_{kk} = \frac{\sum_{r=1}^{s} u_{rk} y_{rk}}{\sum_{i=1}^{m} v_{ik} x_{ik}} \quad （\text{primal goal}） \quad\quad （\text{C1.3}）$$

$$\text{s.t.}\quad E_{kl} = \frac{\sum_{r=1}^{s} u_{rk} y_{rl}}{\sum_{i=1}^{m} v_{ik} x_{il}} \le 1$$

$$\sum_{i=1}^{m} v_{ik} x_{ik} = 1$$

$$v_{ij}, u_{rj} \ge 0, \forall i \, \& \, r, j = 1, \cdots, m$$

$$\min (n-1) A_k = \sum_{l \ne k} E_{kl} = \sum_{l \ne k} \frac{\sum_{r} u_{rl} y_{rk}}{\sum_{i} v_{il} x_{ik}} \quad （\text{secondary goal}）$$

Sexton et al.（1986）的模式用於同儕比較時，所採用的投入／產出項之權數並非唯一，易使同儕比較結果產生偏誤，故 Doyle & Green（1994）提出修正模式，線性規劃式如下：

$$\text{Min}\, B_k = \sum_{r=1}^{s} \left(u_{xr} \sum_{l \ne k} y_{rk} \right) - \sum_{i=1}^{m} \left(v_i \sum_{l \ne k} x_{ik} \right) \quad\quad （\text{C1.4}）$$

$$\text{s.t.}\quad E_{kl} = \frac{\displaystyle\sum_{r=1}^{s} u_{rk}\, y_{rl}}{\displaystyle\sum_{i=1}^{m} v_{ik}\, x_{il}} \le 1\,, \forall l \ne k$$

$$\sum_{i=1}^{m} v_{ik}\, x_{ik} = 1$$

$$\sum_{r=1}^{s} u_{rk}\, y_{rk} - \theta_{kk} \sum_{i=1}^{m} v_{ik}\, x_{ik} = 0$$

$$v_{ij}, u_{rj} \ge 0, \forall i\ \&\ r, j = 1, \cdots, m$$

其中 DMU_k 為目標 DMU、θ_{kk} 為 DMU_k 的 CCR 效率或樣本效率、$\sum_r (u_r \sum_{l \ne k} y_{rk})$ 與 $\sum_i (u_i \sum_{l \ne k} x_{ik})$ 為綜合（composite）DMU 的加權產出與加權投入組合。

經由（C1.4）的計算，可得各個投入／產出項的權數，將權數代入（C1.3）之 secondary goal 限制式中，即可求得 DMU_l 以 DMU_k 為目標的交叉效率 E_{kl}，各 DMU 的交叉效率矩陣（cross-efficiency matrix, CEM）如圖 C1.1 所示。

目標 DMU	受評 DMU						同儕評估 效率平均
	1	2	3	4	5	6	
1	E_{11}	E_{12}	E_{13}	E_{14}	E_{15}	E_{16}	A_1
2	E_{21}	E_{22}	E_{23}	E_{24}	E_{25}	E_{26}	A_2
3	E_{31}	E_{32}	E_{33}	E_{34}	E_{35}	E_{36}	A_3
4	E_{41}	E_{42}	E_{43}	E_{44}	E_{45}	E_{46}	A_4
5	E_{51}	E_{52}	E_{53}	E_{54}	E_{55}	E_{56}	A_5
6	E_{61}	E_{62}	E_{63}	E_{64}	E_{65}	E_{66}	A_6
平均值	E_1	E_2	E_3	E_4	E_5	E_6	

圖 C1.1　交叉效率矩陣圖

Tone（1993）提出 Bilateral 模式，用以計算不同二組 DMUs 群體之效率，並由 Rank-Sum-Test 來比較那一群組效率較佳。因 89 年度政府機關採取新的會計年度計算方式，為比較前二年度與 89 年度醫院績效的差異，故本研究採 Bilateral 模式分析。其線性規劃式如下：

$$Min \quad \theta \hspace{6cm} （C1.5）$$

$$s.t. \quad \sum_{j \in II} X_j \lambda_j \le \theta X_k, \ k \in I,$$

$$\sum_{j \in II} Y_j \lambda_j \ge \theta Y_k, \ k \in I,$$

$$\lambda_j \ge 0 \quad (\forall j \in II)$$

其中 I 與 II 分別為二組 DMUs 群體。

Deprins, Simar and Tulkens（1984）年首先提出 FDH，再由 Tulkens（1993）作進一步的方法界定與理論說明，認為效率決策單位（DMUs）只受實際觀察績效值影響，其參考群體的選擇是實際發生的觀察 DMU，而非理論所推導出的虛擬 DMU，既生產可能集合為：$P_{FDH} = \{(X,Y) | X \ge X_j, Y \le Y_j, X, Y \ge 0, j = 1,...,n\}$。因此其效率前緣線呈現出階梯式的前緣方式，而不是一般 DEA 法所呈現出的包絡曲線，這種結果造成幾乎所有的 DMU 皆為有效率，因此較無法區隔出何者為真正有效率。本研究亦採用 FDH 模式來評估醫院績效，以與 DEA 模式之結果作比較。

$$Min \quad \theta \hspace{6cm} （C1.6）$$

$$s.t. \quad \sum X_j \lambda_j \le \theta X_k$$

$$\sum_{j \in II} Y_j \lambda_j \geq Y_k$$

$$e\lambda = 1 \, , \lambda_j \in \{0,1\}$$

實證分析

一、總體績效分析

本研究將七所市立綜合醫院三年度的投入與產出資料以 CCR、BCC、CEM、FDH 與 Bilateral 模式運算分析，其各所醫院的技術效率值（technical efficiency）、純技術效率值（pure technical efficiency）、規模效率值（scale efficiency）、規模報酬（returns to scale, RTS）、交叉效率平均值（cross efficiency mean）、對比（bilateral）效率值與 FDH 效率值的結果彙總如表 C1.5。由表 C1.5 中發現：

1. 就技術效率而言，在 20 各樣本之中，有 8 所樣本醫院的效率值等於 1 ，屬於相對有效率的醫院，其中萬芳醫院 88-89 年度均達技術效率，是總體營運績效標現最好的一所醫院；七所醫院 89 年度均達技術效率。

2. 就規模效率而言，仁愛與萬芳醫院 88 年度均達相對有效率，另七所醫院 89 年度均達規模效率。

3. 就規模報酬而言，沒有一所醫院是屬於遞減的狀態，8 所樣本醫院處於規模報酬固定階段，表示那些醫院營運已達最適的生產規模大小。餘 12 樣本醫院處於規模報酬遞增階段，表

示該所醫院需適度擴大規模，增加投入量，使院的產出最大，
進而提升醫院的整體效率。

4. 經 CEM 模式分析後，可得各所醫院的較差效率平均值，其
值愈高，表示有最好的總體營運績效。婦幼（89年度）為最
佳總體績效醫院，其次為中興與陽明醫院（89年度）。

5. 在 FDH 模式下所有醫院三年度均有整體效率，此發現與 DEA
結果有所差異。這說明在本研究當中，FDH 無法找出有效率
醫院，無研究者在 DEA 文獻中提及這個 FDH 缺點。

6. 使用 Bilateral 模式分析後的效率值，進行 Rank-Sum-Test 檢
定，其T值為 3.6 大於顯著水準為 α=5%之 $T_{\alpha/2}$ 值（1.96），
顯示 89 年度醫院績效表現較 87、88 年度佳。

二、 參考群體分析

參考群體分析的目的在於檢視相對效率的樣本醫院，被無效率的
樣本醫院作為改善效率的參考對象與頻率。表 C1.6 為各無效率醫院
的參考群及其出現頻率，其中 89 年度中興醫院被參考 10 次、仁愛 2
次、和平 1 次、陽明 6、忠孝 0 次、婦幼 3 次、萬芳 11 次，萬芳 88
年度被參考 9 次。萬芳（89）、中興（89）與萬芳（88）是營運績效
好的醫院，因這三所醫院的邊際投入與產出在效率評量上有較大的效
率貢獻。

表 C1.5　相對效率值表

醫院	年度	DMU	CCR	BCC	Scale	RTS	CEM	Bilateral	FDH
中興	87	1	0.927	0.983	0.943	IRS	0.72	0.929	1.000
中興	88	2	0.969	0.991	0.978	IRS	0.78	0.971	1.000
中興	89	3	1.000	1.000	1.000	CRS	0.89	1.804	1.000
仁愛	87	4	0.945	0.949	0.996	CRS	0.72	0.945	1.000
仁愛	88	5	0.948	0.948	1.000	CRS	0.73	0.948	1.000
仁愛	89	6	1.000	1.000	1.000	CRS	0.82	1.497	1.000
和平	87	7	0.951	0.982	0.968	CRS	0.77	0.964	1.000
和平	88	8	0.957	0.961	0.996	CRS	0.79	0.970	1.000
和平	89	9	1.000	1.000	1.000	CRS	0.87	1.629	1.000
陽明	87	10	0.926	1.000	0.926	IRS	0.72	0.952	1.000
陽明	88	11	0.935	1.000	0.935	IRS	0.73	0.960	1.000
陽明	89	12	1.000	1.000	1.000	CRS	0.89	1.709	1.000
忠孝	87	13	0.929	0.954	0.974	IRS	0.76	0.929	1.000
忠孝	88	14	0.936	0.956	0.979	IRS	0.76	0.936	1.000
忠孝	89	15	1.000	1.000	1.000	CRS	0.86	1.461	1.000
婦幼	87	16	0.948	1.000	0.948	IRS	0.79	0.950	1.000
婦幼	88	17	0.958	0.987	0.971	IRS	0.80	0.959	1.000
婦幼	89	18	1.000	1.000	1.000	CRS	0.92	1.636	1.000
萬芳	88	19	1.000	1.000	1.000	CRS	0.81	1.195	1.000
萬芳	89	20	1.000	1.000	1.000	CRS	0.81	1.429	1.000

三、差額變數分析

　　差額變數代表相對無效率的醫院為了達到相對有效率醫院相同的資源用效率時，應減少的投入量，或應增加的產出量。差額變數分析，可顯示出無效率的醫院應改善的方向與幅度，如表 C1.7 所示。在投入項中，10 個樣本醫院平均要減少 94 病床，12 個樣本醫院平均

要減少醫生 18 人，4 個樣本醫院平均要減少醫技人員 30 人，6 個樣本醫院平均要減少行政人員 20 人。在產出項中，3 個樣本醫院平均要增加 22,510 門診人次，9 個樣本醫院平均要增加 8581 急診人次，10 個樣本醫院平均要增加 20,567 住院人次。經由差額變數分析，可算出各無效率醫院目前應有的投入與產出量，詳如表 C1.8。

表 C1.6 無效率醫院參考群體表

醫院	年度	DMU	CCR	參考群體	參考次數
中興	87	1	0.927	3,12,19,20	
中興	88	2	0.969	3,12,19,20	
中興	89	3	1.000	3	10
仁愛	87	4	0.945	3,6,20	
仁愛	88	5	0.948	3,6,20	
仁愛	89	6	1.000	6	2
和平	87	7	0.951	3,9,12,19	
和平	88	8	0.957	3,12,19,20	
和平	89	9	1.000	9	1
陽明	87	10	0.926	12,19,20	
陽明	88	11	0.935	12,19,20	
陽明	89	12	1.000	12	6
忠孝	87	13	0.929	3,18,19,20	
忠孝	88	14	0.936	3,20	
忠孝	89	15	1.000	1	0
婦幼	87	16	0.948	3,18,19,20	
婦幼	88	17	0.958	3,18,19,20	
婦幼	89	18	1.000	18	3
萬芳	88	19	1.000	19	9
萬芳	89	20	1.000	20	11

表 C1.7　無效率醫院差額變數表

DMU	投入項				產出項		
	病床數	醫師數	醫技人員	行政人員	門診人次	急診人次	住院人次
中興（87）	49.195303	13.651	0	0	0	14571.413	29400.795
中興（88）	52.23925	10.895	0	0	0	14385.509	24698.591
仁愛（87）	172.33808	22.987	0	11.863	24394.968	18419.458	0
仁愛（88）	178.96186	46.261	0	27.217	39785.558	15121.564	0
和平（87）	0	13.365	34.497	0	0	2117.7313	21910.569
和平（88）	0	12.102	14.049	0	0	4192.0604	40432.054
忠孝（87）	71.945399	9.049	28.625	0	0	2843.8066	28802.78
忠孝（88）	104.80964	12.244	41.948	0	0	3763.4769	13028.2
婦幼（87）	59.545659	11.202	0	29.792	0	0	16046.917
婦幼（88）	55.229177	21.217	0	32.461	3350.834	1812.466	22534.193
萬芳（87）	129.43182	23.498	0	3.222	0	0	4222.9663
萬芳（88）	110.53062	22.196	0	12.537	0	0	4588.3071
總和	984.2268	218.667	119.120	117.092	67531.36	77227.48	205665.4
有差額變數 DMU 個數	10	12	4	6	3	9	10
平均值	98.42268	18.222	29.780	19.51529	22510.45	8580.832	20566.54

表 C1.8 無效率醫院改善目標表

DMU	投入／產出	改善目標	改善差異	改善比率	DMU	改善目標	改善差異	改善比率
中興(87)	病床數	329.871	-79.129	-19.35%	婦幼(87)	437.381	-97.618	-18.25%
	醫師數	66.981	-20.0186	-23.01%		93.757	-19.243	-17.03%
	醫技人員	271.556	-21.444	-7.32%		336.239	-25.761	-7.12%
	行政人員	88.047	-6.953	-7.32%		104.889	-40.111	-27.66%
	事業成本	1068183649	-84351854.72	-7.32%		1538165693	-117847101.2	-7.12%
	門診人次	364950	0	0.00%		467787	0	0.00%
	急診人次	32888.413	14571.413	79.55%		40533	0	0.00%
	住院人次	95333.795	29400.795	44.59%		131365.917	16046.917	13.92%
	事業收入	1224173213	0	0.00%		1760682080	0	0.00%
中興(88)	病床數	382.881	-66.119	-14.73%	婦幼(88)	457.907	-90.093	-16.44%
	醫師數	69.539	-13.460	-16.22%		95.831	-29.169	-23.34%
	醫技人員	289.757	-9.243	-3.09%		338.9693769	-23.031	-6.36%
	行政人員	85.279	-2.720	-3.09%		101.441	-41.559	-29.06%
	事業成本	1312328136	-41860613.98	-3.09%		1647276232	-111921018.8	-6.36%
	門診人次	482970	0	0.00%		502986.834	3350.834	0.67%
	急診人次	36861.509	14385.509	64.00%		40517.466	1812.466	4.68%
	住院人次	106722.591	24698.591	30.11%		136034.193	22534.193	19.85%
	事業收入	1458971344	0	0.00%		1873151328	0	0.00%
仁愛(87)	病床數	604.536	-217.464	-26.46%	和平(87)	388.105	-19.895	-4.88%
	醫師數	151.857	-33.143	-17.92%		70.344	-17.656	-20.06%
	醫技人員	466.880	-27.119	-5.49%		313.656	-52.344	-14.30%
	行政人員	162.036	-21.964	-11.94%		117.954	-6.046	-4.88%
	事業成本	2134990849	-124014713.9	-5.49%		1365638769	-70004769.21	-4.88%
	門診人次	522275.968	24394.968	4.90%		514053	0	0.00%
	急診人次	56844.458	18419.458	47.94%		32421.731	2117.731	6.99%

（續）表 C1.8　無效率醫院改善目標表

DMU	投入／產出	改善目標	改善差異	改善比率	DMU	改善目標	改善差異	改善比率
仁愛(87)	住院人次	200153	0	0.00%	和平(87)	98308.569	21910.569	28.68%
	事業收入	2431201057	0	0.00%		152420391	0	0.00%
仁愛(88)	病床數	619.117	-222.8830154	-26.47%	和平(88)	431.609	-19.391	-4.30%
	醫師數	140.463	-56.537	-28.70%		72.115	-15.885	-18.05%
	醫技人員	454.014	-24.986	-5.22%		334.299	-29.700	-8.16%
	行政人員	146.237	-36.763	-20.09%		111.969	-5.031	-4.30%
	事業成本	2254613408	-124079507.8	-5.22%		143522039	-64481502.81	-4.30%
	門診人次	625942.558	39785.558	6.79%		575571	0	0.00%
	急診人次	54599.564	15121.564	38.30%		38272.060	4192.060	12.30%
	住院人次	193421	0	0.00%		111844.054	40432.054	56.62%
	事業收入	2544947469	0	0.00%		159007813	0	0.00%
萬芳(87)	病床數	387.469	-157.531	-28.90%	萬芳(88)	411.809	-133.190	-24.44%
	醫師數	96.954	-30.046	-23.66%		97.607	-27.393	-21.91%
	醫技人員	327.212	-17.788	-5.16%		333.531	-14.469	-4.16%
	行政人員	121.024	-9.976	-7.62%		123.559	-18.441	-12.99%
	事業成本	1463171404	-79539607.09	-5.16%		159138062	-69034892.47	-4.16%
	門診人次	449105	0	0.00%		510311	0	0.00%
	急診人次	55321	0	0.00%		55680	0	0.00%
	住院人次	138669.966	4222.966	3.14%		142713.307	4588.307	3.32%
	事業收入	1650683462	0	0.00%		177520020	0	0.00%

四、醫療效率、人力效率與收入效率分析

為了進一步分析七所綜合醫院之績效，本研究先以 DEA 計算各醫院醫療效率、人力效率與收入效率效率，如表 C1.9 所示。再以 CEM 模式求出各醫院醫療效率、人力效率與收入效率之交叉效率值。再各醫院交叉效率值／醫院交叉效率值總和，求正規劃值，使醫院交叉效率正規劃值總和為 1、並假設三項效率重要性相同，在經加權總和後，可求得加權 CEM。茲將分析結果，說明如下：

1.中興、仁愛及婦幼醫院 89 年度均達醫療效率、收入效率與人力效率；和平醫院 89 年度均達醫療效率與收入效率；陽明 89 年度均達醫療效率與人力效率；忠孝（89）與萬芳（88-89）醫院有收入效率。

2.最佳績效表現者為婦幼醫院（89），此結果與在 CEM 之下的總體績效分析相同。其次為中興醫院與陽明醫院（89）。

五、不同績效值相關性分析

經相關係數分析，醫療效率與人力效率間有高度相關，其相關係數為 0.971；人力效率與收入效率有高度相關，其相關係數為 0.871；醫療效率與收入效率亦有高度相關，其相關係數為 0.899。一個有醫療效率的醫院同時亦會有人力與收入效率。圖 C1.2 為醫療效率－人力效率關係圖、圖 C1.3 為醫療效率－收入效率關係圖及圖 C1.4 為人力效率－收入效率關係圖。

表 C1.9 醫療效率、人力效率與收入效率值表

醫院	醫療效率				人力效率				收入效率				加權 CEM
	CCR	BCC	CEM	正規劃 CEM	CCR	BCC	CEM	正規劃 CEM	CCR	BCC	CEM	正規劃 CEM	
中興（87）	0.599	0.950	0.48	0.038	0.556	0.950	0.47	0.037	0.903	0.983	0.81	0.047	0.041
中興（88）	0.757	0.942	0.60	0.048	0.734	0.942	0.61	0.048	0.942	0.991	0.86	0.050	0.048
中興（89）	1.000	1.000	0.87	0.069	1.000	1.000	0.9	0.071	1.000	1.000	0.98	0.057	0.065
仁愛（87）	0.725	0.757	0.49	0.039	0.725	0.757	0.53	0.042	0.938	0.940	0.84	0.049	0.043
仁愛（88）	0.707	0.765	0.52	0.041	0.708	0.765	0.55	0.043	0.943	0.948	0.84	0.049	0.044
仁愛（89）	1.000	1.000	0.75	0.059	1.000	1.000	0.79	0.062	1.000	1.000	0.94	0.054	0.059
和平（87）	0.783	0.953	0.58	0.046	0.678	0.772	0.54	0.042	0.926	0.920	0.83	0.048	0.045
和平（88）	0.825	0.882	0.61	0.048	0.762	0.758	0.57	0.045	0.928	0.955	0.84	0.049	0.047
和平（89）	1.000	1.000	0.82	0.065	0.930	1.000	0.74	0.058	1.000	1.000	0.94	0.054	0.059
陽明（87）	0.573	1.000	0.44	0.0348	0.571	1.000	0.43	0.034	0.893	1.000	0.77	0.045	0.038
陽明（88）	0.566	1.000	0.47	0.037	0.563	1.000	0.49	0.039	0.892	1.000	0.77	0.045	0.040
陽明（89）	1.000	1.000	0.86	0.068	1.000	1.000	0.89	0.070	0.982	1.000	0.90	0.052	0.063
忠孝（87）	0.636	0.805	0.55	0.044	0.636	0.805	0.57	0.045	0.927	0.954	0.84	0.049	0.046
忠孝（88）	0.641	0.799	0.55	0.044	0.637	0.799	0.56	0.044	0.936	0.956	0.85	0.049	0.046
忠孝（89）	0.966	0.978	0.80	0.063	0.966	0.978	0.80	0.063	1.000	1.000	0.94	0.054	0.060
婦幼（87）	0.707	0.919	0.60	0.048	0.707	0.919	0.62	0.049	0.929	0.965	0.83	0.048	0.048
婦幼（88）	0.719	0.914	0.64	0.051	0.719	0.914	0.66	0.052	0.938	0.964	0.84	0.049	0.050
婦幼（89）	1.000	1.000	0.95	0.075	1.000	1.000	0.94	0.074	1.000	1.000	0.94	0.054	0.068
萬芳（88）	0.805	0.984	0.57	0.045	0.759	0.984	0.57	0.045	1.000	1.000	0.82	0.047	0.047
萬芳（89）	0.866	1.000	0.48	0.038	0.749	1.000	0.48	0.038	1.000	1.000	0.89	0.052	0.052

圖 C1.2 中，有 15 個醫院年度績效落於第Ⅲ象限：中度醫療與人力效率，應加強有效運用人力資源與改善醫療服務品質，以提升醫療效能。圖 C1.3 中，陽明醫院（87-88）有低度無人力效率及中度收入作業效率，落於第Ⅲ象限，應有效調整用人策略，減少用人力投入，以降低醫院成本。圖 C1.4 中，有 1 個醫院年度績效落於第 Ⅱ 象限：

低度醫療效率與高度收入效率，應減少人力與病床數的投入、加強醫療人員素質與改善醫療服務品質；陽明醫院（87-88）有中度收入效率與低度醫療水準，應減少人力投入、加強醫療人員素質與改善醫療服務品質，以降低醫院成本；中興、忠孝、仁愛、和平、與婦幼醫院89年度均有高度收入與醫療效率，落位於第 I 象限，忠孝醫院應有效率地使用醫療投入資源。

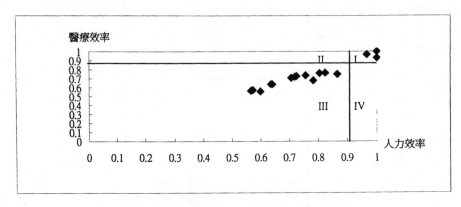

圖 C1.2 醫療效率──人力效率關係圖

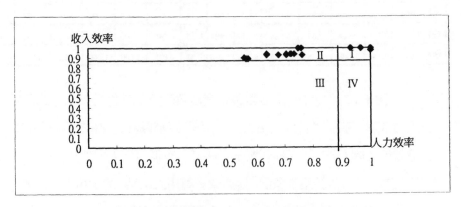

圖 C1.3 人力效率──收入效率關係圖

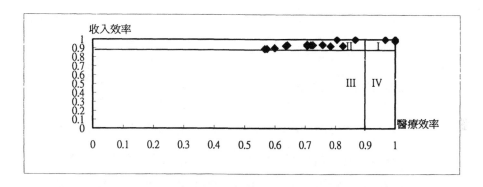

圖 C1.4　醫療效率──收入效率關係圖

結論與建議

　　本研究提出四個績效評估模式，分別用以分析醫院總體營運效率、醫療效率、人力效率與收入效率。本研究所獲得之主要成果與重要發現歸納如下：

1. 萬芳（88-89）、中興、婦幼、忠孝與陽明四所（89）有經營效率，七所醫院 89 年度均達最適生產規模；各醫院 89 年度總體績效表現較 87 及 88 年度爲佳。

2. 中興、婦幼、陽明、和平、與仁愛（89）有醫療效率；萬芳（88-89）、中興、婦幼、忠孝、仁愛與和平五所（89）有收入效率；中興、仁愛、陽明與婦幼醫院（89）有人力效率。

3. 各醫院三年度績效表現中，以婦幼醫院 89 年度表現最佳。

4.高醫療效率的醫院有高人力效率與高收入效率。

5.經與 DEA 作比較，FDH 模式會發覺許多醫院變爲有效率，說明 FDH 較不嚴謹，無法找出真正有效率醫院。

本研究有以下建議：

1.由本研究發現，大多數的醫院三年度績效表現良好；少部分醫院尚須加強醫療服務與用人效率，以提升醫院醫療效能。

2.無效率醫院可參考差額變數分析之結果，對投入與產出項作重點改善。

3.未來可針對醫院營運環境對績效的影響，進行相關研究。

4.由於無法獲得各醫院投入項之單位成本資料，故未分析各醫院資源分配效率，此一研究問題，可作爲未來後續研究。

個案 2　電腦數位控制車床評選

　　本研究的目的在為聯勤總部提供一套評選生產製造設備的方法，期使所選出最佳方案能符合物超所值。本研究以小型電腦數位控制車床為例，從國內八大家生產 CNC（computer numerical control）車床製造業者中，選出其所生產的二十一台機具，採用機具之採購成本（投入變數），及性能：主軸最大轉速、刀塔刀具數、X 軸快速進給行程、Z 軸快速進給行程、加工直徑及加工長度（產出變數），進行評估。本研究所提出之評選方法，整合 Banker et al.（1984）之 BCC 模式與 Doly and Green（1994）之交叉效率模式。DEA BCC 模式用以識別物超所值之機器，而交叉效率模式則用來發覺最佳方案之機器。研究發現十二台車床為物超所值，其中 Vturn 16 為最佳方案。本研究不僅協助聯勤生產管理者用來評選投資機具；亦可作為 CNC 車床廠商市場競爭及產品改善的分析工具。

前言

　　由於國防預算有限，機具投資成本高，聯勤生產管理者為確保所採購的機具須符合「物超所值」，並接受社會大眾的檢視，非常重視機具投資問題。聯勤總部為國軍之後勤支援單位，主要任務為「支前安後、服務三軍」。其所屬軍工廠則為我國軍軍品研究發展及生產之

單位，軍工廠所使用之工作母機來自國內、外採購。由於科技的發展，電腦數值控制（computer numerical control, CNC）的機器、工業機器人與彈性製造系統等自動化生產機具使用，提升了工廠的生產技術與作業效率。舉例來說，CNC 車床為聯勤生產單位經濟實用的生產母機，電腦化控制的方式，更能提高生產的精確性與效率，減少了人為的誤差，縮短了工作的時程。因機具規格複雜，且又缺乏一個規格訂定之標準作為依循，生產管理者面臨機具投資問題，需要一投資決策工具，來評選出物超所值的機具。

聯勤生產管理者依現行採購的作業程序，進行機具投資。首先，尋找可能之供應商，要求提供相關資料及報價資料。其次，由計畫申購單位提出需求及編訂採購清單。最後，實施公開招標，以最低價格得標。現行採購作業程序，並無提供任何決策方法協助管理者從許多機具中，選出可能的供應商，並檢視其所製造之機具是否符合「物超所值」而不至於浪費公帑。為解決此項作業缺失，促使本研究的進行。

本研究的目的有三：一是為聯勤總部提供一套評選生產製造設備的方法，期使所選出最佳方案能物超所值，符合成本效益。本研究考量機具投入與產出項目，以資料包絡分析法（data envelopment analysis, DEA）來評估 CNC 車床。二是提供聯勤生產管理者，爾後評估機具與採購議價的參考。三是提供 CNC 車床供應商作為市場經爭分析與產品改善的分析工具。

針對上述研究目的，本文有五個研究問題：一是那些 CNC 車床有物超所值？那些 CNC 車床無物超所值？二是無物超所值之 CNC 車床其參考對象與改善表現的方向與幅度為何？三是最佳物超所值機具

為何？四是本研究對買方與賣方的管理意涵為何？對買方而言，其議價空間為何？對車床供應商而言，其產品改善空間與競爭對象為何？

　　本章組織架構如下：第二節探討評選機具投資決策方法與運用 DEA 模式評估機具之文獻；第三節說明本研究之研究方法；第四節提出實證結果與分析；第五節探討本研究對買方與賣方的管理意涵；第六節對本文作一結論。

文獻探討

一、　評選設備方法與模式

　　在過去十年中，Falkner and Benhajla（1990）、Kolli（1992）、Lefley（1996）、Proctor and Canada（1992）、Sarkis（1992）、Son（1992）提出一般有關先進製造科技（advanced manufacturing technologies, AMT）投資的完整研究目錄。引用不同觀念與技術的決策模式亦發展出來，從簡單傳統的資本預算法（如現金流量技術：淨現值法與內部報酬法；非現金流量技術：還本期法與會計報酬法），到複雜的數理規劃模式。Kolli et al.（1992）將 1990 前之資本投資方法區分為四大類：一為單一目標確定性模式，如淨現值法、內部報酬與利潤／成本比率、還本期法、數理規劃、最小每年收入要求（minimal annual revenue requirement）；二為單一目標不確定性模式，如敏感度分析、決策樹分析、樂觀／悲觀分析與 Monte-Carlo 模擬；三為多目標確定性模式，如評分法、分析層級法（analytic hierarchy process, AHP），決策支援

系統、動態規劃、目標規劃、0-1 多目標規劃、比較法（outranking approaches）與生產力模式；四為多目標不確定性模式，如專家系統、模糊理論、競賽理論、多目標效用模式與隨機規劃。

Stam and Kuula（1991）、Suresh and Kaparthi（1992）、Myint and Tabucanon（1994）等學者以整合模式（如 AHP 與目標規劃之運用）來協助管理者解決 AMT 投資問題。Stam and Kuula（1991）使用整合模式來為某一特定製造狀況，選擇最佳彈性製造系統。但他們的研究卻未考慮不穩定的需求狀況、風險與彈性影響。Suresh and Kaparthi（1992）與 Myint and Tabucanon（1994）則將不同機器、動態狀況與彈性程度加入模式中。Siha（1993）應用 multi-goal programming（0-1）與 AHP 至機器人選擇問題。這個模式包含四階層，每一階層皆有不同目標，並將相同權重賦予三個機器人性能指標：重複性、觸及性與成本。有些研究者（Elango & Meinhart, 1994; Mohanty & Venkataraman, 1993; Sarkis & Liles, 1995; Sarkis & Lin, 1994）提出評估 FMS 投資策略的架構，結合數理規劃與多準則模式來作分析。策略架構共分成數個步驟，在投資決策過程中整合組織與製造策略。

Parsaei et al.（1993）與 Parkan and Wu（1999）曾提倡以比較法來評選 AMT。比較法如 ELECTRE、ORESTE、PROMETHEE 與 MELCHIOR，係依賴決策者的偏好來比較方案，以解決多準則決策問題。這種方法的優點是簡單、清晰與穩定；缺點是需要決策者來作方案比較。當方案與準則數量很大時，這對決策者而言，是一項非常艱難的工作。Bouyssou and Perny（1992）對比較法提出詳細的介紹。

二、DEA 在設備評選之應用

　　近年來，許多學者紛紛應用 DEA 來評選 AMT。這些學者有 Shang and Sueyoshi（1995）、Khouja（1995）、Schafer and Bradford（1995）、Baker and Talluri（1997）、Talluri et al.（1997）、Sarkis（1997）、Sarkisand Talluri（1999）、Braglia and Petron（1999）、Talluri et al.（2000）與 Talluri and Yoon（2000）。上述學者在 AMT 評選研究上帶來重要的貢獻，並促使本研究採用 DEA 來作爲評估 CNC 機具之分析分法。茲將各篇文獻重點摘要如表 C2.1。

表 C2.1　DEA 機具評選應用文獻表

作者 （年代）	研究內容	投入項目	產出項目	研究結果	使用模式
Shang and Sueyoshi（1995）	運用 AHP、模擬與 DEA 評估 12 款彈性製造系統	總成本 空間	工作改善品質 再製品數量 平均加工次數百分比 加工產品數量	2 款機器人在 Cone-ratio DEA 下有效率，其中 1 款器人有最高交叉效率值。	Cone-ratio DEA Cross efficiency method
Khouja（1995）	以DEA與MAUT 評估 27 款工業機器人	成本	負載能力 速度 可重複性	21 款工業機器人中，9 個有效率。	CCR
Shafer and Bradford（1995）	評估 47 個加工單元的效率	工人數 機器數	處理能力 運動時間 使用人數	47 款加工單元，4 款有效率。	BCC
Sarkis（1997）	評估 21 款彈性製造系統	總成本 時間 人工 加工程序 設備空間	可加工之工件體積 固定時間內可加工產品種類 平均加工次數	CCR：17 BCC：17 Ranking CCR：16 Ranking CCR/AR：2 有效率	CCR BCC Ranking CCR Ranking CCR/AR

（續）表 C2.1　DEA 機具評選應用文獻表

作者（年代）	研究內容	投入項目	產出項目	研究結果	使用模式
Baker and Talluri（1997）	以 DEA 與交叉效率評估 27 款工業機器人	成本	負載能力 速度 可重複性	9 款工業機器人有效率，但 5 款爲假象有效率。	CCR Cross-efficiency method
Talluri et al.（1997）	將時程區分 6 種，評估 6 組加工組合的效率	作業成本 工人數 機器數	平均移動時間 平均再製零件數量 平均員工使用人數	第三期程中加工單元表現最佳。	CCR Cross-efficiency method
Braglia and Petroni（1999）	評估 13 款工業機器人	總成本	處理能力 負載能力 速度 可重複性	2 款工業機器人有效率，其中第 12 款爲最佳。	CCR Cross efficiency method
Sarkis and Talluri（1999）	評估 12 款彈性製造系統	總成本 空間 賣方聲譽	處理能力 產出 工人認同	7 款彈性製造系統有效率。	CKS（Cook, Kress & Seiford, 1996）
Talluri et al.（2000）	評估 12 款彈性製造系統	總成本 空間	工作改善品質 再製品數量 平均加工次數百分比 加工產品數量	依交叉效率排序，將 12 款彈性製造系統區分區分爲六等級，其中第一級有 5 款有效率系統。	CCR Cross efficiency method
Talluri and Yoon（2000）	評估 13 款工業機器人	總成本	負載能力 速度 可重複性	僅有 1 款機器人在 CCR 與六種 Cone-ratio DEA 下有效率。	CCR Cone-ratio DEA Cross efficiency method

本研究評述以上的相關文獻，說明如下：

1. 一般學者及專家都相當贊同利用 DEA 模式來評選。

2. 除 Shafer and Bradford（1995）外，其餘研究者均未對採 Charnes, Cooper and Rhode（1978）之 CCR 模式作一說明。CCR 模式假設固定規模報酬（constant returns to scale, CRS），既部分投入增加會使得部分產出增加。這可能不是一個合理的假設，因在 AMT 評選問題上，部分投入增加未必會使得部分產出增加。

3. 除 Shafer and Bradford（1995）外，其餘研究者均未探討最適生產規模大小（most productive scale size, MPSS），既這些機具運轉是否已達最佳經濟規模。同時，對於表現不好的機具，未提出改善建議。

4. 未曾使用 Free Disposal Hull（FDH）法來評量效率，DEA 並非為唯一的前緣線推論法（frontiner referency technology）。FDH 採之為非凸向前緣假設。

5. 上述文獻僅作評選方法的展示，並未從事任何實證研究。

　　本研究與文獻不同之處在於：一是本研究所提出之評選方法，整合 Banker et al.（1984）之 DEA BCC 模式與 Doly and Green（1994）之交叉效率模式。DEA BCC 模式用以識別物超所值之機器，而交叉效率模式則用來發覺最佳方案之機器。更重要的是為採用 BCC 模式作一說明；二是本研究探討 MPSS 問題與提出不符合物超所值機具的改善建議；三是將 DEA 與 FDH 所得之結果作一比較；四是本研究為實證研究。

研究方法

一、研究範圍與限制

　　本研究以 88 年 10 月份國內自行生產小型 CNC 車床 8 家工廠生產之 21 台 CNC 車床為研究對象。經過與聯勤軍工廠資深機械工程師瞭解該工廠目前最迫切需解決之設備選擇項目為：小型臥式 CNC 車床其最大加工直徑 300 公厘及售價需低於新台幣 300 萬元。配合軍工廠實際需求，選擇之機具其加工直徑小於 300 公厘且總價低於 300 萬台幣（為其採購之權限）。研究範圍著重於機具投資作業面之探討，既著重設備性能與成本比較，有關生產策略、設備規格、採購作業部分，未納入本研究範圍。

　　根據台灣省機器同業工會資料，我國自行生產 CNC 車床的廠商截至 88 年 10 月止共有 29 家，透過台灣省機器同業工會的網站發函給各生產廠商，請廠商提供型錄及報價。另外以電話及傳真個別與各廠家聯絡，共計 12 家廠商提供資料，經過篩選符合本研究範圍（小型臥式 CNC 車床、最大加工直徑 300 公厘、售價低於新台幣 300 萬元）共計八家廠商 21 台 CNC 車床。廠商名稱（機器代號）如下：楊鐵（YANG）、永進（YCM）、台中精機（Vturn）、遠東（FEMCO）、瀧澤（EX）、勝傑（ECOCA）、東台（TOPPER）、安加（ATECH）。這 21 台 CNC 車床將列為本 DEA 研究之決策單位（DMU）。

　　研究限制在於某些資料的取得有困難，如維護成本、耗電量、切削進給率、可靠度、平均使用壽命、品質、賣方聲譽、工人認同等未

納入評比，另部分廠家未能配合提供相關資料，期待由機械同業工會
發起，將可獲得全盤資訊，得到完整評比結果。

二、投入及產出項之選擇

本研究參考 Luggen（1994）與 Thyer（1991）所著專書，藉以瞭
解 CNC 車床技術性能。接著蒐集本國自行生產 CNC 車床八家廠商所
提供之型錄資料，經與聯勤軍工廠資深工程師討論，請其確認投入與
產出項。去除了無法獲得的資料項目，本研究選出 1 個投入項（採購
成本）；及 6 個產出項（主軸最大轉速、刀塔刀具數、X 軸快速進給
行程、Z 軸快速進給行程、加工直徑及加工長度）。變數說明如下：
（一）投入項目

採購成本（ x_1 ）：購買 CNC 車床的費用（新台幣，元）。
（二）產出項目

1.主軸轉速（ y_1 ）：主軸轉速（每分鐘主軸旋轉次數，rpm）影響
　切削時間。

2.刀塔刀具數（ y_2 ）：自動刀塔可夾持之加工刀具數目。

3.X 軸快速行程（ y_3 ）：刀具 X 軸（橫向）切削回復速度（每分
　鐘行進幾公尺，meter/min）快慢，影響換刀再加工時間。

4.Z 軸快速行程（ y_4 ）：刀具 Z 軸（縱向）切削回復速度（每分
　鐘行進幾公尺，meter/min）快慢，影響刀具再切削時間。

5.最大加工直徑/mm （ y_5 ）：影響切削能力。

6.最大加工長度/mm （ y_6 ）：影響切削能力。

表 C2.2 為 21 台 CNC 車床技術統計資料。

表 C2.2 CNC 車床技術統計資料

CNC 車床	DMU code	投入 x_1	y_1	產出 y_2	y_3	y_4	y_5	y_6
YANG　ML-15A	DMU1	1,200,000	5,590	8	24	24	205	350
YANG　ML-25A	DMU2	1,550,000	3,465	8	20	20	280	520
YCM TC-15	DMU3	1,400,000	5,950	12	15	20	250	469
VTURN 16	DMU4	1,100,000	5,940	12	12	15	230	600
FEMCO HL-15	DMU5	1,200,000	5,940	12	12	16	150	330
FEMCO WNCL-20	DMU6	1,500,000	3,465	12	6	12	260	420
FEMCO WNCL-30	DMU7	2,600,000	3,960	12	12	16	300	625
EX-106	DMU8	1,320,000	4,950	12	24	30	240	340
ECOCA SJ20	DMU9	1,180,000	4,480	8	24	24	250	330
ECOCA SJ25	DMU10	1,550,000	3,950	12	15	20	280	460
ECCOA SJ30	DMU11	1,600,000	3,450	12	15	20	280	460
TOPPER TNL-85A	DMU12	1,200,000	3,465	8	20	24	264	400
TOPPER TNL-100A	DMU13	1,350,000	2,970	8	20	24	264	400
TOPPER TNL-100AL	DMU14	1,400,000	2,970	12	24	30	300	600
TOPPER TNL-85T	DMU15	1,350,000	3,465	12	30	30	264	350
TOPPER TNL-100T	DMU16	1,450,000	2,970	12	20	24	300	400
TOPPER TNL-120T	DMU17	1,520,000	2,475	12	20	24	300	400
ATECH MT-52-S	DMU18	1,376,000	4,752	12	20	24	235	350
ATECH MT-52L	DMU19	1,440,000	4,752	12	20	24	235	600
ATECH MT-75S	DMU20	1,824,000	3,790	10	12	20	300	530
ATECH MT-75L	DMU21	1,920,000	3,790	10	12	20	300	1030

為了瞭解投入、產出項目間的關係，本研究針對投入與產出變數進行相關係數分析，相關係數表如表 C2.3。

表 C2.3 變數相關係數表

變數	x_1	y_1	y_2	y_3	y_4	y_5	y_6
採購成本: x_1	1.000	-0.314	0.180	-0.409	-0.306	0.583	0.540
主軸轉速: y_1	-0.314	1.000	0.104	-0.152	-0.12	-0.784	-0.092
刀塔刀具數: y_2	0.180	0.104	1.000	-0.245	-0.24	0.014	-0.048
X 軸快速行程: y_3	-0.408	-0.152	-0.245	1.000	1.00	-0.017	-0.397
Z 軸快速行程: y_4	-0.306	-0.254	-0.102	0.915	1.000	0.139	-0.245
最大加工直徑: y_5	0.583	-0.785	0.0143	-0.017	0.139	1.000	0.427
最大加工長度: y_6	0.540	-0.093	0.0479	-0.397	-0.245	0.427	1.000

從表 C2.3 相關分析中，有以下幾點發現：

1. 「成本」與「最大加工直徑」及「最大加工長度」有中度的正相關係數，這顯示一個高成本的車床可能會有較佳的最大加工直徑及長度。投入項除了與「刀塔刀具數」有低的正相關係數外，和其餘的產出項均爲負相關。說明了投入項與產出項間不具什麼相關性，意味著採購花費高未必能得到好產品。

2. 次高的相關係數 0.92 發生在「X 軸快速行程」與「Z 軸快速行程」，說明一個有高 「X 軸快速行程」的車床亦會有高「Z 軸快速行程」性能。

3. 在某些產出變數間存在負相關，最高的負相關值爲-0.785，存在於「主軸轉速」與「最大加工直徑」；最低的負相關值爲 -0.093，主軸轉速」與「最大加工長度」。

三、模式選取

本研究採用 CCR 模式、BCC 模式、交叉效率模式與 FDH 作為分析評估模式。為檢視了聯勤生產管理者是否能以最少投入金額，採購現在車床的產出技術水準。因此，本研究採用投入導向模型進行評估。本小節說明模式概念、用途與線性規畫劃式。有關 DEA 理論詳細介紹，讀者請參閱 Cooper et al.（2000）。

Charnes, Cooper and Rhodes（1978）依據 Farrell（1957）之效率觀念，提出 CCR 模式，用以評估技術效率，其基本假設為固定規模報酬。假設評估 n 個 DMUs，若每一個 DMU 運用了 m 個投入項目，而有 s 個產出。投入導向觀點希望在現有的產出基礎下，投入資源最經濟（少），為達此目標，CCR 模式的線性規劃式如下：

$$\text{Min}\,\theta_C - \varepsilon\left(\sum_{i=1}^{m} s_i^- + \sum_{r=1}^{s} s_r^+\right) \qquad (\text{C2.1})$$

s.t. $\quad \theta_C x_{io} = \sum_{j=1}^{n} x_{ij}\lambda_j + s_i^-, i = 1,\dots,m$

$$y_{ro} = \sum_{j=1}^{n} y_{rj}\lambda_j - s_r^+, r = 1,\dots,s$$

$$s_i^-, s_r^+, \lambda_j \geq 0$$

透過 CCR 模式可計算出 DMU 的總體效率／技術效率（θ_C）、權重 λ 與寬鬆變數（s_i^-, s_r^+）。其中 ε 為非阿基米德數、x 為投入項、

y 為投產出項、$\forall x_{ij}, y_{rj} \geq 0$。

　　為區隔技術效率與規模效率，並求出純技術效率，Banker et al.（1984）逐提出 BCC 模式，模式基本假設為假設變動規模報酬，投入導向 BCC 模式的線性規劃式如下：

$$\text{Min} \quad \theta_B - \varepsilon \left(\sum_{i=1}^{m} s_i^- + \sum_{r=1}^{s} s_r^+ \right) \tag{C2.2}$$

$$\text{s.t.} \quad \theta_B x_{io} = \sum_{j=1}^{n} x_{ij} \lambda_j + s_i^-, i = 1, \ldots, m$$

$$y_{ro} = \sum_{j=1}^{n} y_{rj} \lambda_j - s_r^+, r = 1, \ldots, s$$

$$\sum_{j=1}^{n} \lambda_j = 1 \quad , \quad s_i^-, s_r^+, \lambda_j \geq 0$$

　　其中 ε 為非阿基米德數、$\forall x_{ij}, y_{rj} \geq 0$。透過 BCC 模式可計算出 DMU 的純技術效率（θ_B）、權重 λ 與寬鬆變數（s_i^-, s_r^+）。θ_C / θ_B =θ_S（規模效率）。

　　Banker（1984）提出最適生產規模大小（MPSS），來檢視無效率單位的生產規模。 Banker and Thrall（1992）提出定理證明，指出當某個 DMUo 其參考集合之 λ 的總和為 1，亦就是 $\sum_{j=1}^{n} \lambda_j^* = 1$ 時，表示投入一單位生產要素，可以產出一單位產品，其規模報酬是固定的；當 $\sum_{j=1}^{n} \lambda_j^* < 1$ 時，表示該決策單位處於規模報酬遞增，只要額外投入一單位的生產要素，會產出一單位以上的產品，因此應擴充規模，增加投入量，以生產出更多的產品，來提高組織的經營效率；反

之，若 $\sum\limits_{j=1}^{n} \lambda_j^* > 1$，表示規模報酬遞減，投入一單位的生產要素，會產出小於一單位的產品，因此應減少投入量，調整規模大小，以達最具生產的規模。

因DEA會產生數個有效率DMUs有相同效率值，為了區隔DMUs效率差異，Sexton et al.（1986）遂提出交叉效率概念。以特定 DMU_l 的第 i 投入項的權數（ v_{il} ）與第 r 產出項的權數（ u_{rl} ），作為 DMU_k 的第 i 投入項（ x_{ik} ）的權數與第 r 產出項（ y_{rk} ）的權數，而稱

$$E_{kl} = \frac{\sum\limits_{r=1}^{s} u_{rl} y_{rk}}{\sum\limits_{i=1}^{m} v_{il} x_{ik}}$$ 為 DMU_l 的交叉效率或自評效率（self-rated efficiency）。

Sexton et al.（1986）的交叉效率模式主要目的在於極大化自評效率－

$$E_{kk} = \frac{\sum\limits_{r=1}^{s} u_{rk} y_{rk}}{\sum\limits_{i=1}^{m} v_{ik} x_{ik}}$$，其次極小化除 DMU_k 外的其餘 DMU_l 的交叉效率

總合。線性規劃式如下：

$$\text{Max} \quad E_{kk} = \frac{\sum\limits_{r=1}^{s} u_{rk} y_{rk}}{\sum\limits_{i=1}^{m} v_{ik} x_{ik}} \quad \text{（primal goal）} \qquad \text{（C2.3）}$$

$$\text{s.t.} \quad E_{kl} = \frac{\sum\limits_{r=1}^{s} u_{rk} y_{rl}}{\sum\limits_{i=1}^{m} v_{ik} x_{il}} \leq 1$$

$$\sum_{i=1}^{m} v_{ik} X_{ik} = 1$$

$$v_{ij}, u_{rj} \geq 0, \forall i \ \& \ r, j = 1, \cdots, m$$

$$\min(n-1)A_k = \sum_{l \neq k} E_{kl} = \sum_{l \neq k} \frac{\sum_r u_{rl} y_{rk}}{\sum_i v_{il} x_{ik}} \quad (\text{secondary goal})$$

Sexton et al.（1986）的模式用於同儕比較時，所採用的投入／產出項之權數並非唯一，易使同儕比較結果產生偏誤，故 Doyle and Green（1994）提出修正模式，線性規劃式如下：

$$\text{Min } B_k = \sum_{r=1}^{s} (u_r \sum_{l \neq k} y_{rk}) - \sum_{i=1}^{m} (v_{ik} \sum_{l \neq k} x_{ik}) \quad\quad (\text{C2.4})$$

$$\text{s.t. } E_{kl} = \frac{\sum_{r=1}^{s} u_{rk} y_{rl}}{\sum_{i=1}^{m} v_{ik} x_{il}} \leq 1, \forall l \neq k$$

$$\sum_{i=1}^{m} v_{ik} x_{ik} = 1$$

$$\sum_{r=1}^{s} u_{rk} y_{rk} - \theta_{kk} \sum_{i=1}^{m} v_{ik} x_{ik} = 0$$

$$v_{ij}, u_{rj} \geq 0, \forall i \ \& \ r, j = 1, \cdots, m$$

其中 DMU_k 為目標 DMU、θ_{kk} 為 DMU_k 的 CCR 效率或樣本效率、$\sum_r (u_r \sum_{l \neq k} y_{rk})$ 與 $\sum_i (v_i \sum_{l \neq k} x_{ik})$ 為綜合（composite）DMU 的加權產出與加權投入組合。

　　經由模式（C2.4）的計算，可得各個投入／產出項的權數，將權數代入模式（C2.3）之 secondary goal 限制式中，即可求得 DMU_l 以 DMU_k 為目標的交叉效率 E_{kl} ，各 DMU 的交叉效率矩陣（cross-efficiency matrix, CEM）如圖 C2.1 所示。

　　計算交叉效率的目的再使自我評估效率最大及平均同儕相互評估效率最小。另 CEM 法具有選擇最佳方案、考量全盤考量變數屬性後，再作最佳選擇、決策者可依需要限制權數、及運用同儕比較方式獲得受評估 DMU 的權數，較多屬性決策法（multiple attribute decision making, MADM）透過演繹（a priori）方式獲得為佳的優點（Baker & Talluri, 1997）。

目標 DMU	受評 DMU						同儕評估效率平均
	1	*2*	*3*	*4*	*5*	*6*	
1	E_{11}	E_{12}	E_{13}	E_{14}	E_{15}	E_{16}	A_1
2	E_{21}	E_{22}	E_{23}	E_{24}	E_{25}	E_{26}	A_2
3	E_{31}	E_{32}	E_{33}	E_{34}	E_{35}	E_{36}	A_3
4	E_{41}	E_{42}	E_{43}	E_{44}	E_{45}	E_{46}	A_4
5	E_{51}	E_{52}	E_{53}	E_{54}	E_{55}	E_{56}	A_5
6	E_{61}	E_{62}	E_{63}	E_{64}	E_{65}	E_{66}	A_6
平均值	E_1	E_2	E_3	E_4	E_5	E_6	

圖 C2.1 交叉效率矩陣圖

　　透過 CEM 計算平均同儕相互評估效率值，選擇最大效率值作為選擇 DMUs 優先順序參考（Doyle & Green, 1994）。Baker and Talluri（1997）亦提出假正指標（false positive index, FPI）測量各 DMU 從

同儕比較（peer-appraisal）到自我比較（self-appraisal）的差異，差異愈小表示該 DMU 效率愈佳，此法可輕易排列 DMU 順序供決策者評選，無須採用最大平均同儕相互評估效率。FPI 的計算式如下：

$$FPI = 100\% \times (\theta_{kk} - (\sum_j \theta_{jk} / n) / (\sum_j \theta_{jk} / n) \qquad （C2.5）$$

θ_{kk}：DMU_k 樣本效率、$(\sum_j \theta_{jk} / n)$：CEM 平均交叉效率。

Deprins, Simar and Tulkens（1984）年首先提出 FDH，再由 Tulkens（1993）作進一步的方法界定與理論說明，認為效率決策單位（DMUs）只受實際觀察績效值影響，其參考群體的選擇是實際發生的觀察 DMU，而非理論所推導出的虛擬 DMU，既生產可能集合為：$P_{FDH} = \{(X,Y) | X \geq X_j, Y \leq Y_j, X, Y \geq 0, j = 1,...,n\}$。因此其效率前緣線呈現出階梯式的前緣方式，而不是一般 DEA 法所呈現出的包絡曲線，這種結果造成幾乎所有的 DMU 皆為有效率，因此較無法區隔出何者為真正有效率。本研究亦採用 FDH 模式來評估 CNC 車床，以與 DEA 模式之結果作比較。FDH 模式如下：

$$\text{Min} \quad \theta \qquad\qquad\qquad\qquad （C2.6）$$

$$\text{s.t.} \quad \sum X_j \lambda_j \leq \theta X_k$$

$$\sum_{j \in II} Y_j \lambda_j \geq Y_k$$

$$e\lambda = 1, \lambda_j \in \{0,1\}$$

資料包絡分析法──理論與應用──
Data Envelopment Analysis　Theory and Applications

實證分析

一、效率分析

以投入導向 DEA 與 FDH 模式計算各車床相對效率,計算的結果詳如表 C2.4。當計算出來的效率值等於 1 時,表示該款 CNC 車床是相對有效率,而當效率值小於 1 時,即表示該款 CNC 車床是相對無效率。表 C2.4 中,有 12 款 CNC 車床被評為 100 %純技術效率,平均效率值為 0.952。YANG ML-15A(楊鐵)、YCM-TC-15(永進)、VTURN 16(台中精機)、EX-106(瀧澤)、ECOCA SJ20(勝傑)、FEMCO WNCL-30(遠東)、TOPPER TNL-85A, -85T 和-100AL(東台)和 ATECH MT-52L, -75S 和 -75L(安加)可視為符合物超所值的車床。在 FDH 下,僅有 4 款車床無效率。由此可見,當 DMU 個數較少時,FDH 無法找出有符合物超所值車床,無研究者在 DEA 文獻中提及這個 FDH 缺點。

平均規模效率為 95.1%,意謂者車床製造商若處固定規模報酬下,可減少 4.9%投入已生產現行車床技術水準。14 款 CNC 車床之業者處最適生產規模大小;7 款 CNC 車床之業者處規模報酬遞減,需調整製造車床成本與產品技術水準。

表 C2.4 CNC 車床相對效率值表

CNC 車床	DMU Code	效率指標			RTS	FDH
		技術	純技術	規模		
YANG　ML-15A	DMU1	1.000	1.000	1.000	crs	1.000
YANG　ML-25A	DMU2	0.835	0.838	0.964	crs	1.000
YCM TC-15	DMU3	0.875	1.000	0.875	drs	1.000
VTURN 16	DMU4	1.000	1.000	1.000	crs	1.000
FEMCO HL-15	DMU5	0.935	0.966	0.968	drs	1.000
FEMCO WNCL-20	DMU6	0.818	0.819	0.999	crs	1.000
FEMCO WNCL-30	DMU7	0.539	1.000	0.539	drs	1.000
EX-106	DMU8	1.000	1.000	1.000	crs	1.000
ECOCA SJ20	DMU9	1.000	1.000	1.000	crs	1.000
ECOCA SJ25	DMU10	0.846	0.869	0.974	drs	1.000
ECCOA SJ30	DMU11	0.819	0.821	0.998	crs	0.969
TOPPER TNL-85A	DMU12	1.000	1.000	1.000	crs	1.000
TOPPER TNL-100A	DMU13	0.889	0.889	1.000	crs	0.889
TOPPER TNL-100AL	DMU14	1.000	1.000	1.000	crs	1.000
TOPPER TNL-85T	DMU15	1.000	1.000	1.000	crs	1.000
TOPPER TNL-100T	DMU16	0.963	0.966	0.997	crs	0.966
TOPPER TNL-120T	DMU17	0.918	0.921	0.997	crs	0.921
ATECH MT-52-S	DMU18	0.898	0.898	1.000	crs	1.000
ATECH MT-52L	DMU19	0.914	1.000	0.914	drs	1.000
ATECH MT-75S	DMU20	0.757	1.000	0.757	drs	1.000
ATECH MT-75L	DMU21	0.984	1.000	0.984	drs	1.000
Mean		0.904	0.952	0.951		0.988

二、參考群體分析

參考群體分析的目的在於檢視物超所值車床，被無物超所值車床作為改善效率的參考對象與頻率。表 C2.5 為各無物超所值車床的參考群體及其出現頻率，其中 TOPPER TNL-85T 被無效率單位參考 1 次、YCMTC-15 與 TOPPER TNL-85A 被無效率單位各參考 2 次，VTURN16 與 TOPPER TNL-85A 被無效率單位各參考 6 次。VTURN16 與 TOPPER TNL-85A 是較符合物超所值的車床，因這二台機具的邊際投入與產出在效率評量上有較大的效率貢獻。YANG ML-15A 、FEMCO WNCL-30、ECOCA SJ20 、ATECH MT-52L、-75S 與-75L 被無效率單位參考 0 次，顯示該 6 款機具有經營上之利基，它的競爭對手很少，可能比其他廠商在成本或性能上有優勢。

本研究發現了一個趨勢即價格愈低的 CNC 車床其較不符合物超所值要求，這個發現與 Doyle and Green（1991）不一致。價格與效率之間的相關係數為 -0.04，售價低的車床業者似乎不應只強調低售價策略，而忽略有效能地提昇 CNC 車床之性能。

三、差額變數分析

差額變數代表相對不符合物超所值的車床為了達到相對物超所值的車床相同的效率時，應減少的投入成本，或應增加的技術性能。差額變數分析，可顯示出不符合物超所值的車床應改善的方向與幅度，如表 C2.6 所示。投入項中無差額變數，這顯示不符合物超所值的

車床爲了達到符合物超所值未用過多成本。在產出項方面，4 款車床平均要減少主軸最大轉速 615.429 rpm、1 款車床要減少 2.63 刀塔刀具數、1 款車床要減少 X 軸快速進給行程 1.315 m/min、7 款車床平均要減少 Z 軸快速進給行程 5.304 m/min、2 款車床平均要減少加工直徑 62.951 mm 及 8 款車床平均要減少加工長度 148.856 mm。

表 C2.5 CNC 車床參考群體及頻率

CNC lathe	DMU code	BCC/VRS Model 參考群體			參考頻率
YANG　ML-15A	DMU1	1			0
YANG　ML-25A	DMU2	4	12	14	0
YCM TC-15	DMU3	3			2
VTURN 16	DMU4	4			6
FEMCO HL-15	DMU5	3	4	8	0
FEMCO WNCL-20	DMU6	4	14		0
FEMCO WNCL-30	DMU7	7			0
EX-106	DMU8	8			2
ECOCA SJ20	DMU9	9			0
ECOCA SJ25	DMU10	3	4	14	0
ECCOA SJ30	DMU11	4	14		0
TOPPER TNL-85A	DMU12	12			2
TOPPER TNL-100A	DMU13	12			0
TOPPER TNL-100AL	DMU14	14			6
TOPPER TNL-85T	DMU15	15			1
TOPPER TNL-100T	DMU16	14			0
TOPPER TNL-120T	DMU17	14			0
ATECH MT-52S	DMU18	4	8	15	0
ATECH MT-52L	DMU19	19			0
ATECH MT-75S	DMU20	20			0
ATECH MT-75L	DMU21	21			0

表 C2.6 差額變數值

車床	投入	產出					
	x_1	y_1	y_2	y_3	y_4	y_5	y_6
YANG ML-25A	0	0	0	1.315	6.301	0	11.507
FEMCO HL-15	0	0	2.630	0	0.606	83.902	244.061
FEMCO WNCL-20	0	1202.143	0	0	11.143	0	180
ECOCA SJ25	0	0	0	0	5.506	0	119.947
ECCOA SJ30	0	368.571	0	0	5.571	0	140
TOPPER TNL-100A	0	0	0	0	0	0	0
TOPPER TNL-100T	0	0	0	0	4	0	200
TOPPER TNL-120T	0	495	0	0	4	0	200
ATECH MT-52S	0	396	0	0	0	4.2	95.333
Number of DMUs with slacks	0	4	1	1	7	2	8
Mean	0	615.429	2.630	1.315	5.304	62.951	148.856

　　經由差額變數分析,可算出無物超所值的業者改進其產品之目標和潛在改善率,如表 C2.7 所示。以FEMCO WNCL-20 為例,投入方面:產品價格必須降為 1,228,571 元(降低幅度為 16.22%);產出方面:主軸轉速必須為 4667.143 rpm(增加幅度為 34.69%)、刀塔刀具數為 12 個(增加幅度為 0%)、X 軸行程速度必須增加為 17.143 m/min(增加幅度為 185.71%)、Z 軸行程速度必須增加為 21.429 m/min(增加幅度為 78.57%)加工直徑須為 260 mm(增加幅度為 0%)及加工長度 600 mm(增加幅度為 42.86%),才能符合物超所值。這裡本研究指出,

現實生活中，業者是否願意改善必須依賴個人意願，或者可選擇某一特定項目取作改善。若機具性能改善有其技術困難度，需投資巨額資金來作研發，這樣的改善或許不能達到物超所值要求。

表 C2.7 無物超所值 CNC 車床之最適目標和潛在改善率表

車床	最適目標						
	x_1	y_1	y_2	y_3	y_4	y_5	y_6
YANG ML-25A	1298630	3465	10.630	21.315	26.301	280	531.507
FEMCO HL-15	1158667	5940	12	12.606	16	233.902	574.061
FEMCO WNCL-20	1228571	4667.143	12	17.143	21.429	260	600
ECOCA SJ25	1347088	3950	12	20.506	25.824	280	579.947
ECCOA SJ30	1314286	3818.571	12	20.571	25.714	280	600
TOPPER TNL-100A	1200000	3465	8	20	24	264	400
TOPPER TNL-100T	1400000	2970	12	24	30	300	600
TOPPER TNL-120T	1400000	2970	12	24	30	300	600
ATECH MT-52S	1236000	5148	12	20	24	235	600

車床	潛在改善率（%）						
	x_1	y_1	y_2	y_3	y_4	y_5	y_6
YANG ML-25A	-16.22	0	32.88	6.58	31.51	0	2.21
FEMCO HL-15	-3.44	0	0	5.05	0	55.93	73.96
FEMCO WNCL-20	-18.10	34.69	0	185.71	78.57	0	42.86
ECOCA SJ25	-13.09	0	0	36.71	29.12	0	26.08
ECCOA SJ30	-17.86	10.68	0	37.14	28.57	0	30.43
TOPPER TNL-100A	-11.11	16.67	0	0	0	0	0
TOPPER TNL-100T	-3.45	0	0	20.00	25.00	0	50.00
TOPPER TNL-120T	-7.89	20.00	0	20.00	25.00	0	50.00
ATECH MT-52S	-10.17	8.33	0	0	0	1.79	27.24

四、交叉效率分析

　　經計算各 DMU 之交叉效率，可得表 C2.8。表 C2.8 為比較各 DMU 差異的交叉效率表，表中最後一行為各受評 DMU 交叉效率平均值。利用各受評 DMU 交叉效率平均值可計算出各 DMU 之假正指標（FPI），如表 C2.9 所示。

　　由表 C2.8 中之觀察，八款車床交叉效率平均值大於 0.80 個；四款車床交叉效率平均值小於 0.80。FEMCO WNCL-30 為假物超所值車床，因其交叉效率平均值為 0.42。由表 C2.9 中之觀察，VTURN 16 為最佳物超所值車床，因交叉效率平均值最高，且有最低之假正指標值。最後，依叉效率平均值與假正指標值，本研究建議聯勤生產管理者八款物超所值車床之業者參與競標作業。八款物超所值車床為 VTURN 16、ECOCA SJ20、YCM TC-15、TOPPER TNL-100AL、TOPPER TNL-85A、YANG ML-15A、TOPPER TNL-85T 與 EX-106。

表 C2.8　交叉效率矩陣

I/J	L1	L2	L3	L4	L5	L6	L7	L8	L9	L10	L11	L12	L13	L14	L15	L16	L17	L18	L19	L20	L21
L1	1.00	0.49	0.81	1.00	0.92	0.43	0.30	0.79	0.81	0.51	0.44	0.63	0.50	0.50	0.62	0.46	0.39	0.71	0.68	0.41	0.39
L2	0.79	0.84	0.82	1.00	0.59	0.78	0.54	0.83	0.96	0.82	0.80	1.00	0.89	1.00	0.89	0.93	0.89	0.78	0.78	0.75	0.78
L3	1.00	0.71	0.87	1.00	0.82	0.62	0.43	1.00	1.00	0.74	0.69	0.95	0.82	0.92	0.94	0.82	0.76	0.87	0.83	0.63	0.60
L4	0.92	0.41	0.79	1.00	0.92	0.43	0.28	0.69	0.70	0.47	0.40	0.53	0.41	0.39	0.48	0.38	0.30	0.64	0.61	0.38	0.37
L5	1.00	0.58	0.86	1.00	0.93	0.54	0.36	1.00	0.91	0.66	0.61	0.81	0.69	0.82	0.88	0.70	0.64	0.86	0.82	0.53	0.50
L6	0.79	0.82	0.85	1.00	0.64	0.82	0.54	0.87	0.97	0.85	0.82	1.00	0.89	1.00	0.92	0.96	0.92	0.81	0.78	0.75	0.72
L7	0.78	0.83	0.83	1.00	0.59	0.79	0.54	0.82	0.95	0.83	0.8	1.00	0.89	1.00	0.88	0.93	0.89	0.78	0.78	0.76	0.78
L8	0.88	0.57	0.63	0.60	0.59	0.35	0.27	1.00	0.89	0.57	0.55	0.88	0.78	0.94	0.98	0.73	0.69	0.77	0.73	0.48	0.46
L9	1.00	0.67	0.67	0.75	0.63	0.37	0.31	0.90	1.00	0.57	0.54	0.85	0.74	0.83	1.00	0.71	0.67	0.76	0.73	0.44	0.42
L10	0.92	0.41	0.79	1.00	0.92	0.43	0.28	0.69	0.70	0.47	0.40	0.53	0.41	0.39	0.48	0.38	0.30	0.64	0.61	0.38	0.37
L11	0.79	0.82	0.85	1.00	0.64	0.82	0.54	0.87	0.97	0.85	0.82	1.00	0.89	1.00	0.92	0.96	0.92	0.81	0.78	0.75	0.72
L12	0.87	0.78	0.77	0.86	0.59	0.65	0.45	0.92	1.00	0.76	0.74	1.00	0.89	1.00	0.98	0.91	0.86	0.81	0.77	0.67	0.64
L13	0.80	0.82	0.85	1.00	0.64	0.81	0.53	0.97	0.97	0.84	0.82	1.00	0.89	1.00	0.93	0.96	0.92	0.82	0.78	0.75	0.71
L14	0.96	0.74	0.85	1.00	0.78	0.64	0.45	1.00	1.00	0.76	0.73	0.96	0.85	1.00	1.00	0.87	0.82	0.87	0.86	0.64	0.66
L15	0.90	0.58	0.48	0.49	0.45	0.18	0.21	0.82	0.92	0.44	0.42	0.75	0.67	0.77	1.00	0.62	0.59	0.65	0.63	0.30	0.28
L16	0.80	0.82	0.85	1.00	0.64	0.81	0.53	0.87	0.97	0.84	0.82	1.00	0.89	1.00	0.93	0.96	0.92	0.82	0.78	0.75	0.71
L17	0.80	0.82	0.85	1.00	0.64	0.81	0.53	0.87	0.97	0.84	0.82	1.00	0.89	1.00	0.93	0.96	0.92	0.82	0.78	0.75	0.71
L18	0.80	0.58	0.83	1.00	0.93	0.69	0.43	1.00	0.82	0.75	0.73	0.79	0.70	0.94	1.00	0.85	0.81	0.90	0.86	0.55	0.52
L19	1.00	0.78	0.75	1.00	0.68	0.46	0.42	0.89	0.97	0.65	0.62	0.90	0.79	1.00	0.99	0.74	0.70	0.77	0.91	0.54	0.78
L20	0.78	0.83	0.83	1.00	0.59	0.79	0.54	0.82	0.95	0.83	0.80	1.00	0.89	1.00	0.88	0.93	0.89	0.78	0.78	0.76	0.78
L21	0.53	0.62	0.61	1.00	0.50	0.51	0.44	0.47	0.51	0.54	0.53	0.61	0.54	0.79	0.48	0.51	0.48	0.47	0.76	0.53	0.98
Mean	0.86	0.69	0.78	0.94	0.70	0.61	0.42	0.86	0.90	0.70	0.66	0.87	0.76	0.87	0.86	0.78	0.73	0.77	0.76	0.60	0.61

表 C2.9 相對效率、交叉效率與假正指標

Lathe No.	CCR efficiency	BCC efficiency	Cross efficiency mean	FPI (%)
4	1	1	0.94	6.53
9	1	1	0.90	10.81
3	0.87	1	0.78	11.65
14	1	1	0.87	14.84
12	1	1	0.87	15.36
1	1	1	0.86	15.77
15	1	1	0.86	16.06
8	1	1	0.86	16.68
18	0.9	0.9	0.77	17.01
13	0.89	0.89	0.76	17.45
19	0.91	1	0.76	19.56
2	0.84	0.84	0.69	20.98
10	0.85	0.87	0.70	21.65
11	0.82	0.82	0.66	23.80
16	0.96	0.97	0.78	24.17
17	0.92	0.92	0.73	26.25
7	0.54	1	0.42	26.90
20	0.76	1	0.60	27.02
5	0.93	0.97	0.70	34.03
6	0.82	0.82	0.61	34.77
21	0.98	1	0.61	60.71

管理意涵

本研究結果分析提供買方與賣方重要的管理意涵，茲說明如下：

一、對買方而言

1.提供聯勤生產管理者提供一套評選生產製造設備的方法，期使所選出最佳方案能符合物超所值，接受社會大眾的檢視。管理者接受短期訓練，便能自行運用電腦軟體，來作機具投資分析。

2.經由 DEA 模式、較差效率與的假正指標的分析，可評選出符合物超所值的機具。DEA 之效率值受投入與產出項組合之影響，故作業分析時，應慎選投入與產出項。同時 DMU 個數須大於投入與產出項總和的二倍，不足夠的樣本 DMU 個數會造成有效率的 DMU 個數增加。

3.目標改善分析，提供聯勤工廠採購 CNC 車床的議價資訊，如 YANG ML-25A（NT$1,298,630）、FEMCO HL-15（NT$1,158,667）、FEMCO WNCL-20（NT$1,228,571）、ECOCA- SJ25（NT$1,347,088）、ECCOA- SJ30（NT$1,314,286）、TOPPER TNL-100A（1200000）、TOPPER TNL-100T（NT$1,400,000）、TOPPER TNL-120T（NT$1,400,000）與 ATECH MT-52S（NT$1,236,000）。

二、對實方而言

1.機具之製造業者可將 DEA 之分析結果，作爲企業競爭分析使用。

2.參考群體分析與交叉效率分析，可用來發覺業者之機具，在競爭市場中是否有經營利基。

3.目標改善分析，提供無物超所值機具之業者作爲改善產品的方向。

結論

　　本研究已爲聯勤總部提供一套評選生產製造設備的方法，能評選出符合物超所值的機具。本研究以小型臥式電腦數位控制車床爲例，從國內八大家生產 CNC 車床製造業者中，選出其所生產的二十一台機具，採用機具之採購成本（投入變數），及性能：主軸最大轉速、刀塔刀具數、X 軸快速進給行程、Z 軸快速進給行程、加工直徑及加工長度(產出變數)，進行評估。本研究所提出之評選方法，整合 Banker, Charnes, and Cooper（1984）之 BCC 模式與 Doly and Green（1994）之交叉效率模式。BCC 模式用以識別物超所值之機具，而交叉效率模式則用來發覺最佳方案之機器。 研究發現：十二台車床爲物超所值，其中一款車床爲假象物超所值。依據交叉效率與假正指標結果，本研究建議聯勤生產管理者選取 8 款車床業參加招標作業；Vturn 16 爲最佳物超所值方案。經與 DEA 作比較，FDH 模式會發覺許多車床變爲物超所值，說明 FDH 較不嚴謹，無法找出真正有物超所值的方案。

個案 3　國內航空公司營運績效評估

　　本研究提出二階段模式，並以 NCN 模式來評估我國國籍航空公司 86-88 年度國內航空營運之績效。本研究探討各航空公司營運之總體、作業效率與作業效果。研究發現：一、遠東（88）、國華（86、87）、瑞聯（88）有總體效率；二、遠東（88）、國華（86、87）有作業效率；三、瑞聯（88）有作業效果；四、高作業效率公司未必有高作業效果。

前言

　　交通部於 1987 年 10 月實施開放天空政策後，國內航空市場起了很大的變化。第一、業者家數變多，從 1987 年的 6 家增加為 17 家。第二、載客人數大幅增加，原來國內航線的載客量年約 300 萬人次，1988 年起平均年成長率超過 20%，到 1997 年載客量已經高達 1900 萬人次，不過 1998 年與 1999 年則下降到 1600 萬人次。第三、載客率大幅下降，開放天空政策後平均載客率從 1987 年的 82%下降到 1999 年的 60.4%。綜觀市場環境與營運層面的變化，顯示國內航空已經從生產者導向轉為消費者導向，即將加入 世界貿易組織（World Trade Organization, WTO）使得業者面臨市場的競爭日益激烈，以國籍航空公司而言，1999 年全部處於虧損狀態。因此研擬利用資料包

絡分析法（DEA）協助當前航空公司提升營運績效的參考。

　　雖然國內航空仍受政府管制，包括機場額度、起降時間帶、政策考量、市場潛力等等因素都會影響到航空公司的營運績效。航空仍是一個高投資的產業，若是飛機停留在地上對公司的收入沒有任何幫助，因此能夠多載一個人對航空公司的收入就多一份，在這樣競爭的市場中，各個國籍航空公司的營運績效是否有差異性存在？

　　本研究是針對國籍航空公司，6 家有常態性國內航線的公司為主，資料來源為民航局所出版的「民航統計年報」近 3 年（86 年、87 年、88 年）的統計數據，其中國華航空在 88 年的資料 8 月後是合併華信航空後的統計資料，中華航空也在 11 月退出國內航線，但是本研究仍將其資料納入。本研究的目的為：一、衡量各個國籍航空公司營運績效；二、探討作業效率與作業效果的關係；三、提供各個國籍航空公司改善的參考。

　　本章組織架構如下：第二節探討運用 DEA 模式評估航空公司營績效之文獻；第三節說明本研究之研究方法；第四節提出實證分析；第五節對本文作一結論與建議。

文獻探討

　　研究有關航空公司績效的文獻很多，本節僅探討應用 DEA 評估航空公司文獻，依作者／年代、研究對象、投入與產出項、使用模式重點摘要如表 C3.1。

表 C3.1　應用 DEA 評估航空公司文獻摘要表

作者	研究對象	投入項	產出項	使用模式
Schefczyk（1993）	15 家世界主要航空公司（1989-1992）	提供噸公里 營運成本 非飛行資產	乘客收益 非乘客收益	CCR
Charnes et al.（1996）	拉丁美洲的航空公司（1987）	可售座位公里 噸公里 油料 員工數	延人公里績效	Multiplicative DEA
Ray and Hu（1997）	美國航空公司（1970-1984）	員工數 物料 燃料 飛行器 資產	預定的延人英里 非預定的延人英里 郵件延噸英里 其他的延噸英里	CCR
Tofallis（1997）	十四家世界國家主要航空公司（1994）	噸公里 營運成本 非航運的資產	乘客收益 非乘客收益	CCR
Sengupta（1999）	七家世界國家主要航空公司（1988-1994）	噸公里 營運支出 非航運的資產	乘客收益 非乘客收益	Stochastic DEA
黃崇興、黃蘭貴（2000）	國內一家經營國際航線之航空公司	組員費用 營業推廣費用 管理費用 營運成本 飛航班次 可售座位公里 航程	航運收入 載客人數 延人公里 載客率	CCR BCC

　　本研究不同與以往文獻不同之處，有三處。首先，本研究除運用 CCR 與 BCC 模式來分析六家國內航空公司總體營運績效，並以 NCN 模式來進行在非控制產出項下之分析。其次，將 DEA 與 Free Disposal Hull 所得之結果作一比較。最後，本研究從二個績效構面：作業效率與作業效果，來評估航空公司績效。

研究方法

一、績效評估模式構建

本研究參考馮正民、往榮祖（2001）之二階段模式，修正投入與產出項，運用此模式來評估國籍航空公司的績效。第一階段為總體績效模式（如圖 C3.1），第二階段區分為作業效率與效果模式（如圖 C3.2）。

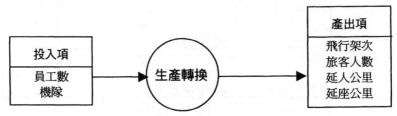

圖 C3.1　總體績效模式評估分析架構

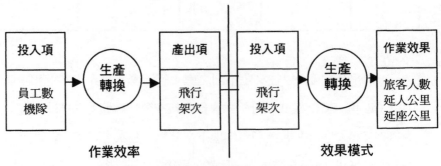

圖 C3.2 二階段績效評估模式分析架構

二、變數選擇

　　參考相關研究文獻與資料可獲得性，本研究選定 2 個投入項與 4 個產出項為生產觀念模式的變數。變數的定義界定如表 C3.2。

表 C3.2 投入與產出變數定義表

投入項	定義
員工數	各個國籍航空公司當年年底總員工數
機隊	各個國籍航空公司當年年底總飛機數

產出項	定義
飛行架次	各個國籍航空公司當年年底飛行架次
旅客人數	各個國籍航空公司當年年底載客的人次
延人公里	載客人數與各航線飛行距離之乘積
延座公里	座位數與各航線飛行距離之乘積

三、 DEA 模式與 FDH

　　本研究採 DEA 中之 CCR 模式、BCC 模式、NCN 模式，作為評估模式。為了與 DEA 模式作比較，本研究亦採用 FDH（Free Disposal Hull）模式來評估國籍航空公司績效。限於篇幅，本研究所用各種分析模式之數學式，請參閱本書理論篇。

　　CCR 模式由 Charnes, Cooper and Rhodes（1978）所提出，用以評估技術效率，其基本假設為固定規模報酬。為區隔技術效率與規模效率，並求出純技術效率，Banker et al.（1984）遂提出 BCC 模式，模式基本假設為假設變動規模報酬。運用 CCR 模式與 BCC 模式可求

出規模效率與最適生產規模大小。因生產環境中存在無法藉管理方法改善的投入或（且）產出項時，故 Banker and Morey（1986）提出 NCN 模式，藉以改善無法處理外生固定（exogenously fixed）變數問題，如本研究變項中的旅客人次。

　　Deprins et al.（1984）年提出 FDH，認為效率決策單位（DMUs）只受實際觀察績效值影響，其參考群體的選擇是實際發生的觀察 DMU，而非理論所推導出的虛擬 DMU。因此其效率前緣線呈現出階梯式的前緣方式，而不是一般 DEA 法所呈現出的包絡曲線，這種結果造成幾乎所有的 DMU 皆為有效率，因此較無法區隔出何者為真正有效率。

實證分析

一、第一階段分析

　　表 C3.3 為各樣本航空公司效率值。遠東（88）、國華（86、87）、瑞聯（88）有技術效率，餘 14 家樣本航空公司無技術效率。遠東（86-88）、立榮（86-88）、復興（88）、國華（86、87）與瑞聯（88）有純技術效率，餘 4 家樣本航空公司無純技術效率。遠東（88）、國華（86、87）、均達規模效率，餘 10 家樣本航空公司無規模效率。遠東（88）、國華（86、87）、中華（86-88）、瑞聯（86-88）處於固定規模報酬，意謂者這 9 家樣本航空公司以達最適生產規模大小。其餘 99 家樣本航空公司處於規模報酬遞減，意謂者需擴展其經濟規模。

　　若將旅客人次視爲非控制變數，經 NCN DEA 模式運算後，本研究發現：遠東（88）、復興（88）、國華（86、87）、中華（86、87）、瑞聯（86-88）有技術效率。

　　在 FDH 模式下，大部分本航空公司均有效率，中華（86、87）除外。故較沒有顯著的區別度。經與 DEA 模式比較，FDH 較無法有效區隔相對有效率單位。

表 C3.3 不同模式之總體效率

航空公司	DMU	CCR-I	BCC-I	Scale	RTS	NCN	FDH
遠東 86	A（86）	0.9912	1.0000	0.9912	DRS	0.9912	1.0000
遠東 87	A（87）	0.9912	1.0000	0.9912	DRS	0.9912	1.0000
遠東 88	A（88）	1.0000	1.0000	1.0000	CRS	1.0000	1.0000
立榮 86	B（86）	0.8201	1.0000	0.8201	DRS	0.8301	1.0000
立榮 87	B（87）	0.8201	1.0000	0.8201	DRS	0.8301	1.0000
立榮 88	B（88）	0.8269	1.0000	0.8269	DRS	0.8283	1.0000
復興 86	C（86）	0.8092	0.8802	0.9193	DRS	0.8532	1.0000
復興 87	C（87）	0.8092	0.8802	0.9193	DRS	0.8532	1.0000
復興 88	C（88）	0.9538	1.0000	0.9538	DRS	1.0000	1.0000
國華 86	D（86）	1.0000	1.0000	1.0000	CRS	1.0000	1.0000
國華 87	D（87）	1.0000	1.0000	1.0000	CRS	1.0000	1.0000
國華 88	D（88）	0.9119	0.9133	0.9984	DRS	0.9676	1.0000
中華 86	E（86）	0.0774	0.1940	0.3989	CRS	1.0000	0.4117
中華 87	E（87）	0.0774	0.1940	0.3989	CRS	1.0000	0.4117
中華 88	E（88）	0.1334	0.1844	0.7234	CRS	0.1334	1.0000
瑞聯 86	F（86）	0.7585	0.9503	0.7981	CRS	1.0000	1.0000
瑞聯 87	F（87）	0.7585	0.9503	0.7981	CRS	1.0000	1.0000
瑞聯 88	F（88）	1.0000	1.0000	1.0000	CRS	1.0000	1.0000

二、第二階段分析

在固定規模報酬假設下，遠東（88）、國華（86、87）有作業效率。在變動規模報酬假設下，遠東（88）、立榮（86、87）、復興（88）、國華（86、87）、瑞聯（88）有作業效率。在固定規模報酬假設下，瑞聯（88）有作業效果。在變動規模報酬假設下，遠東（86-88）、瑞聯（88）有作業效果。

表 C3.4 不同模式之作業效率與效果

航空公司 DMU No	作業效率			作業效果		
	CCR-I	BCC-I	FDH	CCR-I	BCC-I	FDH
遠東 86 A（86） 1	0.9614	0.9847	1.0000	0.8164	1.0000	1.0000
遠東 87 A（87） 2	0.9614	0.9847	1.0000	0.8164	1.0000	1.0000
遠東 88 A（88） 3	1.0000	1.0000	1.0000	0.8605	1.0000	1.0000
立榮 86 B（86） 4	0.8201	1.0000	1.0000	0.3087	0.3581	0.5632
立榮 87 B（87） 5	0.8201	1.0000	1.0000	0.3087	0.3581	0.5632
立榮 88 B（88） 6	0.8269	0.9989	1.0000	0.4054	0.4685	0.5862
復興 86 C（86） 7	0.8014	0.8603	1.0000	0.5632	0.6509	0.8158
復興 87 C（87） 8	0.8014	0.8603	1.0000	0.5632	0.6509	0.8158
復興 88 C（88） 9	0.9538	1.0000	1.0000	0.5701	0.6587	0.8369
國華 86 D（86） 10	1.0000	1.0000	1.0000	0.1984	0.2109	1.0000
國華 87 D（87） 11	1.0000	1.0000	1.0000	0.1984	0.2109	1.0000
國華 88 D（88） 12	0.9119	0.9133	1.0000	0.2236	0.2417	1.0000
中華 86 E（86） 13	0.0766	0.1940	0.4118	0.8161	0.8486	1.0000
中華 87 E（87） 14	0.0766	0.1940	0.4118	0.8161	0.8486	1.0000
中華 88 E（88） 15	0.0617	0.1844	0.2059	0.8720	0.8854	1.0000
瑞聯 86 F（86） 16	0.3717	0.9150	1.0000	0.8804	0.9071	1.0000
瑞聯 87 F（87） 17	0.3717	0.9150	1.0000	0.8804	0.9071	1.0000
瑞聯 88 F（88） 18	0.3380	1.0000	1.0000	1.0000	1.0000	1.0000

三、作業效率與作業效果相關性分析

　　為了進一步瞭解作業效率與作業效果之關係，本研究進行相關分析。在固定規模報酬假設下，作業效率與作業效果有負相關，其相關係數為-0.60。這意謂者，高作業效果的航空公司未必有高作業效率。圖 C3.3 為作業效率與作業效果相關圖。圖 C3.3 可將樣本航空公司區分為二群：高作業效果低作業效率群與高作業效率低作業效果。落在此二群之樣本航空公司可將針對作業效率或作業效果來做改善，以增進其營運績效。

作業效果

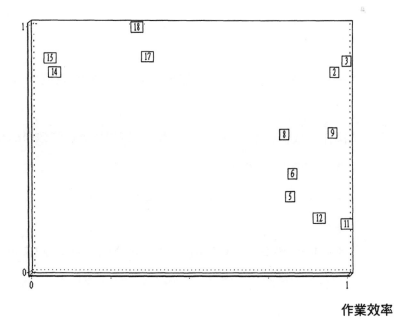

作業效率

圖 C3.3 作業效率與作業效果相關圖

結論與建議

　　本研究提出二階段模式，並以 DEA 評估國籍航空公司在國內線的營運績效，包括總體績效、作業績效與效果。可以歸納出：

1.國籍航空公司目前處於規模報酬遞減的階段或是固定規模報酬。

2.對於直接提供服務的作業效果，只有遠東和瑞聯有績效，其他的 4 家國籍航空公司能需要改善。

3.作業效果與作業效率成負相關，有較高的作業效果樣本航空公司其作業效率未必較高。

本研究有以下建議：

1.未來可加入其他投入或產出變數，進行總體營運績效分析療效能。

2.高作業效率航空公司應加強作業效果表現，高作業效果航空公司應加強作業效率。

3.未來可針對各航空公司營運環境對績效的影響，進行相關研究。

4.由於無法獲得各航空公司投入項之單位成本資料，故未分析各航空公司資源分配效率，此一研究問題，可作為未來後續研究。

個案 4　台北市聯營公車績效評估

　　本研究提出二階段模式，並以 DEA 方法來評估台北市聯營公車 86-88 年度營運績效。本研究探討各公車營運之總體與作業效率、作業與服務效果、成本效率。研究發現：一、首都客運及欣欣（87）、大有（86-88）、三重（86、88）、新店、福和及欣和（88）有總體效率；二、欣和（86-88）有作業效率；三、欣欣（86-88）、福和-欣和（88）有作業效果；四、欣和（88）、淡水（86）、福和（86、88）、大有（86、87）有服務效果；五、大有（87）、福和及欣和（88）有成本效率；六、高作業效果的公司亦有高服務效果，但高作業效率公司未必有高作業效果；七、高總體績效公司其成本效率亦高。

前言

　　台北市地狹人稠、車位難求，交通規則嚴格動輒得咎，搭乘公車市區是台北市民最主要的交通工具，由於捷運線的陸續通車，造成公車營運的困難，為避免公車業者投入資源的浪費及服務品質低落，因此提昇其營運績效實乃刻不容緩的一項議題。本研究提出「二階段績效評估」模式，運用「資料包絡分析法」評估公車營運績效，期能提供建言以改善績效不佳之業者；與作為市政府調整路線經營權之依據。

　　本研究對象為十四家台北市公車業者（十三家民營業者，一家為公營），使用 86 至 88 年台北市政府主計處編印之「台北市統計要覽」作為資料來源。本文研究目的為：

1.衡量公車業者經營績效。

2.探討作業效率與作業效果及服務效果間的關係。

3.提供業者改善建議。

　　為達本研究目的，研究問題有下列五項：

1.十四家公車總體績效為何？其 MPSS（最適生產規模）為何？最佳總體績效公司為何？

2.十四家公車作業效率、作業與服務效果、成本效率為？

3.各公車業者其作業效率、作業與服務效果三者間關係為何？總體效率與成本效率關係為何？

4.綜合加權作業效率、作業與服務效果，最佳營運公司為何？

5.民營公司是否較市公車來得有績效？

　　本文組織架構如下：第二節為文獻探討，探討大眾運輸系統績效之研究及運用 DEA 模式評估機具之文獻；第三節說明本研究之研究方法；第四節提出實證結果與分析；第五節對本文作一結論與建議。

文獻探討

一、大眾運輸系統績效研究之文獻

　　評估公車營運績效通常有兩種概念，即效率（efficiency）與效果（effectiveness）。管理學上常將效率定義為達成目標所使用之資源（do the thing right）；效果為達成目標的程度（do the right thing）。自1970 年代起，大眾運輸系統之績效漸為各界重視的項目，國外已有不少有關大眾運輸系統績效評估之研究如表 C4.1。

表 C4.1　國外有關大眾運輸之文獻

作者	研究目的	績效指標	研究成果
Gordon et al.（1978）	本研究從前人所提出的 21 項關於績效評估的指標中（13 個效率指標，5 個效能指標、3 個總體指標）的 9 項指標（3 個效率指標、4 個效能指標、2 個總體指標）作為評估大眾運輸系統之「服務模型」、「組織形態」及「服務區域特性」的研究並利用美國加洲 46 個大眾運輸司機作資料蒐集的實證對象。 3 個效率指標：收入車時／工作人員、收入車時／車、作業成本／收入車時。 4 個效能指標：收入乘客數／服務區域人口數、人口服務百分比、總乘客數／車、收入乘客數／收入車時。 2 個總體指標：作業成本／收入乘客數。	效率指標：車英哩收入／工作人員、總車英哩／工作人員、車時收入／工作人員、收入車英哩／車、總車英哩／車、收入車時／車、作業成本／客運英哩程、作業成本／收入車英哩、作業成本／總車英哩、作業成本／收入車時、能源消耗／收入車英哩、能源消耗／總車英哩、能源消耗／收入車時 效能指標：人口服務比率、收入乘客／服務區域人口、總乘客數／車、收入乘客數／收入車英哩、收入乘客數／收入車時。 總體指標：作業成本／總乘客數、作業成本／收乘客數、作業成本／乘客英哩。	發現不同的指標對所衡量的績效差距甚大，文中建議慎選績效衡量指標，以免造成錯誤的結論。

（續）表 C4.1　國外有關大眾運輸之文獻

作者	研究目的	績效指標	研究成果
Jarir et al.（1978）	探討大眾運輸績效評估的重要性。並區別效率、效能的關係，及明瞭大眾運輸成果的影響。主要目的如下： 1.針對單一運輸系統進行資金分配。 2.針對許多運輸系統進行資金分配。 3.評估改進運輸計畫的效能 4.診斷及減輕交通問題的原因。 5.特殊運輸用途需求的研究	英哩程數、乘客數、乘客收入包車收數、作業花費、維修花費、管理花費、乘客／車英哩維修花費／車英哩、管理花費／車英哩、作業花費／車英哩	提出評估運輸系統績效架構圖，並提出研究需求：需要蒐集什麼資料、績效衡量可否比較、績效評估對決策有何用途。
Wayne et al.（1981）	利用運輸業提出一項理論基礎以選擇效率與效能的績效批判的尺度及標準。	作業成本、總乘客行程、旅程舒適度、侯車舒適度等等。	成功地定義了運輸業的效能及效率。
Robert et al.（1981）	找出影響之前所發展出來的15 項衡量績效指標的因素，指標間的關連性，衡量作業績效的能力，運用多重模型衡量的可行性。	收入時／員工時、收入英哩／員工時、車時／車、車英哩／車成本／生產力英哩、成本／生產力時、收入／成本、收入及區域／乘客英哩、乘客／生產力時乘客英哩／生產力時、乘客英哩／生產力英哩、成本／乘客英哩、赤字／乘客英哩、乘客／員工時、乘客英哩／員工時	指出衡量績效的 15 項指標並無高度關連性。
Gordon et al.（1983）	從成本效率面、成本效果面、服務效果面去建構一種績效概念架構圖。	成本效率指標：勞工效率、車輛效率、燃料效率、維修效率、產出／成本（元）。 服務效果指標：服務運用、社會效果、作業安全、收入產出、大眾支持。 成本效果：服務消耗／成本、收入產出／成本	將績效區分為效率及效果兩種觀點，並再細分為成本效果、服務效果、成本效率三大構面。
Anttip et al.（1991）	主要目標在回顧生產力及績效方面的技術性文獻，並針對指標的定義、衡量及履行方法建立一組指導方針。	乘客英哩、客運英哩程、資本勞動價格	發現美國運輸業的經濟規模、非固定報酬、缺乏技行進步。

（續）表 C4.1 國外有關大眾運輸之文獻

作者	研究目的	績效指標	研究成果
Gordon（1992）	針對美國三種運輸系統提出評估「聯邦公共運輸」、「加州公共運輸」、「洛杉機公共運輸」。	收入車時／作業成本（元）、車英哩／尖峰車、車時／員工、車英哩／維修人員、車英哩／車事故、脫班乘客趟／收入車時、作業收入／作業花費	加州公共運輸為是最有效率。
Hensher（1992）	針對外生特殊需求面的產出提出質疑，並提出一種從供應面所產生的需求的加以衡量。	車輛數、勞工、駕駛、機具、車齡、車輛數／勞工、車輛數／駕駛、車輛數／機具、車公里／勞工、車公里／駕駛、車公里／機具、乘客／勞工、乘客／駕駛、乘客／機具、收入／勞工、收入／駕駛、收入／機具、乘客公里／勞工、乘客公里／駕駛、乘客公里／機具、成本／乘客公里／客運里程、車輛妥善率、平均旅程公里、平均勞工價格、燃料價格維修價格、成本／每趟、總成本、乘客公里、乘客／公里、收入／公里、赤字／車公里	運用標桿指標評估出潛在的運輸營運價格，以協助公車經營者選擇部分績效指標能夠有系統地評估所有階層的績效評估。
Laura（1993）	協助美國奧勒崗洲運輸部門進行績效改進的研究。	2 個效率指標：勞力（車次／全職勞力）、成本（成本／車次）5 個效能指標：品質（準點率、工作正確率）、感知（顧客滿意度）、勞動者（勞工生活品質指標）、安全性。	幫助美國奧勒崗洲改進了 27 個大眾運輸團體的經營績效，並在 1991 年的上半年節省了 1.8 億美元。
Kofi et al.（1993）	利用總體因素產量評估20個運輸系統 26 年來營運績效	車英哩數、載客數／車、勞動作業人員成本（薪水、工資）、燃料成本（汽油、柴油、石油、丙烷）、車輛數（代替資本費用）所有成本均未考慮通貨膨脹。	研究指出在大眾運輸業裡績效變化不是很大，且甚少有技術性的改進。

（續）表 C4.1 國外有關大眾運輸之文獻

作者	研究目的	績效指標	研究成果
Yordphol et al. （1993）	意圖指出績效衡量指標分析技術能成功地當成診斷工具，以確認日常大眾運輸經營效率及效能量評估。	資源效率指標：平均車輛可用／分配車輛、車時／駕駛、作業成本／車收入公里、作業成本／車時、維修成本／車公里、車公里／車、駕駛／平均車輛可用、車時／車。 資源效能指標：總成本／趟、收入／作業成本、收貨／總成本、作業成本／乘客趟、乘客趟／燃料（公升）、乘客趟／車、作業成本／乘客趟（公里）。 服務效能指標：乘客趟／車收入（公里）、乘客趟公里／載運量收入（公里）、收入／車收入（公里）、乘客趟／車時、收入／車時。 獨特指標：收入／乘客趟、乘客趟公里／乘客趟、作業成本／車、車收入公里／車公里、車收入公里／小時。	成功地運用 20 個績效評估指標區隔出曼谷 14 家公車業者的績效。

二、前緣推論法在大眾運輸系統之應用

　　有關大眾運輸系統績效指標的發展，國外文獻有很多的探討，由於篇幅限制，不在此贅述。本節僅探討運用前緣推論法（Frontier Reference Technology）評估大眾運輸系統文獻，詳如表 C4.2。

表 C4.2　應用前緣推論法評估大眾運輸系統文獻摘要表

作者（年代）	研究目的	投入項	產出項	實證結果	使用模式
Chu et al.（1992）	顯示如何運用 DEA 來評估 1980-1986 年美國三家運輸公司之效率與交益經營績效	效率：年度車輛作業成本、年度維修成本、年度行政成本、年度其它成本。效能：年度收入／車時、都會區人口密度、無自用車家庭數、年度財務補助／乘客	效率：年度收入車時。效能：年度班次	將車輛績效評估方式以效率及效能兩種評估方式區隔。	投入導向 CCR 模型
Chang & Kao（1992）	運用 DEA 評估 1956~1988 年台北市 5 家公私立巴士公司經營績效。	公車數、全職員工、燃料（10 萬公升）	里程數（10 萬公里）、收入（十萬台幣）、車次（10 萬次）	實證結果為公立運輸公司的績效較私立來得低。	投入導向 CCR 模式
Tulkens（1993）	運用 DEA 與 FDH 評估 1977-1989 年比利時一家運輸公司營運績效。	人工數、油料、車輛數	座位公里	在 FDH 模式有更多巴士公司較 DEA 模式下來得有效率。	FDH 模式
Obeng（1994）	運用 DEA 評估 1988 年美國大眾運輸系統 73 家營運績效（含與不含政府補貼）	人工數、油料、車輛數	車輛公里數（不含補貼）；或作業補貼、資本補貼。	政府補貼會促使公司有技術效率。	CCR 模式
Kerstens（1996）	運用 DEA 與 FDH 評估 1983~1990 年法國都市大眾運輸系統 114 家公司經營績效。	平均車輛數、平均員工數、燃料消耗（立方米）	車輛里程、客運里程	在 FDH 模式有更多巴士公司較 DEA 模式下來得有效率。	CCR 模式及 FDH 模式

（續）表 C4.2 應用前緣推論法評估大眾運輸系統文獻摘要表

作者 （年代）	研究目的	投入項	產出項	實證結果	使用模式
Nolan （1996）	運用 DEA 與迴歸分析評估 1989-1993 年美國 25 家中型運輸公司之營運績效。	人工數、油料、車輛數	車輛里程車英哩（千）	發現大多數公司皆爲無效率；公司變數（平均車速平均車齡、聯邦與州政府補貼）；站場空車率、維修人員、時間、氣候（對公司技術效率有顯著影響）。	產出導向的 CCR 模式，並採用二階資料包絡曲線法
Boilé （2001）	運用 DEA 來評估美國23家巴士公司 1998 的營運效率與效益	車輛維修費用 一般行政費 度車輛營運費用 非車輛維修費用	效率產出： 車小時年收入 效益產出： 年乘客旅次 車小時年收入	在效率評估下 3 個單位表現最佳，在效益評估下有 7 個單位表現最佳。 4 單位在效率評估與效益評估下表現最佳。	投入導向 CCR 模式 BCC 模式

研究方法

一、績效評估模式構建

本研究從 Fielding（1985）所定義之績效概念架構出發，將績效分爲成本效率面、成本效果面及服務效果三大構面。並進而探討代表各構面指標的適當性，以評估公車業者的營運績效。本研究參考 Fielding 績效架構，考量投入與產出、產出與消費、投入與消費三個構面，提出二階段模式來評估公車營運績效，第一階段爲總體績效模

式（含成本模式），如圖 C4.1 所示。第二階段區分為作業效率與效果
模式，如圖 C4.2 所示。

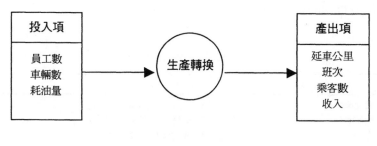

圖 C4.1　總體績效模式評估模式分析架構

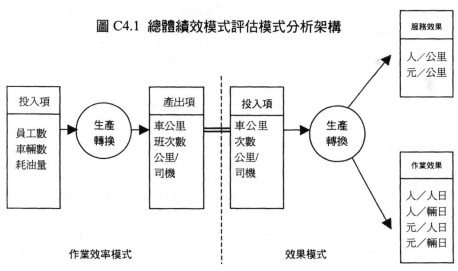

圖 C4.2　二階段績效評估模式分析架構

二、變數選擇

參考國外相關研究文獻，選定 4 個投入項與 4 個產出項為生產觀念模式的變數。變數定義如表 C4.3。

表 C4.3 變數定義表

投入項	定義
員工數	各公車業者當年年底總員工數
司機數	各公車業者當年年底總司機數
車輛數	各公車業者當年年底總車輛數
耗油量	各公車業者全年總耗油量

產出項	定義
公里數	各公車業者全年總車輛行駛公里數
班次數	各公車業者全年總車輛發車數
乘客數	各公車業者全年總搭載乘客數
收入	各公車業者全年總收入

三、DEA 模式與 FDH

本研究採 DEA 中之 CCR 模式、BCC 模式、NCN 模式、成本模式、AR 模式、交叉效率模式，作為評估模式。為了與 DEA 模式作比較，本研究亦採用 FDH（Free Disposal Hull）模式來評估公車績效。本研究所用各種分析模式之數學式，請參閱 Cooper et al.（2000）。

CCR 模式由 Charnes, Cooper and Rhodes（1978）所提出，用以評估技術效率，其基本假設為固定規模報酬。為區隔技術效率與規模效率，並求出純技術效率，Banker et al.（1984）遂提出 BCC 模式，模式基本假設為假設變動規模報酬。運用 CCR 模式與 BCC 模式可求

出規模效率與最適生產規模大小。因生產環境中存在無法藉管理方法改善的投入或（且）產出項時，故 Banker and Morey（1986）提出 NCN 模式，藉以改善無法處理外生固定（exogenously fixed）變數問題，如乘客數與收入數。

Charnes et al.（2000）提出成本模式，從投入成本角度找出最佳經濟的生產模式，所求得的效率稱爲成本效率。爲考量實際投入與產出的重要性比例，Thompson, Singleton and Smith（1986）提出 Assurance Region 模式，即將各項投入與產出項目增加上限與下限的比例值，以求出更接近真實的效率值。爲區隔有效率的 DMUs，Doyleand Green（1994）提出交叉效率概念的交叉效率總合。其原理從 CCR 模式出發，將目標 DMU 本身的投入與產出項去除，利用其餘的 DMU 逐一對目標 DMU 評估，而求出一組最佳的投入、產出項的權數評估值。將所有的評估值加總平均即爲交叉效率值。爲對比比較 DMUs，Tone（1993）提出 Bilateral 模式。

Deprins, Simar and Tulkens（1984）年提出 FDH，認爲效率決策單位（DMUs）只受實際觀察績效值影響，其參考群體的選擇是實際發生的觀察 DMU，而非理論所推導出的虛擬 DMU。因此其效率前緣線呈現出階梯式的前緣方式，而不是一般 DEA 法所呈現出的包絡曲線，這種結果造成幾乎所有的 DMU 皆爲有效率，因此較無法區隔出何者爲真正有效率。

實證分析

一、第一階段分析

經 DEA 模式運算後，可得各樣本公司下效率值，如表 C4.4 所示。市公車、光華、台北客運：三年均無總體效率、規模效率、成本效率；處於遞減規模報酬階段。欣欣：僅 87 年有總體及規模效率；無成本效率；86、88 年處於遞減規模報酬階段。大有：三年均有總體效率、規模效率；僅 87 年有成本效率；處於固定規模報酬階段。大南：三年均無總體效率、規模效率、成本效率；處於固定規模報酬階段。三重：87 年無總體效率與規模效率；三年均無成本效率；86、88 年處於固定規模報酬階段。首都：87 年有總體效率、規模效率；三年均無成本效率；處於固定規模報酬階段。指南、中興：三年均無總體效率、規模效率、成本效率；處於固定規模報酬階段。新店：僅88 年有總體效率、規模效率；三年均無成本效率；88 年處於固定規模報酬階段。福和、欣和：僅 88 年有總體效率、規模效率、成本效率；88 年已達固定規模報酬階段。淡水：三年均無總體效率、規模效率、成本效率；三年均為規模報酬遞增階段。

經 CEM 模式分析後，僅剩欣和（88 年）為最佳總體績效單位；在 NCN 下大有、三重、興和三年均達總體有效率；在 AR 模式下僅大有三年有效率。在 FDH 模式下所有聯營公車均有整體效率，此發現與 DEA 結果迥然不同。在 Bilateral 模式下，其 T 檢定的顯著水準為 9.07%，顯示私人公車比市公車來得有效率，此發現與文獻相同。

表 C4.4　不同模式下效率值表

客運別	DMU	CCR-I	BCC-I	Scale	RTS	CEM	NCN	AR	FDH	COST	Bilateral
市公車	A（86）	0.736	1.000	0.736	DRS	0.494	0.736	0.736	1.000	0.538	0.736
市公車	A（87）	0.796	1.000	0.796	DRS	0.516	0.827	0.796	1.000	0.533	1.229
市公車	A（88）	0.797	0.999	0.798	DRS	0.512	0.797	0.797	1.000	0.524	1.232
欣欣	B（86）	0.964	0.995	0.969	DRS	0.709	0.967	0.964	1.000	0.663	2.225
欣欣	B（87）	1.000	1.000	1.000	CRS	0.724	1.000	1.000	1.000	0.673	2.278
欣欣	B（88）	0.953	0.997	0.956	DRS	0.680	0.953	0.953	1.000	0.724	1.867
大有	C（86）	1.000	1.000	1.000	CRS	0.742	1.000	1.000	1.000	0.998	2.164
大有	C（87）	1.000	1.000	1.000	CRS	0.757	1.000	1.000	1.000	1.000	2.445
大有	C（88）	1.000	1.000	1.000	CRS	0.650	1.000	1.000	1.000	0.756	1.818
大南	D（86）	0.938	0.940	0.997	CRS	0.679	1.000	0.938	1.000	0.768	1.772
大南	D（87）	0.923	0.954	0.967	CRS	0.680	0.923	0.923	1.000	0.753	1.831
大南	D（88）	0.926	0.959	0.965	CRS	0.690	0.928	0.926	1.000	0.755	1.881
光華	E（86）	0.807	0.831	0.970	DRS	0.565	1.000	0.807	1.000	0.550	1.430
光華	E（87）	0.836	0.892	0.938	DRS	0.620	0.938	0.836	1.000	0.578	1.725
光華	E（88）	0.916	1.000	0.916	DRS	0.763	0.956	0.916	1.000	0.878	2.458
台北客運	F（86）	0.937	0.979	0.957	DRS	0.673	0.937	0.937	1.000	0.755	1.691
台北客運	F（87）	0.942	0.984	0.957	DRS	0.694	0.942	0.942	1.000	0.755	1.794
台北客運	F（88）	0.950	0.999	0.952	DRS	0.707	0.950	0.950	1.000	0.768	1.841
三重	G（86）	1.000	1.000	1.000	CRS	0.835	1.000	1.000	1.000	0.970	2.410
三重	G（87）	0.870	0.922	0.944	DRS	0.614	1.000	0.870	1.000	0.626	1.563
三重	G（88）	1.000	1.000	1.000	CRS	0.767	1.000	1.000	1.000	0.797	2.217
首都	H（86）	0.966	0.971	0.995	CRS	0.713	0.966	0.966	1.000	0.788	1.949
首都	H（87）	1.000	1.000	1.000	CRS	0.776	1.000	1.000	1.000	0.934	2.111
首都	H（88）	0.957	0.958	1.000	CRS	0.669	0.962	0.957	1.000	0.732	1.847
指南	I（86）	0.817	0.824	0.992	CRS	0.585	1.000	0.817	1.000	0.554	1.604
指南	I（87）	0.842	0.854	0.986	CRS	0.577	0.899	0.842	1.000	0.578	1.533
指南	I（88）	0.798	0.861	0.927	CRS	0.579	0.926	0.798	1.000	0.750	1.710
中興	J（86）	0.822	0.836	0.983	CRS	0.583	0.981	0.822	1.000	0.576	1.510
中興	J（87）	0.800	0.806	0.993	CRS	0.577	0.999	0.800	1.000	0.550	1.504
中興	J（88）	0.860	0.911	0.943	CRS	0.695	0.916	0.860	1.000	0.823	2.054
新店	K（86）	0.883	0.941	0.938	IRS	0.666	0.883	0.883	1.000	0.857	1.935
新店	K（87）	0.660	0.688	0.959	IRS	0.504	0.660	0.660	1.000	0.602	1.268
新店	K（88）	1.000	1.000	1.000	CRS	0.790	1.000	1.000	1.000	0.804	11.481
福和	L（86）	0.444	0.574	0.774	IRS	0.365	0.772	0.444	1.000	0.224	1.413
福和	L（87）	0.874	0.883	0.989	IRS	0.659	1.000	0.874	1.000	0.584	2.073
福和	L（88）	1.000	1.000	1.000	IRS	0.885	1.000	1.000	1.000	1.000	3.276
淡水	M（86）	0.151	0.213	0.707	IRS	0.215	0.670	0.151	1.000	0.104	1.185
淡水	M（87）	0.753	0.755	0.997	RTS	0.541	0.886	0.753	1.000	0.443	1.552
淡水	M（88）	0.559	0.605	0.923	CRS	0.335	1.000	0.559	1.000	0.477	1.038
欣和	N（86）	0.100	1.000	0.100	IRS	0.060	1.000	0.100	1.000	0.024	1.000
欣和	N（87）	0.595	0.687	0.867	IRS	0.347	1.000	0.595	1.000	0.370	1.000
欣和	N（88）	1.000	1.000	1.000	CRS	0.984	1.000	1.000	1.000	1.000	3.486

二、第二階段分析

　　欣和（86-88）有作業效率； 大有（86-88）、福和-欣和（88）有作業效果；欣和（88）、淡水（86）、福和（86、88）、大有（86、87）有服務效果，詳如表 C4.5。

表 C4.5 作業效率、作業效果及服務效果績效值

客運別	DMU	作業效率	作業效果	服務效果	客運別	DMU	作業效率	作業效果	服務效果
市公車	A（86）	0.005	0.925	0.813	首都	H（86）	0.073	0.905	0.730
市公車	A（87）	0.006	0.938	0.852	首都	H（87）	0.075	0.957	0.726
市公車	A（88）	0.006	0.927	0.844	首都	H（88）	0.055	0.863	0.708
欣欣	B（86）	0.022	0.922	0.691	指南	I（86）	0.073	0.838	0.649
欣欣	B（87）	0.022	0.978	0.710	指南	I（87）	0.074	0.761	0.642
欣欣	B（88）	0.024	0.858	0.683	指南	I（88）	0.074	0.688	0.692
大有	C（86）	0.028	1.000	1.000	中興	J（86）	0.033	0.943	0.680
大有	C（87）	0.029	1.000	1.000	中興	J（87）	0.031	0.840	0.684
大有	C（88）	0.019	1.000	0.993	中興	J（88）	0.048	0.995	0.929
大南	D（86）	0.050	0.817	0.682	新店	K（86）	0.285	0.906	0.973
大南	D（87）	0.050	0.741	0.602	新店	K（87）	0.128	0.930	0.740
大南	D（88）	0.049	0.767	0.618	新店	K（88）	0.088	0.800	0.761
光華	E（86）	0.031	0.968	0.701	福和	L（86）	0.296	0.826	1.000
光華	E（87）	0.031	0.820	0.692	福和	L（87）	0.596	0.699	0.446
光華	E（88）	0.053	0.869	0.848	福和	L（88）	0.543	1.000	1.000
台北客運	F（86）	0.025	0.934	0.809	淡水	M（86	0.058	0.589	1.000
台北客運	F（87）	0.023	0.868	0.766	淡水	M（87	0.144	0.878	0.741
台北客運	F（88）	0.022	0.868	0.763	淡水	M（88	0.458	0.329	0.201
三重	G（86）	0.046	0.999	0.765	欣和	N（86）	1.000	0.165	0.833
三重	G（87）	0.033	0.854	0.609	欣和	N（87）	1.000	0.262	0.144
三重	G（88）	0.027	0.967	0.738	欣和	N（88）	1.000	1.000	1.000

　　將績效區分為效率及效果兩階段分析，求出各公車作業效率、作業效果及服務效果之績效值（以 CEM 模式求出），經加權平均後，

欣和客運（88年）表現較優。此結果與在 CEM 之下的總體績效分析

相同，詳如表 C4.6。

表 C4.6 作業效率、作業效果及服務效果 CEM 值

客運別	DMU	作業效率 CEM (A)	作業效果 CEM (B)	服務效果 CEM (C)	加權平均值 (a+b+c) /3	RANK	客運別	DMU	作業效率 CEM (A)	作業效果 CEM (B)	服務效果 CEM (C)	加權平均值 (a+b+c) /3	RANK
市公車	A（86）	0.005	0.757	0.721	0.017	36	首都	H（86）	0.066	0.766	0.652	0.020	16
市公車	A（87）	0.005	0.812	0.77	0.019	28	首都	H（87）	0.068	0.786	0.665	0.021	14
市公車	A（88）	0.005	0.811	0.765	0.019	30	首都	H（88）	0.05	0.782	0.645	0.020	21
欣欣	B（86）	0.02	0.825	0.618	0.018	33	指南	I（86）	0.067	0.721	0.573	0.019	22
欣欣	B（87）	0.02	0.863	0.647	0.019	27	指南	I（87）	0.067	0.691	0.58	0.019	26
欣欣	B（88）	0.022	0.773	0.626	0.017	35	指南	I（88）	0.067	0.6	0.634	0.019	31
大有	C（86）	0.026	0.915	0.867	0.022	13	中興	J（86）	0.03	0.778	0.598	0.018	34
大有	C（87）	0.026	0.921	0.928	0.023	10	中興	J（87）	0.029	0.726	0.616	0.017	38
大有	C（88）	0.017	0.981	0.903	0.023	11	中興	J（88）	0.043	0.872	0.857	0.023	12
大南	D（86）	0.045	0.765	0.601	0.019	29	新店	K（86）	0.26	0.801	0.862	0.036	5
大南	D（87）	0.045	0.685	0.552	0.017	40	新店	K（87）	0.117	0.682	0.679	0.023	9
大南	D（88）	0.044	0.691	0.567	0.017	39	新店	K（88）	0.08	0.652	0.688	0.021	15
光華	E（86）	0.028	0.785	0.615	0.018	32	福和	L（86）	0.192	0.627	0.931	0.030	7
光華	E（87）	0.028	0.727	0.627	0.017	37	福和	L（87）	0.538	0.568	0.402	0.045	4
光華	E（88）	0.048	0.719	0.757	0.020	18	福和	L（88）	0.428	0.74	0.817	0.045	3
台北客運	F（86）	0.023	0.857	0.724	0.020	20	淡水	M（86）	0.025	0.399	0.907	0.017	41
台北客運	F（87）	0.021	0.83	0.697	0.019	24	淡水	M（87）	0.125	0.704	0.674	0.024	8
台北客運	F（88）	0.02	0.832	0.696	0.019	25	淡水	M（88）	0.416	0.22	0.179	0.031	6
三重	G（86）	0.041	0.876	0.679	0.020	17	欣和	N（86）	0.253	0.114	0.237	0.020	19
三重	G（87）	0.03	0.729	0.546	0.017	42	欣和	N（87）	0.914	0.197	0.126	0.061	2
三重	G（88）	0.024	0.838	0.676	0.019	23	欣和	N（88）	0.93	0.705	0.696	0.075	1

註：a=A／A 欄總和所得之權數。

三、不同績效值相關性分析

總體績效值與成本效率值有高度相關，其相關係數為 0.89。圖 C4.3 為總體績效與成本效率相關圖，意謂一個 DMU 有高總體績效亦會有高成本效率。大部分公司均為高度總體績效與中度成本效率單位，落於第Ⅲ、Ⅳ象限，應持續加強資源投入的使用效率，以降低成本。

作業效率與作業效果有負相關，其相關係數為-0.59。圖 C4.4 為作業效果與作業效率相關圖，意謂一個 DMU 有高作業效率未必作業效果，反之亦然。大部分公司具有中度無作業效果及低度無作業效率，落於第Ⅲ象限，應善用投入資源，調整人、車調度營運策略，以吸引客源。

作業效率與服務效果有負相關，其相關係數為-0.21。圖 C4.5 為作業效率與服務效果相關圖，說明一個 DMU 具有高度作業效率的 DMU 未必具有高度服務效果，反之亦然。大部分公司處於中度無服務效果及低度無作業效率，落於第Ⅲ象限，應善用投入資源，加強服務水準，以吸引客源。僅欣和（88）具高作業效率但無服務效果，落於第Ⅳ象限，應強服務水準（例無過站不停，司機服務態度等），以吸引客源。

作業效果與服務效果值有高度正相關，其相關係數為 0.57。圖 C4.6 為作業效果與服務效果相關圖，說明一個 DMU 有高總體績效亦會有高成本效率。大部分公司均具中度無作業效果與服務效果，落於第Ⅲ、Ⅳ象限，應加強服務水準與調整人、車調度營運策，以吸引客源。

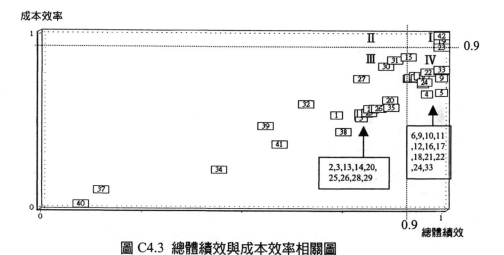

圖 C4.3　總體績效與成本效率相關圖

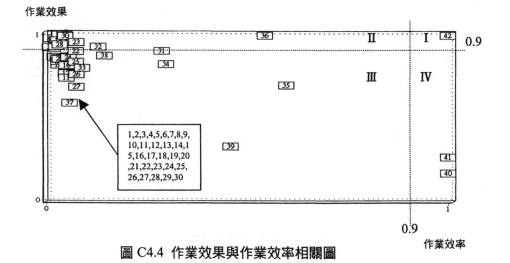

圖 C4.4　作業效果與作業效率相關圖

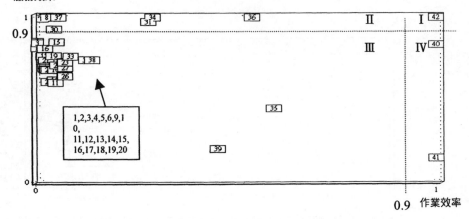

圖 C4.5 作業效率與服務效果相關圖

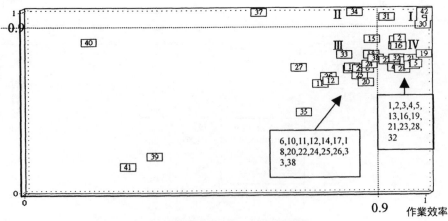

圖 C4.6 作業效果與服務效果相關圖

結論與建議

一、結論

　　本研究提出二階段模式，並以 DEA 方法來評估台北市聯營公車 86-88 年度營運績效。本研究探討各公車營運之總體與作業效率、作業與服務效果、成本效率。本研究所獲得之主要成果與重要發現歸納如下：

1. 首都客運及欣欣（87）、大有（86-88）、三重（86、88）、新店、福和及欣和（88）有總體效率；經 CEM 模式分析後，僅剩欣和（88 年）爲最佳總體績效單位。86-88 年大有、大南、首都、指南、中興均達最適生產規模；市公車、光華、台北客運爲處規模遞減報酬階段，前述公司應減少資源投入。

2. 欣和（86-88）有作業效率； 欣欣（86-88）、福和-欣和（88）有作業效果；欣和（88）、淡水（86）、福和（86、88）、大有（86、87）有服務效果；大有（87）、福和及欣和（88）有成本效率。

3. 在 NCN 下大有、三重、興和三年均達總體有效率；在 AR 模式下僅大有三年有效率。在 FDH 模式下所有聯營公車均有整體效率，此發現與 DEA 結果迥然不同。

4. 高作業效果的公司亦有高服務效果，但高作業效率公司未必有高作業效果；高總體績效公司其成本效率亦高。

5.發現經 Bilateral 的模式發現，一般而言私人公車比市公車來得有效率，此發現與文獻相同。

6.將績效區分為效率及效果兩階段分析，求出各公車作業效率、作業效果及服務效果之績效值（以 CEM 模式求出），經加權平均後，欣和客運（88 年）表現較優。此結果與在 CEM 之下的總體績效分析相同。

二、建議

本研究礙於時間與研究之限制，尚有未盡周延之慮，對於後續之研究，提出以下建議：

1.由本研究發現，大多數的公車業者績效表現欠佳，建議公車業者加強作業效率、作業效果、服務效果與成本效率的改善，以提昇營運效率、效能與降低成本。

2.未來可考量公車營運環境對效率與效能的影響，進行相關研究。

個案 5 陸軍聯合保修場維修績效評估

本研究採用 DEA 非控制變數模式與成本模式來評估陸軍甲型聯合保修廠維修績效，並以交叉效率與假正指標來找出有最佳效率單位。本研究從陸軍八個甲型聯合保修廠中，選出五個作爲研究對象，運用 89 年 1 至 6 月的維修資料進效率分析。本研究選定 6 個投入項－輪車、兵、履車及其他（工兵、通信及化學）裝備接修數、獲得料件數量（成本）與員工人數；及 5 個產出項－輪車、兵、履車及其他（工兵、通信及化學）裝備修成數、訓練合格的員工數。研究發現：二個聯保廠被識別爲有維修效率、三個聯保廠被識別爲無維修效率；五個聯保廠均被識別爲無成本效率。本研究亦探討無效率單位改善目標及管理者對使用資 DEA 評估聯保廠作業績效的反應。平均而言，聯保廠 89 後半年維修效率與成本效率，均較前半年有改善。

前言

爲能有效支援二十一世紀的作戰任務，陸軍近年來致力於後勤組織架構重整。現行後勤保修體制包含甲、乙、丙型聯保廠，其中甲型聯保廠爲最重要的維修單位。然過去由「專家」實施「裝備檢查」或「補保作業檢查」維修績效評估，僅著重作業程序的正確性，卻未能評估維修單位的作業效率及成本效率，進而無法有效提供無效率單

位目標改善的建議。實有必要建立一種客觀維修績效評估機制，以彌補傳統評估方式之缺失。

本研究目的有三：提供後勤司令部對甲型聯保廠維修績效管理之輔助機制；探討甲型聯保廠的維修效率與成本效率；及提供無維修效率的聯保廠改善建議。爲達此目的，研究問題爲：

1. 在不可控制變數考量下，聯保廠維修技術效率、純技術效率與規模效率爲何？無效率單位的改善目標與方向爲何？
2. 各甲型聯保廠是否能以較低的投入資源成本，來完成現有維修產出能量？
3. 聯保廠之生產效率及人力效率爲何？二者間之關係爲何？
4. 甲型聯保廠前、後半年的作業效率及成本效率是否有所改善？改善幅度爲何？
5. 管理者對運用 DEA 評估甲型聯保廠維修績效反應如何？

本文架構爲：第一節爲前言，說明研究動機、目的與研究問題；第二節探討運用 DEA 法評估軍事單位維修績效評估之文獻；第三節說明採用的研究方法；第四節提出 DEA 評估結果與分析；第五節討論管理者對 DEA 運用之反應；第六節對本文作一結論。

文獻探討

DEA 在績效評估方面應用廣範，然應用於評估軍事維修績效並不廣泛，國內至現在爲止並無相關文獻。國外相關相關軍事維修績效

評估文獻共計有 Charnes et al.（1985），Roll et al.（1989）與 Clarke
（1992）等所發表的三篇。茲將文獻依作者（年代）、研究目的、投
入與產出項、研究結果、使用模式，重點整理如表 C5.1。

　　茲將三篇文章之評述說明如下：

1.未說明為何要採用 Charne, Cooper and Rhodes（1978）之 CCR
　模式，該模式假設固定規模報酬。

2.未探討是否因無技術效率或無規模效率而造成相對無效率。

3.作者對採投入導向之 DEA 模式無任何解釋，且投入項或產出
　向是否能為管理者所控制，未在模式中作考慮。

4.未能區隔出最佳維修效率單位，同時未從成本面評量維修效
　率。

　　針對上述文獻缺點，本研究嘗試以產出導向觀點，考量部分投入
項無法控制與投入資源（成本）運用，評估陸軍甲型聯保廠維修績效。
本研究以 DEA 非控制變數與成本模式來進行相對維修效率及成本效
率分析，並採用交叉效率與假正指標來發覺最佳維修效率聯保廠與發
覺最佳維修效率聯保廠。

表 C5.1 DEA 模式運於在軍事維修績效評估之重要文獻表

作者（年代）	研究目的	投入項目	產出項目	研究結果	使用模式
Charnes et al. （1985）	以 1981 年 10 月～1982 年 5 月的維修資料運用 DEA 模式評估美國空軍十四個飛機修護大隊之維修績效	飛機接修數維修間隔時間指派修護人數指派修護人數率飛行人數飛行人數率非外在因素影響執行飛行任務次數拆零率	飛行總架數飛行總時數不受維修因素影響的執行任務總時數code 3 百分比	客觀找到組織績效最佳狀態，較統計迴歸與模擬模型爲佳。此法可當成一種績效評估方案獲補助其他方法的不足	窗口分析、投入導向CCR 模式
Roll et al. （1989）	以六個週期修護資料運用DEA 模式評估以色列空軍五個修護大隊之維修績效	人力作業設施料件消耗成本	A 型機執勤架數B 型機執勤架數飛行時數平均每日飛行架的最大值每日飛行架次標準差取消飛行架數	將定性資料數值化。建構基地、野戰與單位等不同層級的監控系統。分別採取不同的管理方式以達到改善效率目標	投入導向CCR 模式
Clarke （1992）	以 1983～86 維修資料運用DEA 模式評估美國空軍七個基地汽車維修廠之維修績效	人力輪車數材料數設施與設備	輪車服勤天數完訓技工人數安全妥善輪車數	以 DEA 比交前後二年盧修單之績效，發覺後期效率有所改善，但不知其因爲何。許多管理者對 DEA 有主觀及整面映象；少屬則不認爲如此。	投入導向CCR 模式問卷調查

研究方法

一、研究對象

　　自「精實案」後，全國現有八個甲型聯保廠分布於台灣與金門。現行甲、乙、丙三種不同型態的聯保廠中，甲型聯保廠的工廠規模與維修能量最大，人員與設施最爲完整，爲陸軍後勤維修系統中的重要單位。自八十九年元月起，已有五個甲型聯保廠展現出應有的維修能量，故以此五個甲型聯保廠爲研究對象。本研究以五個甲型聯保廠爲研究對象，分別以大寫英文字母 A、B、C、D、E 表示。因採用窗口分析法，以各廠每一每個月爲一單位，共有 30（5 × 6=30）個 DMUs。

二、觀念模式

　　參考國外相關文獻與聯保廠維修作業，提出本研究之概念模式，並初步訂出 8 個投入項與 3 個產出項。本研究的生產概念模式如圖 C5.1，變數定義同表 C5.2。

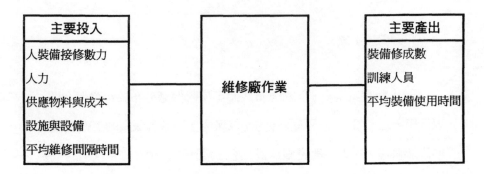

主要投入		主要產出
人裝備接修數力		裝備修成數
人力	維修廠作業	訓練人員
供應物料與成本		平均裝備使用時間
設施與設備		
平均維修間隔時間		

圖 C5.1 生產概念模型

表 C5.2 觀念模式變數操作型定義表

變數	定義
投入項：	
裝備接修數	各甲型聯保廠上月未修復裝備移入本月之數量與至本月底止接修裝備數量之和
員工人數	本月份所有投入維修作業的物料補給作業人員、直接從事維修人員與督導維修作業推行的人員之總數
人力成本	本月份所有投入維修作業的物料補給作業人員、直接從事維修人員與督導維修作業推行的人員總數乘上勞委會公告的基本工資，為當月份人力成本
物料獲得總數（成本）	當月份接收上級撥發至聯保廠的全部類料件的總件數，可換算成金額數，成為物料成本
維修總工時	直接從事維修工作員工所耗費的總時數
作業設施與設備總值	各聯保廠現有的設施與設備的總價值
平均維修間隔時間	每一裝備於全壽期的兩維修作業間的所耗時間的期望值
產出項：	
裝備修成及品質合格數	各甲型聯保廠本月份修成的裝備且修護品質合格的數量。依裝備的重要性區分成輪型車輛、履帶車輛、各型兵器與火砲及其他類（工兵、通信及化學裝備）等四大類
訓練合格的維修人員數	當月份經在職訓練、教育訓練等鑑定合格的員工人數
平均裝備使用時間	於裝備全壽期，每一裝備於兩修護時間中的裝備使用時間的期望值

三、投入與產出項選定

　　參考相關文獻及與聯保廠的中、高級管理主管研討後，本研究選取 7 個投入與 5 個產出項為生產函數變數，如表 C5.3 所示。本研究選取五個甲型聯保廠八十九年「維修統計資料」中，裝備修護能量與零附件補給資料進行分析。因無法取得「作業設施與設備總值」、「平均維修間隔時間」與「平均裝備使用時間」等三項資料，故不納入本研究中。表 C5.4 為五個甲型聯保廠前半年（89.1～89.6）投入／產出項目敘述統計表。

　　從表 C5.4 看出，料件成本（X_5）的標準差最大，即料件成本變異程度大，代表可能未能平準（leveling）獲得料件，或是料件間價格差異大，而造成此種現象。可見此料件成本可能對維修效率具有相當程度的影響性。

　　為進一步釐清投入項與產出項間關係，實施相關係數分析。表 C5.5 為投入／產出項的相關係數表。

表 C5.3　投入／產出變數定義表

變數	定義
投入項：	
輪車接修數（X_1）	上月未修護移入與本月接修的各型輪車總數
各式兵器接修數（X_2）	上月未修護移入與本月接修的各型輕重兵器、火砲的總數
履車接修數（X_3）	上月未修護移入與本月接修的各型履帶車輛交修總數
其他類裝備接修數（X_4）	上月未修護移入與本月接修的各型工兵、通信、化學裝備
料件成本（元）（X_5）	輪車、兵器、履車及其他類裝備當月獲得的維修料件總成本金額。以新台幣計算
單位料件成本（C_5）	每項料件的成本不同，在料件總成本不變的條件下，將本月份所獲得的料件總數與本月份的料件成本相除，所得的數值為單位料件成本。
維修總工時（X_6）	直接從事修護各類裝備耗費的總時數
單位工時成本（C_6）	以勞委會公告基本工資（$15840 N.T.）及法定工時（兩週八十四工時），換算成員工單位工時成本為$94.29 元／小時
員工人數（X_7）	本月份所有從事物料補給作業、直接維修與督導維修作業推行的人員之總數
單位員工成本（C_7）	勞委會公告的基本工資，每人每月為$15840 N.T.
產出項：	
輪型車輛修成且品質合格數（Y_1）	各型輪車當月修成且品質鑑定合格交還使用單位的總數
各式兵器修成且品質合格數（Y_2）	各型輕重兵器、火砲當月修成且品質鑑定合格交還使用單位的總數
履帶車輛修成且品質合格數（Y_3）	各型履帶車輛當月修成且品質鑑定合格交還使用單位的總數
其他類裝備修成且品質合格數（Y_4）	各型工兵、通信、化學裝備當月修成且品質鑑定合格交還使用單位的總數
完成訓練且合格的技工人數（Y5）	當月通過各類型裝備修護能力鑑定合格之技工總人數

表 C5.4　投入／產出項敘述統計表

	Mean	S. D.	Min.	Max.
Inputs:				
X_1	163.60	90.55	22	424
X_2	3196.07	1944.78	71	5849
X_3	108.00	97.60	7	299
X_4	3053.80	1353.11	155	5637
X_5	8551154.70	9176527.04	238691	38674697
X_6	3976.16	4487.69	286.9	23487
X_7	188.57	22.50	162	274
Outputs:				
Y_1	181.53	505.38	11	2781
Y_2	27.57	51.87	2	300
Y_3	3.67	9.74	0	54
Y_4	309.90	266.67	22	1014
Y_5	163.90	34.19	110	258

表 C5.5 相關係數表

	X_1	X_2	X_3	X_4	X_5	X_6	X_7	Y_1	Y_2	Y_3	Y_4	Y_5
X_1	1											
X_2	0.53	1										
X_3	0.04	0.36	1									
X_4	0.03	-0.37	-0.47	1								
X_5	0.14	0.29	0.11	-0.09	1							
X_6	0.44	0.28	-0.22	0.04	-0.05	1						
X_7	0.22	-0.53	-0.26	0.54	-0.26	0.08	1					
Y_1	0.53	0.27	0.41	-0.30	0.12	-0.03	0.06	1				
Y_2	0.59	0.24	0.28	-0.25	0.08	0.02	0.07	0.93	1			
Y_3	0.54	0.30	0.46	-0.33	0.11	-0.03	0.01	0.95	0.93	1		
Y_4	0.54	0.26	0.09	0.07	-0.05	0.35	0.09	0.49	0.48	0.44	1	
Y_5	0.57	-0.10	-0.10	0.52	-0.05	0.21	0.76	0.23	0.17	0.22	0.29	1

相關分析顯示：

1.輪車修成數（Y_1）與履車修成數（Y_3）之間的相關係數最高，

係數為（0.95）。輪車修成數（Y_1）與兵器修成數（Y_2）、兵器

修成數（Y_2）與履車修成數（Y_3）之間的相關係數次高，係數均為（0.93）。

2. 呈現非等張性的投入／產出項：兵器接修數（X_2）、履車接修數（X_3）與完訓技工人數（Y_5）間為負相關，係數均為（-0.10）；其他類裝備接修數（X_4）與輪車（Y_1）、兵器（Y_2）及履車裝備修成數（Y_3）呈現負相關，相關係數為（-0.30）、（-0.25）及（-0.33）；料件成本（X5）與其他類修成數（Y4）、完訓技工人數（Y5）為負相關，相關係數為（-0.05）、（-0.05）。維修總工時（X6）與輪車（Y1）、履車（Y3）修成數為負相關，相關係數為（-0.03）、（-0.03）。原本認為透過生產線上的在職訓練，可達到訓練員工技術的目的。顯然對複雜且精密的裝備而言，在接修數量與料件獲得越多情況下，員工訓練成效銳減，無法達到預期目標。另外，料件獲得並非 JMSs 所能控制，而且一般認為通信、化學與工兵裝備較其他三類裝備不重要，故所獲得料件數量及金額均低，而產生排擠現象。雖理論上要求投入／產出項目應具正相關，但實際維修環境下，若僅考量投入／產出項的等張性，而不從實務面考量，生產績效易失真。

3. 其他類接修數（X_4）與輪車（Y_1）、兵器（Y_2）及履車修成數（Y_3）為負相關，係數分為（-0.303）、（-0.252）、（-0.332）；員工作業工時（X6）與輪車修成數（Y1）、履車修成數（Y3）為負相關，係數分為（-0.030）、（-0.028）。可能 JMSs 人力資源分配不當所造成。

4.投入項間關係：兵器與其他類交修數爲負相關，係數爲
　（-0.370）；履車、其他類交修數與料件數爲負相關，係數爲
　（-0.473）、（-0.222）；料件數與工時爲負相關，係數爲
　（-0.050）。投入變數間爲負相關，代表部分資源分配不當產
　生排擠現象。

5.產出項間均呈正相關，其中輪車與履車修成數之間的相關係
　數最高爲（0.95）、其次爲兵器與履車修成數之間的相關係數
　達（0.93）。表示產出變數間存在某種生產函數關係。

四、DEA 模式

　　本研究採產出導向變動規模報酬非控制變數模式（output oriented non-controlled model, NCN-O）（Banker & Morey, 1986），來進行維修相對效率。軍以作戰爲主，聯保廠應妥善運用投入資源，以達最大維修能量，支援作戰任務。故本研究採取產出導向模式，並假設各廠零件補給率與作業人員維修技術均相同。由表 12.4 中可發現：投入項部分的增加，並不會使得產出向有相對的增加，符合變動規模報酬假設（variable returns to scale, VRS）。因受限於國防預算限制，6個投入項中的「料件獲得數（金額）」爲非可控制投入項，無法由陸軍後勤司令部（簡稱陸勤部）所掌控。故本研究採 DEA NCN-VRS 模式來分析。

　　同時，亦採成本模式（Färe & Grosskopf, 1985）來進行相成本效率分析，其目的在於調查在國防預算縮減的趨勢下，聯保廠是否有效

率地使用投入資源，提昇聯合保修廠維修效能，維持各類裝備高妥善率及堪用率。最後，本文亦採用交叉效率（Doyle & Green, 1994）與假正指標（Baker & Talluri, 1997）來區別何種聯保廠為最佳效率單位。

實證分析

一、維修效率

（一）效率分析

經 NCN 模式運算，可求得各 DMU 的相對效率。表 C5.6 為各 DMU 的相對效率、參考群體與被參考次數。其中 30 個 DMUs 的 NCN 總體效率平均值為 94.51%、技術效率平均值為 97.66%、規模效率平均值為 96.63%。A 與 B 廠均有技術效率、純技術效率及規模效率。無效率 DMUs 可依其參考群體之績效，來改善本身之效率。

表 C5.6 DMUs 的相對效率、參考群體與被參考次數表

聯保廠	DMU Code	NCN Efficiency			參考群體	參考次數
		技術效率	純技術效率	規模效率		
A	A-1	100	100	100		
	A-2	100	100	100		7
	A-3	100	100	100		0
	A-4	100	100	100		2
	A-5	100	100	100		0
	A-6	100	100	100		1
B	B-1	67.39	87.81	76.75	A-2, B-6, D-1, E-1	
	B-2	81.30	91.17	89.17	A-2, B-3, B-4, D-1, E-1, E-3	
	B-3	100	100	100		2
	B-4	93.72	100	93.72		1
	B-5	100	100	100	A-2, B-6, D-1, E-1	
	B-6	100	100	100		3
C	C-1	100	100	100		3
	C-2	93.37	96.18	97.08	A-2, A-4, A-6, C-1, C-6, D-1, E-1	
	C-3	100	100	100		
	C-4	77.73	79.90	97.28	A-2, A-4, B-3, C-1, D-1, E-1	
	C-5	75.25	78.80	95.49	A-2, B-6, C-1, D-1, E-1	
	C-6	100	100	100		1
D	D-1	100	100	100		7
	D-2	100	100	100		
	D-3	100	100	100		
	D-4	100	100	100		
	D-5	100	100	100		
	D-6	100	100	100		
E	E-1	100	100	100		7
	E-2	92.87	97.49	94.75	A-2, D-1, E-1, E-3, E-6	
	E-3	100	100	100		2
	E-4	100	100	100		
	E-5	100	100	100		
	E-6	100	100	100		1
Mean		94.51	97.66	96.63		

　　維修（總體）技術與規模效率以折線圖表其趨勢，觀察聯保廠
效率變化趨勢。如圖 C5.2─C5.4 所示。其中，縱軸與橫軸各代表效
率及月份。

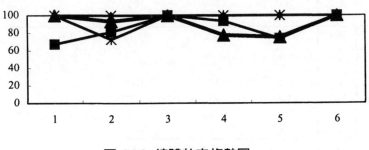

圖 C5.2　總體效率趨勢圖

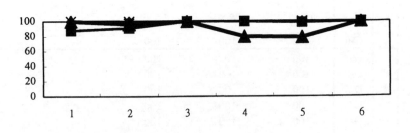

圖 C5.3　技術效率趨勢圖

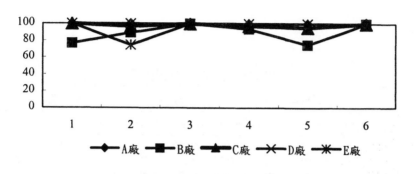

圖 C5.4　規模效率趨勢圖

從趨勢圖中可看出：

1.A 廠與 D 廠連續六個月相對維修效率值均爲 100%，技術、純技術及規模效率穩定（consistency），具一致性。

2.E 廠二月份的技術效率－92.87%、純技術效率－97.49%、規模效率－94.75%。六個月中，僅本月份資源運用不具效率，需改善幅度不大。

3.B 廠在三、五與六月技術效率爲 100%，最低爲一月的 67.39%，須改善幅度頗大。前兩個月無純技術效與規模效率，而後二個月維修效率趨於穩定。

4.C 廠在二、四與五月無技術、技術純技術及規模效率效率，六個月中維修效率呈現不穩定。

聯保廠績效亦可從六個月的維修效率變異來作分析，表 C5.7 爲維修效率變異表。依標準差 δ（stander deviation, S. D.）的分布，可

將聯保廠維修效率穩定程度的區分爲：穩定、不穩定與極不穩定等三
群。

表 C5.7 維修效率變異表

聯保廠	技術效率			純技術效率			規模效率		
	Mean	S. D.	Group	Mean	S. D.	Group	Mean	S. D.	Group
A	100	0.00	I	100	0.00	I	100	0.00	I
B	86.01	13.95	III	96.03	5.21	II	89.06	11.13	III
C	91.06	11.60	III	92.48	10.29	III	98.31	1.95	II
D	100	0.00	I	100	0.00	I	100	0.00	I
E	95.48	11.07	III	99.58	1.03	II	95.79	10.31	III

註：I：$0 \leq \delta < 1$；II：$1 \leq \delta < 10$；III：$\delta \geq 10$

由表 C5.7 發現：

1. 料件獲得數（成本）無法控制的情況下，A、D 兩廠的技術（總體）效率變異最小，代表聯保廠維修能力呈現穩定狀態；B、C、E 三廠的變異程度大，均爲分布在第 III 群，代表作業能力呈現不穩定狀態。

2. 料件獲得數（成本）無法控制的情況下，A、D 兩廠的技術效率變異最小，代表維修技術呈現穩定狀態。B、E 廠的變異程度較大，爲分布在第 II 群，代表技術效率呈現較不穩定狀態。C 廠的變異程度最大，均分布在第 III 群，代表維修技術呈現極不穩定狀態。

3. 料件獲得數（成本）無法控制的情況下，A、D 兩廠的規模效率變異最小，代表維修規模呈現穩定狀態；C 廠的變異程度頗

大，分布在第Ⅱ群，代表維修規模呈現較不穩定狀態；B、E
三個廠的變異程度最大，均分布在第Ⅲ群，代表維修規模呈現
極不穩定狀態。

4.料件獲得數（成本）無法控制的情況下，B、E 兩廠總體效率
變異大，主要為維修規模不穩定所致；而 C 廠是因維修技術
不穩定所致。此三廠應從造成變異程度的主因著手改善，有效
提升總體效率。

（二）目標改進分析

透過差額變數分析，可找出無維修效率 DMUs 為達 MPSS，尚
須減少投入或增加產出的數量。表 C5.8 為無維修效率 DMUs 的差額
變數分析數值。表 C5.9 為無作業效率 DMUs 最適目標與潛在改進率，
建議無效率 DMUs 要達到相對有效率時，各投入／產出項所應達到
的數量與潛在可能改善空間。

表 C5.8 差額變數分析表

DMU code	X_1	X_2	X_3	X_6	Y_1	Y_2	Y_3	Y_4	Y_5
B-1	117.42	2879.23		338.51	293.45	27.96	6.41	109.55	
B-2	149.92	3033.56			211.90	8.15	3.54		
B-5	127.36	2969.38		11636.64	408.16	28.34	9.18	44.64	
C-2	6.55	2466.87			138.93	20.61			
C-4	11.34	4266.72		3761.67	46.91	1.18			
C-5	10.23	4263.26		2391.09	32.81		0.37	62.10	
E-2		602.35	93.66	1092.24	520.32	7.42		298.07	
Number of DMUs with slacks	6	7	1	5	7	6	4	4	
Mean	70.47	2925.91	93.66	3844.03	236.07	15.61	4.88	128.59	

表 C5.9　最適目標與潛在改進率表

DMU code	Target										
	X_1	X_2	X_3	X_4	X_5	X_6	Y_1	Y_2	Y_3	Y_4	Y_5
B-1	165.58	1516.77			1838.09		350.40	40.49	6.41	228.00	203.85
B-2	147.08	1351.43					243.71	25.70	3.54	284.09	205.11
B-5	170.64	1912.62			2165.36		489.30	56.78	9.18	266.78	185.62
C-2	120.45	1709.13					167.00	29.96	3.12	449.16	146.64
C-4	115.66	1061.28			1706.33		71.94	18.70	1.25	237.81	177.73
C-5	119.77	1346.74			2162.91		96.26	15.23	1.64	161.08	178.94
E-2		2580.65	145.34		1887.36		552.12	21.78	5.13	444.75	196.95

DMU code	Potential Improvement（%）										
	X_1	X_2	X_3	X_4	X_5	X_6	Y_1	Y_2	Y_3	Y_4	Y_5
B-1	41.49	65.50			15.55		600.79	268.08	999.90	119.23	13.88
B-2	50.48	69.18					740.37	60.60	999.90	9.96	9.96
B-5	42.74	60.82			84.31		511.63	102.81	999.90	21.82	1.43
C-2	5.16	59.07					518.51	232.92	3.97	3.97	3.97
C-4	8.93	79.93			68.79		259.71	33.59	25.16	25.16	25.16
C-5	7.87	75.99			52.51		92.53	26.91	64.39	106.52	26.91
E-2		18.92	39.19		36.66		999.90	55.58	2.58	211.02	2.58

由表 C5.8 發現：

1. 7 個無 NCN 效率總體效率的 DMUs，雖投影至效率前緣，但未達 MPSS。就全體而言，投入項 X_1 、X_2 、X_3 及 X_6 尚須平均減少 70.47、2925.91、93.66 及 3844.03 數量，產出項 Y_1 、Y_2 、Y_3 及 Y_4 亦須增加 236.07、15.61、4.88 及 128.59 數量，才能達 MPSS。

2. 不同的 DMUs 無須同時減少 6 個投入項與增加 5 個產出項的數量，才能達 MPSS。以投入項 X_1 及產出項 Y_1 而言，有 6 個 DMUs 須減少投入項 X_1 的數量，有 7 個 DMUs 須減少產出項 Y_1 的數量。

3.最適目標、潛在改善率與差額分析，可參考表 C5.8 及 C5.9 所列數據及方向做為策進標竿。DEA 模式計算所得數據，基於柏拉圖（Pareto）理想，提供管理者改善空間為相對大或小，非絕對改進數值。

4.本研究發現：投入項數量減少（如輪車、兵器裝備交修數），屬聯保廠改善範疇，聯保廠管理者須著手改善。其中零件獲得數影響聯保廠維修效率甚鉅，管理者應改進現行做法，以提升維修效率。增加產出項數量（如裝備修成數）較減少投入項數量困難，建議從提高技工的維修技術、增加裝備修成數量與提升修護品質著手等。

二、成本效率

聯保廠維修績效亦可從成本角度，來檢視各廠是否有效率使用資源投入成本，來達成現有維修產出水準。表 C5.10 為五個聯保廠相對成本效率。JMS 欄下英文字母表廠別、DMU Code 為決策單位代碼、Term 為月份順序、Cost efficiency 欄下區分為固定規模報酬（CRS）與變動規模報酬（VRS）的成本效率、Mean 與 S.D.分別代表成本效率的平均值及標準差，最末欄 Group 表分群結果，從 0 至 10 區分成三群，分別表示成本效率穩定、不穩定與極不穩定等三種現象。在 CRS 與 VRS 下，將六個月的成本效率以趨勢圖表示，可看出各聯保廠效率變化趨勢。成本效率趨勢圖如圖 C5.5 與 C5.6 所示。

由成本效率結果發現：

1. 在考量作業成本的情況下，五個聯保廠的成本效率無論在 CRS 與 VRS 下，變異程度均大，顯示成本效率呈現不穩定狀態，故均分布在第 III 群。聯保廠維修作業的成本效率不佳且極不穩定，管理者應重視此現象，可將成本管理作爲日後管理重點。

2. 造成成本效率不穩定的主因，可能爲料件籌購與作業能力表現不佳且不穩定造成。五個聯保廠在 VRS 下的成本效率平均值均低於 70%；變異程度均超過 24，顯見隨規模報酬變動，亦無法降低成本效率不穩定情況。

表 C5.10 成本效率變異表

JMS	DMU Code	Term	Cost Efficiency CRS	Cost Efficiency VRS	Mean CRS	Mean VRS	S.D. CRS	S.D. VRS	Group
	A-1	1	30.52	30.71					
	A-2	2	100	100					
A	A-3	3	81.54	81.96	67.32	68.11	24.24	24.19	III
	A-4	4	67.14	70.29					
	A-5	5	73.86	74.20					
	A-6	6	50.85	51.51					
	B-1	1	69.76	70.49					
	B-2	2	85.20	85.75					
B	B-3	3	100	100	61.01	61.30	30.53	30.63	III
	B-4	4	25.10	25.14					
	B-5	5	59.43	50.80					
	B-6	6	26.57	26.62					
	C-1	1	22.03	22.68					
	C-2	2	65.52	73.70					
C	C-3	3	90.62	91.68	52.32	54.72	27.42	28.36	III
	C-4	4	45.86	46.88					
	C-5	5	67.86	69.90					
	C-6	6	22.03	23.46					

（續）表 C5.10 成本效率變異表

JMS	DMU Code	Term	Cost Efficiency		Mean		S.D.		Group
			CRS	VRS	CRS	VRS	CRS	VRS	
D	D-1	1	30.31	34.06					
	D-2	2	64.04	67.50					
	D-3	3	49.22	51.05	57.22	61.14	24.33	25.04	Ⅲ
	D-4	4	97.50	100					
	D-5	5	65.75	76.03					
	D-6	6	36.47	38.18					
E	E-1	1	100	100					
	E-2	2	77.63	77.91					
	E-3	3	100	100	68.08	68.57	32.26	31.99	Ⅲ
	E-4	4	44.14	45.48					
	E-5	5	68.65	69.65					
	E-6	6	18.06	18.36					
Mean			61.19	62.77					

註：Ⅰ：$0 \leq \delta < 1$；Ⅱ：$1 \leq \delta < 10$；Ⅲ：$\delta \geq 10$

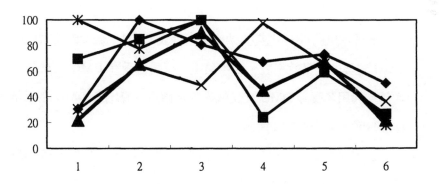

圖 C5.5 CRS 成本效率趨勢圖

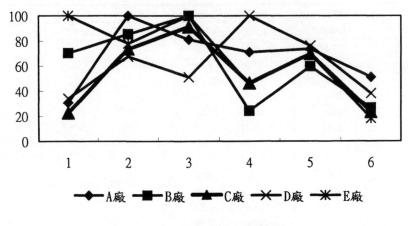

圖 C5.6 VRS 成本效率趨勢圖

三、 交叉效率分析

經計算各 DMU 之交叉效率，可得表 C5.11。表 C5.11 為比較各 DMU 差異的交叉效率表，表中最後一行為各受評 DMU 交叉效率平均值。利用各受評 DMU 交叉效率平均值可計算出各 DMU 之假正指標（FPI），如表 C5.12 所示。

由表 C5.12 中 NCN 效率與交叉效率平均值之觀察，15 DMUs（C-6、A-1、B-6、D-2、B-5、B-4、C-1、E-3、D-3、D-4、E-4、D-5、E-6、D-6 與 E-6）為假效率單位，因其交叉效率平均值低 0.39。D-1 為最佳維修效率單位，因其為真效率單位中 FPI 值最低者。該 DMU 雖具 CCR 效率及 NCN 效率，但不具 Cost 效率。僅有 E-1、B-3、A-2 及 E-3 具 CCR、NCN 與成本效率，其餘 DMUs 雖為 NCN 有效率，但未必有成本效率。

表 C5.11 交叉效率表

Rating DMU	Rated DMU																													
	A-1	A-2	A-3	A-4	A-5	A-6	B-1	B-2	B-3	B-4	B-5	B-6	C-1	C-2	C-3	C-4	C-5	C-6	D-1	D-2	D-3	D-4	D-5	D-6	E-1	E-2	E-3	E-4	E-5	E-6
A-1	1.00	0.57	0.23	0.15	0.92	0.27	0.01	0.02	0.01	0.01	0.01	0.01	0.02	0.01	0.01	0.01	0.01	0.01	0.09	0.06	0.03	0.02	0.01	0.01	0.01	0.02	0.02	0.02	0.02	0.02
A-2	1.00	1.00	0.30	0.22	0.60	0.30	0.03	0.03	0.03	0.02	0.02	0.02	0.03	0.02	0.02	0.02	0.02	0.02	0.15	0.11	0.05	0.03	0.02	0.02	0.02	0.04	0.03	0.03	0.03	0.03
A-3	0.25	0.06	1.00	0.46	0.44	0.55	0.04	0.06	0.15	0.06	0.08	0.06	0.07	0.05	0.27	0.08	0.07	0.11	0.06	0.03	0.03	0.02	0.01	0.01	0.07	0.01	0.01	0.01	0.01	0.01
A-4	0.09	0.16	0.17	1.00	0.32	0.13	0.02	0.04	0.11	0.08	0.03	0.04	0.06	0.11	0.08	16.00	0.02	0.07	0.01	0.00	0.00	0.01	0.01	0.00	0.03	0.01	0.03	0.01	0.01	0.01
A-5	0.13	0.10	0.06	0.32	1.00	0.14	0.00	0.01	0.03	0.02	0.01	0.01	0.01	0.02	0.01	0.01	0.00	0.01	0.02	0.01	0.00	0.01	0.01	0.00	0.02	0.01	0.03	0.01	0.01	0.01
A-6	0.49	0.09	1.00	0.45	1.00	1.00	0.03	0.04	0.14	0.05	0.07	0.05	0.05	0.03	0.13	0.04	0.03	0.05	0.12	0.06	0.05	0.03	0.02	0.02	0.13	0.03	0.02	0.03	0.02	0.01
B-1	0.83	1.00	1.00	0.84	1.00	1.00	0.66	0.69	0.77	0.72	0.74	0.73	0.76	0.68	0.98	0.73	0.72	0.71	1.00	0.47	0.31	0.22	0.17	0.14	1.00	0.27	0.48	0.30	0.27	0.31
B-2	0.43	1.02	0.46	0.90	0.72	0.42	0.57	0.82	1.00	0.26	0.25	0.37	0.32	0.67	0.51	0.41	0.33	0.42	1.00	0.85	0.58	0.62	0.63	0.29	1.00	0.49	1.00	0.68	0.55	0.41
B-3	0.00	0.01	0.01	0.14	0.05	0.01	0.00	0.02	1.00	0.07	0.01	0.00	0.00	0.01	0.01	0.01	0.00	0.00	0.01	0.00	0.00	0.02	0.02	0.00	0.01	0.01	0.06	0.02	0.02	0.00
B-4	0.49	1.00	0.75	1.00	0.96	0.70	0.60	0.76	1.00	0.94	0.64	0.44	0.34	0.63	0.67	0.72	0.53	0.34	1.00	0.49	0.33	0.28	0.24	0.15	1.00	0.35	0.71	0.41	0.38	0.25
B-5	0.79	0.94	0.97	0.86	1.00	0.98	0.64	0.69	0.83	0.74	0.74	0.73	0.75	0.69	1.00	0.73	0.70	0.72	1.00	0.46	0.31	0.22	0.18	0.14	1.00	0.27	0.48	0.30	0.27	0.31
B-6	0.77	0.97	0.90	1.00	1.00	0.95	0.64	0.71	0.95	0.85	0.71	0.78	0.83	0.87	0.97	0.78	0.71	0.80	1.00	0.45	0.29	0.22	0.19	0.14	1.00	0.33	0.42	0.40	0.39	0.34
C-1	0.78	1.00	0.82	1.00	0.95	0.86	0.65	0.71	0.88	0.87	0.68	0.78	0.83	0.90	0.85	0.77	0.70	0.78	1.00	0.45	0.28	0.22	0.19	0.14	1.00	0.34	0.45	0.42	0.41	0.36
C-2	0.78	1.00	0.83	1.00	0.95	0.86	0.65	0.71	0.88	0.87	0.68	0.78	0.83	0.90	0.85	0.77	0.70	0.78	1.00	0.45	0.28	0.22	0.19	0.14	1.00	0.34	0.45	0.42	0.41	0.36
C-3	0.22	0.05	0.89	0.46	0.76	1.00	0.17	0.25	0.68	0.27	0.38	0.29	0.29	0.19	1.00	0.31	0.26	0.40	0.34	0.15	0.14	0.10	0.05	0.05	0.38	0.07	0.04	0.07	0.06	0.04
C-4	0.77	0.97	0.89	1.00	1.00	0.94	0.65	0.72	0.95	0.86	0.72	0.79	0.84	0.88	0.97	0.79	0.71	0.80	1.03	0.47	0.29	0.23	0.19	0.15	1.00	0.34	0.43	0.40	0.39	0.35
D-1	0.02	0.03	0.03	0.22	0.15	0.06	0.04	0.10	0.41	0.33	0.12	0.21	0.12	0.18	0.15	0.10	0.04	0.14	0.57	0.07	0.02	0.07	0.12	0.03	1.33	0.07	0.42	0.15	0.15	0.24
D-2	0.31	1.00	0.17	0.14	0.16	0.12	0.29	0.31	0.12	0.03	0.05	0.10	0.12	0.16	0.12	0.10	0.12	0.18	0.37	1.00	0.85	0.70	0.79	0.64	0.29	0.24	0.25	0.30	0.19	0.29
D-3	0.09	0.12	0.17	0.09	0.16	0.18	0.12	0.18	0.23	0.02	0.05	0.07	0.06	0.07	0.24	0.06	0.06	0.16	0.23	0.67	1.00	0.88	0.88	0.80	0.77	0.11	0.07	0.15	0.08	0.08
D-4	0.10	0.13	0.20	0.11	0.19	0.22	0.13	0.21	0.28	0.03	0.06	0.08	0.07	0.08	0.28	0.07	0.07	0.17	0.26	0.68	1.00	1.00	0.87	0.51	0.85	0.13	0.09	0.17	0.09	0.07
D-5	0.09	0.16	0.17	0.12	0.17	0.19	0.12	0.19	0.25	0.02	0.05	0.08	0.07	0.09	0.24	0.06	0.06	0.18	0.23	0.68	1.00	0.92	1.00	0.84	0.81	0.11	0.11	0.16	0.08	0.10
D-6	0.14	0.53	0.17	0.10	0.16	0.18	0.15	0.21	0.22	0.02	0.05	0.08	0.08	0.10	0.22	0.07	0.07	0.18	0.57	0.73	1.00	0.90	1.00	0.88	1.00	0.16	0.04	0.25	0.14	0.14
E-1	0.00	0.00	0.00	0.00	0.01	0.01	0.01	0.00	0.00	0.02	0.01	0.02	0.01	0.00	0.01	0.00	0.01	0.01	0.03	0.01	0.01	0.00	0.00	0.00	1.00	0.00	0.12	0.02	0.01	0.03
E-2	0.09	0.07	0.65	0.48	0.72	0.73	0.16	0.29	1.00	0.19	0.25	0.16	0.10	0.19	0.73	0.31	0.20	0.16	0.69	0.53	0.65	1.00	0.45	0.15	1.00	0.73	0.30	0.53	0.42	0.05
E-3	0.01	0.06	0.04	0.10	0.13	0.09	0.03	0.04	0.42	0.20	0.04	0.02	0.01	0.01	0.05	0.02	0.01	0.03	0.05	0.02	0.04	0.00	0.67	0.02	1.00	0.24	0.08	0.02		
E-4	0.00	0.00	0.00	0.00	0.00	0.13	0.00	0.00	1.00	0.23	0.00	0.03	0.02	0.09	0.07	0.07	0.03	0.02	0.00	0.00	0.00	0.00	0.00	0.00	0.96	0.25	0.42	1.00	0.95	0.02
E-5	0.03	0.30	0.10	0.26	0.17	0.20	0.06	0.15	3.11	0.51	0.05	0.05	0.03	0.14	0.11	0.17	0.07	0.03	0.09	0.06	0.06	0.15	0.07	0.02	1.01	0.35	0.60	1.18	1.16	0.03
E-6	0.52	1.00	0.43	1.00	0.71	0.42	0.49	0.66	0.86	0.23	0.21	0.42	0.45	0.76	0.52	0.37	0.32	0.64	1.00	1.00	0.63	0.63	0.74	0.42	1.00	0.47	1.00	0.63	0.48	0.72
Mean of	0.39	0.51	0.48	0.50	0.58	0.49	0.27	0.33	0.64	0.33	0.27	0.29	0.29	0.34	0.44	0.83	0.26	0.31	0.50	0.36	0.33	0.31	0.28	0.20	0.71	0.21	0.33	0.30	0.26	0.18

表 C5.12 交叉效率平均值與假正指標表

DMU Code	CCR Efficiency	NCN Efficiency	Cost Efficiency	Cross Efficiency Mean	FPI（%）
D-1	100	100	30.31	0.50	18.08
E-1	100	100	100	0.71	40.41
B-3	100	100	100	0.64	57.08
A-5	100	100	73.86	0.58	73.86
A-2	100	100	100	0.51	96.98
A-4	100	100	67.14	0.50	98.91
A-6	100	100	50.85	0.49	105.72
A-3	100	100	81.54	0.48	110.44
C-3	100	100	90.62	0.44	129.46
B-1	66.11	67.39	69.76	0.27	141.67
B-2	81.30	81.30	85.20	0.33	145.15
C-6	77.95	100	22.03	0.31	155.46
A-1	100	100	30.52	0.39	155.87
C-4	77.44	77.73	45.86	0.30	159.94
C-2	90.21	93.37	65.52	0.34	167.66
C-5	70.93	75.25	67.86	0.26	169.27
B-6	77.55	100	26.57	0.29	169.61
D-2	100	100	64.04	0.36	175.23
B-5	72.71	100	59.43	0.27	177.23
B-4	93.72	93.72	25.10	0.33	184.51
C-1	83.37	100	22.03	0.29	187.14
E-3	100	100	100	0.33	203.53
D-3	100	100	49.22	0.33	205.30
D-4	100	100	97.50	0.31	225.23
E-4	100	100	44.14	0.30	229.61
E-2	72.87	92.87	77.63	0.21	251.61
D-5	100	100	65.75	0.28	254.29
E-6	72.36	100	18.06	0.18	312.48
D-6	88.55	100	36.47	0.20	343.10
E-5	100	100	68.65	0.26	343.47

四、生產效率與人力效率分析

　　維修生產與人力運用為聯保廠基本營運指標。為了解各 DMU 在生產效率與人力運用效率的運用情形，故進一步以 CCR 模式檢驗生產與人力效率。本研究定義生產效率為「各月修成裝備總數與各月接修裝備總數兩者之比值」，此值愈大表示生產效率愈佳；人力效率為「各月接修裝備總數與投入的員工人數之比值」，此值愈大表示人力效率愈佳。生產效率與人力效率各變數的定義如表 C5.13 與 C5.14 所示。

表 C5.13　生產效率變數定義表

變數	定義
投入項：	
輪車接修數（X_1）	上月未修護移入與本月接修的各型輪車總數
各式兵器接修數（X_2）	上月未修護移入與本月接修的各型輕重兵器、火砲的總數
履車接修數（X_3）	上月未修護移入與本月接修的各型履帶車輛交修總數
其他類裝備接修數（X_4）	上月未修護移入與本月接修的各型工兵、通信、化學裝備
產出項：	
輪型車輛修成且品質合格數（Y_1）	各型輪車當月修成且品質鑑定合格交還使用單位的總數
各式兵器修成且品質合格數（Y_2）	各型輕重兵器、火砲當月修成且品質鑑定合格交還使用單位的總數
履帶車輛修成且品質合格數（Y_3）	各型履帶車輛當月修成且品質鑑定合格交還使用單位的總數
其他類裝備修成且品質合格數（Y_4）	各型工兵、通信、化學裝備當月修成且品質鑑定合格交還使用單位的總數

生產效率與維修效率不同在於生產效率僅考量各月修成裝備總數與各月接修裝備總數間的關係，未考量員工人數與料件獲得數量對生產的影響，目的在了解員工人數與料件獲得數量各廠相似情況下各廠每月生產效率變化。

人員運用效率與作業效率不同在於，人員運用效率僅考量各月運用人力與各月接修裝備總數間的關係，未考量裝備接修數量與料件獲得數量對人力運用的影響，目的在了解裝備損壞率與料件獲得數量各廠相似情況下，各廠每月人力運用狀況。

表 C5.14　人力效率變數定義表

變數	定義
投入項：	
員工人數（X_7）	本月份所有從事物料補給作業、直接維修與督導維修作業推行的人員之總數
產出項：	
輪型車輛修成且品質合格數（Y_1）	各型輪車當月修成且品質鑑定合格交還使用單位的總數
各式兵器修成且品質合格數（Y_2）	各型輕重兵器、火砲當月修成且品質鑑定合格交還使用單位的總數
履帶車輛修成且品質合格數（Y_3）	各型履帶車輛當月修成且品質鑑定合格交還使用單位的總數
其他類裝備修成且品質合格數（Y_4）	各型工兵、通信、化學裝備當月修成且品質鑑定合格交還使用單位的總數

運用產出導向 DEA 模式計算生產與人力效率，各樣本保修廠之生產與人力效率關係如圖 C5.7 所示。圖中縱軸為生產效率、橫軸為人力效率，以 90%生產效率與人力效率作高、低區分，共區分四大象限。I 象限為高生產效率與高人力效率；II 象限為高生產效率與低人

力效率；　III 爲低生產效率與低人力效率；　IV 爲低生產效率與高人

力效率。

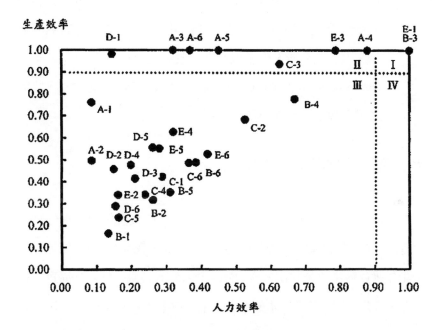

圖 C5.7　生產──人力效率圖

研究發現：

1.E-1、B-3 分布第 I 象限，代表生產及人力效率均高。管理者可

　　參考此兩 DMUs 的維修表現，供其他 DMUs 參考。

2.A-3、A-4、A-5、A-6、C-3、D-1 及 E-3 分布在第 II 象限，代

　　表生產效率高、人力效率低。A 廠六個月中連續四個月人員

　　運用效率偏低，表示依現有裝備交修數量僅須運用廠內部分

人力即可完成維修工作，建議管理者應在人員運用或是生產
規模應重新檢討。

3.21 個 DMUs 分布於第Ⅲ象限，其中 C、D 兩廠有五個月、E
廠四個月及 A 廠兩個月的生產效率及人力效率均低。表示裝
備交修數量與廠內人力運用均未具效率，建議管理者應從強
化人力管理及擴大生產規模進行改善。另無 DMU 分布於第Ⅳ
象限，顯見 28 個 DMUs 僅重視生產效率忽略人力效率，此情
形或許與軍中特性有關。

五、前、後期效率比較

本節運用「作業效率」及「成本效率」比較五個甲型聯保廠在
現有維修體制、作業模式與評估方法下，經過一整年作業摸索後，前、
後半年維修效率改善狀況。表 C5.15 及 C5.16 各為五個聯保廠前、後
半年「維修效率」及「成本效率」的相對效率比較。表 C5.15 中 Code
欄下英文字母表廠別、數字表每半年的月份順序，如 A-1 各代表前半
年第一個月（即一月）及後半年第一個月（即七月）、效率區分成總
體效率、純技術效率及規模效率三種、效率值在 Pre 與 Post 欄，代
表前與後半年效率值，變異（Variation, Var.）欄表示前、後半年變化。
（＋）表示效率增加、（－）表示效率降低。

表 C5.15 前、後期維修效率比較表

JMS	DMU Code	Overall Efficiency			Technical Efficiency			Scale Efficiency		
		Pre	Post	Var.	Pre	Post	Var.	Pre	Post	Var.
A	A-1	100	100		100	100		100	100	
	A-2	100	100		100	100		100	100	
	A-3	100	100		100	100		100	100	
	A-4	100	100		100	100		100	100	
	A-5	100	100		100	100		100	100	
	A-6	100	100		100	100		100	100	
B	B-1	67.39	100	+	87.81	100	+	76.75	100	+
	B-2	81.30	100	+	91.17	100	+	89.17	100	+
	B-3	100	94.48		100	100		100	94.48	−
	B-4	93.72	100	+	100	100		93.72	100	+
	B-5	100	100		100	100		100	100	
	B-6	100	100		100	100		100	100	
C	C-1	100	100		100	100		100	100	
	C-2	93.37	100	+	96.18	100	+	97.08	100	+
	C-3	100	100		100	100		100	100	
	C-4	77.73	100	+	79.90	100	+	97.28	100	+
	C-5	75.25	100	+	78.80	100	+	95.49	100	+
	C-6	100	100		100	100		100	100	
D	D-1	100	78.69	−	100	100		100	78.69	−
	D-2	100	100		100	100		100	100	
	D-3	100	100		100	100		100	100	
	D-4	100	100		100	100		100	100	
	D-5	100	100		100	100		100	100	
	D-6	100	100		100	100		100	100	
E	E-1	100	100		100	100		100	100	
	E-2	92.87	100	+	97.49	100	+	94.75	100	+
	E-3	100	74.87	−	100	84.32	−	100	88.79	−
	E-4	100	100		100	100		100	100	
	E-5	100	100		100	100		100	100	
	E-6	100	100		100	100		100	100	
Mean		94.51	98.06	+	97.66	99.47	+	96.63	98.53	+

（一）維修效率比較

後半年的維修效率較前半年為佳。後半年 30 個 DMUs 的總體效

率平均值為 98.06%、純技術效率平均值為 99.4%、規模效率平均值為 98.53%。各平均效率值均較前半年增加。

由表 C5.15 中，在總體效率方面：7 個 DMUs 增加、2 個 DMUs 減少、21 個 DMUs 不變。前半年無總體效率，而後半年有總體效率的 DMU 計有：B-1、B-2、B-4、C-2、C-4、C-5 與 E-2 等 7 個 DMUs。D-1 前半年有總體效率，而後半年無總體效率。純技術效率方面：有 6 個 DMUs 增加、1 個 DMUs 減少、23 個 DMUs 不變。前半年無效率，而後半年有效率的 DMU 計有： B-1、B-2、C-2、C-4、C-5、與 E-2 等 6 個 DMUs。E-3 前半年有效率，而後半年無效率。規模效率方面：7 個 DMUs 增加、3 個 DMUs 減少、20 個 DMUs 不變。前半年無規模效率，而後半年有規模效率的 DMU 計有：B-1、B-2、B-4、C-2、C-4、C-5 與 E-2 等 7 個 DMUs。前半年有規模效率，而後半年無規模效率的 DMU 計有：B-3、D-1 與 E-3 等 3 個 DMUs。

（二）成本效率比較

在成本效率下，後半年的維修效率較前半年為佳。其中 30 個 DMUs 的後半年 CRS 下的成本效率平均值為 68.60%、VRS 下的成本效率平均值為 76.56%。顯見無論在 CRS 或 VRS 假設下，後半年的成本效率均較前半年增加。表 C5.16 中 Code 欄下英文字母表廠別、數字表每半年的月份順序， Cost-C 效率及 Cost-V 效率代表在 CRS 或 VRS 情況下的效率，在 Pre 與 Post 欄下的效率值，代表前、後半年效率值，變異（Variation，以 Var.縮寫表示）欄表示前、後半年變化，（＋）表示效率增加，（－）表示效率降低。觀察表 C5.16 發現下列結果：

表 C5.16　前、後期成本效率比較表

JMS	DMU Code	Cost-C Efficiency（%）			Cost-V Efficiency（%）		
		Pre	Post	Var.	Pre	Post	Var.
A	A-1	30.52	92.71	+	30.71	100	+
	A-2	100	100		100	100	
	A-3	81.54	38.79	−	81.96	47.90	+
	A-4	67.14	68.86	+	70.29	73.55	+
	A-5	73.86	100	+	74.20	100	+
	A-6	50.85	73.44	+	51.51	73.44	+
B	B-1	69.76	60.62	−	70.49	68.46	−
	B-2	85.20	47.31	−	85.75	48.95	−
	B-3	100	100		100	100	
	B-4	25.10	48.15	+	25.14	56.79	+
	B-5	59.43	100	+	50.80	100	+
	B-6	26.57	100	+	26.62	100	+
C	C-1	22.03	53.02	+	22.68	74.72	+
	C-2	65.52	50.78	−	73.70	62.77	+
	C-3	90.62	44.15	−	91.68	100	+
	C-4	45.86	40.74	−	46.88	40.85	−
	C-5	67.86	64.03	−	69.90	64.38	−
	C-6	22.03	74.19	+	23.46	74.96	+
D	D-1	30.31	88.60	+	34.06	100	+
	D-2	64.04	41.05	−	67.50	69.04	+
	D-3	49.22	57.00	+	51.05	63.16	+
	D-4	97.50	100	+	100	100	
	D-5	65.75	100	+	76.03	100	+
	D-6	36.47	100	+	38.18	100	+
E	E-1	100	53.06	−	100	60.57	−
	E-2	77.63	100	+	77.91	100	+
	E-3	100	34.89	−	100	35.39	−
	E-4	44.14	49.54	+	45.48	100	+
	E-5	68.65	34.40	−	69.65	39.11	−
	E-6	18.06	42.57	+	18.36	42.87	+
Mean		61.19	68.60	+	62.77	76.56	+

1.CRS 假設下：17 個 DMUs 增加、11 個 DMUs 減少、2 個 DMUs 不變。前半年無成本效率，而後半年有成本效率的 DMU 計有：

A-5、B-5、B-6、D4、D-5、D-6 與 E-2 等 6 個 DMUs。E-3 前半年有成本效率，而後半年無成本效率。

2.VRS 假設下：20 個 DMUs 增加、7 個 DMUs 減少、3 個 DMUs 不變。前半年無成本效率，而後半年有成本效率的 DMU 計有：A-1、A-5、B-5、B-6、C-3、D-1、D-5、D-6、E-2、與 E-4 等 10 個。E-1 與 E-3 前半年有成本效率，後半年無成本效率。

（三）效率變異比較

從表 C5.15 與 C5.16 僅能看出各聯保廠前、後期同順序月份效率變化，本節進一步將聯保廠六個月效率平均值，視為該廠的維修效率值。以標準差大小，區別聯保廠維修效率穩定程度。瞭解在現有後勤維修體制、作業模式與評估機制下，各聯保廠前、後半年的維修效率變化狀況。前、後期不同模式下，效率平均值與標準差如表 C5.17 所示。

表 C5.17 前、後期效率變異比較表

| JMS | 維修效率 | | | | 成本效率 | | | |
| | Mean | | S. D. | | Mean | | S. D. | |
	Pre	Post	Pre	Post	Pre	Post	Pre	Post
A	100	100	0	0	67.32	78.97	24.24	23.75
B	86.01	99.08	13.95	2.95	61.01	76.01	30.53	26.70
C	91.06	100	11.60	0	52.32	54.49	27.42	12.58
D	100	96.45	0	9.63	57.22	81.11	24.33	25.74
E	95.48	95.81	11.07	10.31	68.08	52.41	32.26	24.50
Mean	94.51	98.27	7.32	4.58	61.19	68.60	27.76	22.65

前、後期效率變異比較顯示：

1.就維修效率言，後半年效率較前半年提升，但全年僅 A 廠有
維修效率。可見此廠無論是人員的教育訓練、裝備修護能量維
持，均有穩健的表現。C 廠下半年度維修效率達 100%，顯見
上半年度並未全力發揮保修能力，管理者應將作業時間實際運
用在裝備維修及教育訓練上，減少維修任務的干擾。

2.就成本效率言，各廠前、後半年均無成本效率的 DMUs 個數
如下：A 廠 4 個、B 廠 4 個、C 廠 6 個、D 廠 3 個、及 E 廠 3
個。C 廠經過一年的管理改善，始終處於無效率的狀態。該廠
雖後半年具有維修效率，但管理者一直沿用既有的管理與作業
模式，無法找出合乎「成本－效率」的生產管理方法，因而造
成此種現象。而 A-2、B-3 前、後半年均具有成本效率。其投
入／產出項數量的組合，可提供各聯保廠管理者參考。

3.陸軍所採用的專家績效評估法，無法從總成本、技術與規模三
方面提供聯保廠明確的改進方向與大小，且聯保廠所有成員未
曾將成本視為重要投入因素，故易造成成本無形浪費。應用成
本效率比較前、後期維修績效變化，提供管理者建立以 DEA
法為中心的評估機制，輔助專家績效評估法的不足。

4.上半年度維修效率偏低原因，雖推論為「技術效率不足」所造
成。但經過一整年的在職訓練，技術效率變異程度不僅未降
低，而且造成規模效率變異程度擴大。顯示具有作業效率的月
份，可能是巧合形成有效率的現象，並不是管理者已發覺資源

運用缺點並改進的現象。

5. 陸軍甲型聯保廠雖不是營利事業單位，不以獲取最大營業利潤
為主要目標。但陸軍投資於甲型聯保廠的人力、物力與財力，
並不亞於民間維修廠，顯示陸軍對裝備維護的重視。但管理者
承襲以往的做法，認為已妥善運用所投入的資源（成本），但
是，最終產出並不應僅重視裝備修護數量的增加，而應深入檢
討「呆料」、「員工未從事維修」、「裝備待料損毀」及「無熟練
技術的員工」等問題所造成的成本損失。不重視成本效率與不
具維修效率的聯保廠，是不應存在於維修體制中的。

管理者反應

　　為瞭解 DEA 與專家檢查法評估結果的差異，縮小理論與管理實
務上的差距，將研究結果向 6 位曾任聯保廠中、高級管理主管簡報，
並現場對他們作問卷調查，以瞭解對 DEA 評估結果的反應，作為日
後建立新績效評估機制參考。問卷共列出九個問題，表 C5.18 為問卷
統計調查表。從問卷結果發現，50%的受訪者同意從作業與成本面評
估聯保廠維修績效，且有 67%的受訪者認為這是現行評估機制無法做
到的。雖有 50%的受訪者同意運用現行績效評估機制可找出維修規
模，但 67%的受訪者認為 DEA 較專家評估法容易使用。值得注意，
83%的受訪者可協助管理者明確找出無效率運用的資源與提供明確
改善策略與資訊。但 33.3%的受訪者認為 DEA 評估結果與專家評估
法的結果相符，顯示運用專家評估法無法客觀獲得評估結果，其結果

易受評估者的認知影響。67%的受訪者同意運用 DEA 協助管制維修
績效，且 83%的受訪者同意 DEA 與專家檢查法配合運用且未來若需
建立新的績效評估機制，DEA 可能是值得考慮採用的方法。

表 C5.18　問卷統計調查表

項次	問題	管理者反應				
		非常同意	同意	無意見	不同意	非常不同意
1	從生產作業及成本效率面評估甲型聯保廠維修績效較合適？		3	1	2	
2	現行維修績效評估機制，無法找出作業及成本無效率單位？		4		2	
3	運用現行維修績效評估機制所檢查結果可顯示聯保廠維修規模？		3	1	2	
4	DEA 會較專家檢查法更容易使用作為協助績效評估的機制？	1	3	1	1	
5	運用 DEA 可協助您明確找出聯保廠維修作業運用無效率的資源，並提供改建策略及資訊。您同意嗎？	1	4	1		
6	透過 DEA 評估出維修有效率與無效率的聯保廠之結果與您透過主觀判斷法所預期的結果是否相符？		2	2	2	
7	DEA 法可正確找出造成聯保廠維修無效率的原因，並提供改善的資訊，您是否同意運用 DEA 協助管制貴單位維修績效？	1	3	1	1	
8	是否同意 DEA 與專家檢查法配合運用，已獲得加客觀且明確的評估結果與資訊嗎？	2	3	1		
9	若未來需建立一套新的維修績效評估機制並推行，您會考慮 DEA 與專家檢查法配合實施嗎？	1	4	1		

結論與建議

　　本研究透過 NCN 與 Cost 模式衡量陸軍五個甲型聯保廠之作業效率與成本效率。從效率分析中可找出有效率與無效率的聯保廠，並找出無效率聯保廠的改善方向。實證分析之主要結論舉建議說明如下：

一、有效率聯保廠的特性

　　就整體效率表現而言，A、D 廠整體表現最佳，兼具技術效率與規模效率，效率均達 100%。可以 E 廠一月份維修能量作爲達到作業效率的標竿。有維修效率聯保廠投入／產出項關係如下：

每月最適投入項數量		每月最適產出項數量	
輪型車輛接修數	135	輪型車輛修成數	69
各式兵器接修數	207	各式兵器修成數	20
履帶車輛接修數	10	履帶車輛修成數	1
其他裝備接修數	5198	其他裝備修成數	312
作業總工時	3291	訓練合格的維修人員數	194
獲得料件總值	5253588.5		

（一）投入面

　　每月聯保廠最適投入項數量：輪車接修數應爲 135 輛、兵器接修數應爲 207 門、履車接修數應爲 10 輛、其他裝備接修數應爲 5198 部、每月投入總維修工時應爲 3291 小時及料件金額應爲 5253588.5 元左右。

（二）產出面

　　每月最適產出項數量：輪車修成數應爲 69 輛、兵器修成數應爲 20 門、履車修成數應爲 1 輛、及其他類裝備修成數應爲 312 部及應維持受過訓練且合格的維修人員達 194 人左右。

（三）成本效率面

　　雖五個聯保廠在 CRS 或 VRS 情況下，均不具成本效率，但可設定以 D 廠一月份維修能量作爲達到成本效率的標竿。雖此目標現階段較難達成，但應爲努力的方向。達成本效率的最適投入／產出項數量關係如下：

每月最適投入項數量		每月最適產出項數量	
輪型車輛接修數	253	輪型車輛修成數	92
各式兵器接修數	3653	各式兵器修成數	923
履帶車輛接修數	14	履帶車輛修成數	15
其他裝備接修數	3112	其他裝備修成數	689
作業總工時	2898.3	訓練合格的維修人員數	207
獲得料件總值	6984589		

二、無效率聯保廠的特性

1.無效率聯保廠效率不佳之主要原因係「規模效率」低落造成。若要提昇其效率，須先從目前「規模效率」著手。以 B 廠爲例，前半年輪車接修數較最適輪車接修數高出約 2 倍、兵器接修數較最適兵器接修數高出約 22 倍、履車接修數較最適履車

接修數高出約 7 倍、每月投入總維修工時較最適總維修工時高出約 3 倍及投入料件金額較最適投入料件金額高出約 1.4 倍；但產出比例最高僅較最適產出比例高出 1.4 倍左右（即其他類裝備修成數），餘產出項均低於此數值。因產出比例遠較投入比例少，導致 B 廠作業效率不佳。

2. 維修規模不足及未妥善運用人力資源，亦是造成聯保廠效率不足的原因。就生產效率而言，每月最適修成率輪型車輛為 388%、各式兵器應為 4%、履帶車輛應為 15%、及其他類裝備應為 43%左右。就人力效率而言，每月最適工時修成率輪型車輛為 1.74%、各式兵器為 33.88%、履帶車輛應為 0.68%、及其他類裝備應為 22.96%左右。管理者可將此數據作為每月達成生產效率與人力效率的目標，當成提昇生產效率與人力效率的準據。

3. 甲型聯保廠的維修表現偏重於追求作業效率的達成，對成本管理較不重視。建議管理者應從妥善運用作業人力與節省料件成本著手，每月最適維修工時應達 2898.3 小時、購置所需維修料件的總值應控制在 6,984,589 元左右。另料件品質、維修人員技術均會影響日後裝備使用時間與送修次數，調整料件籌購順序、數量及強化品質管制，為管理者應努力的方向。

三、建議

針對無效率聯保廠，透過差額變數分析，建議管理者在投入／

產出項數量上，應作下列調整：

1. 「輪車接修數」、「兵器接修數」、「履車接修數」及「其他類裝備接修數」的差額變數代表接修數量過多，造成維修工作積壓，影響日後人力與修護料件調配，須從精簡接修數著手。

2. 「總作業工時」的差額變數代表作業工時耗費過多，但卻無助於增加裝備修護數，管理者須檢討作業工時的實際使用與員工修護技術間的影響。

3. 「獲得料件數量總值」的差額變數代表投入料件數量與總值過多，須檢討聯保廠實際獲得的料件品項、數量及品質與實際維修所需料件是否契合。

4. 「輪車修成數」、「兵器修成數」、「履車修成數」及「其他類裝備修成數」的差額變數代表各類裝備修成數量不足，管理者須檢討現行維修政策，如改善料件獲得時間與數量、強化員工在職訓練，縮短無效維修工時耗損著手。

5. 「訓練合格的維修人員數」的差額變數代表透過受過在職訓練且訓練合格的人數尚不足，須檢討在職訓練的師資、時數及裝備轉型的教育訓練，避免因修護技術不足，造成維修工作積壓與修護失誤產生。

　　另外，建議管理者從改善料件籌購與作業能力著手，才可能解決聯保廠無成本效率的現象。或許將聯保廠定位於「類事業單位」，採用作業基礎成本的觀點，重新檢討作業人員的訓練、作業方式與單位裝備交修平準化程度，對技術效率的改善或許會有助益。

　　另一方面，前、後期效率分析比較發現，平均而言，聯保廠後半年的維修效率均較前半年爲佳。顯示現行績效評估制度與管理模式對改善維修績效具有些許成效；如 C 廠前半年無效率，後半年有效率，但因無法明確設定維修目標及提供無效率單位改善資訊。

　　結果，使聯保廠管理者無法掌握應維持或改善現維修表現；如 D 廠前半年有效率，後半年無效率，即爲一例。建議管理者應將 DEA 的評估方法納入主官裝備檢查之中，彌補現行績效評估制度與管理模式的不足。

個案 6　國管院各系所辦學績效評估

　　國防部為確保軍事院校能有效運用有限的國防預算，以達成辦學成效，需要一套合理客觀的績效評估方式。研究目的在說明如何能以資料包絡分析法（Data Envelopment Analysis, DEA）作為一個軍事院校辦學績效評估管理方法，使國防部能有效地對軍事院校作好績效管理。本研究以國防管理學院為例，使用 85-88 年度教育資料: 24 樣本系所（decision making units, DMUs）及 4 個投入變數（教師人數、人員維持費、作業維持費及軍事投資）及 4 個產出變數（畢業學生人數、期刊篇數、著作及研究收入），來評估該院系所辦學之績效。研究發現，在控制變數模式下，19 個 DMUs 有效率；在非控制變數模式下，22 個 DMUs 有效率；11 個 DMUs 有成本效率。最後，本研究提出管理意涵與改善建議，以提供國防部及軍事院校作為績效管理之參考。

前言

　　軍事院校為培養國軍基礎幹部的搖籃，國軍基礎幹部是國防科武器的管理者或使用者。因此，軍事教育的優劣成敗，攸關國家的生存發展。近年來，國軍軍事教育在品質上有逐漸的提昇，培育了許多國防建軍人才，對促進國軍現代化有所貢獻。然而，軍事教育投資不

貲。鑑於國防預算獲得不易，國防部為確保軍事院校能有效運用與分配國防資源，以達成教育目標及辦學成效，需要一套合理客觀的績效評估方式。但是，國防部目前對軍事教育的績效管理作法，僅採教育督考方式實施，列記各院校教育優點及缺點，實無法檢視教育投入資源與教育產出間的關係。為彌補此一缺失，促使本研究的進行。

本研究界定「辦學成效」為投入與產出之間的關係，強調以各院校目前教育投入，產出最大的績效。因考量資料可獲得性，本研究以國防管理學院為例，對所屬六個系（所）進行辦學績效評估。本研究僅就各系所的「相對效率」來作評量，並非衡量「絕對效率」，假設各系所教育品質均相同。研究的目的有二：一是說明如何運用資料包絡分析法（DEA）來評估軍事院校之辦學效率與成本效率；二是以實證研究來確定 DEA 之可應用性。

針對上述研究目的，本文有四個研究問題：一是那些系所有辦學效率？那些沒有效率？無辦學效率系所參考改進對象與目標改善的方向與幅度為何？二些系所有成本效率效率？那些沒有效率？無成本效率系所參考改進對象與目標改善的方向與幅度為何?三是辦學效率與成本效率之關係為何？四是本研究對國防部或軍事院校教育主管單位的管理意涵為何?

本文架構如下：第二節探討 DEA 模式在高等教育經營績效評估應用之文獻；第三節說明進行本研究所採用的方法；第四節提出實證結果與分析；第五節探討本研究的管理意涵；第六節提出結論與建議。

文獻探討

國外針對高等教育機構績效評估的文獻現有很多，其中 Colbert et al.（2000）指出三種方法：比例分析（Ratio Analysis）、回歸分析（Regression Analysis）及資料包絡分析（DEA），可用來衡量生產效率。但比例法只能同時評估一項投入及一相產出，而回歸分析需要大樣本資料，以多種投入與估計出單一產出之生產函數，無法找出無效率單位。資料包絡分析可同時考慮多種投入與產出，告知管理者無效率單位及效率改善目標。因此，Avkiran（2001）認為 DEA 是個不錯的績效評估工具。因篇幅限制，無法在此探討所有文獻。本節僅探討 DEA 高等教育績效評估之文獻，並依作者、研究目的、投入項目與、研究結果、使用模式，重點摘要詳如表 C6.1。

表 C6.1 DEA 在高等教育績效評估之應用

作者	研究目的	投入項目	產出項目	使用模式	研究結果
Tomkins et al. (1988)	應用 DEA 模式評估1972年至1976年英國各大學 20 會計系（所）之相對效率	專職人數 系上薪資總額 其它支出	大學暨研究所畢業人數 收入（研究顧問收入、其它研究收入、其它收入） 著作	CCR BCC	運用 6 組不同的投入與產出的組合進行分析中，至少有 5 個系（所）效率值為 1，其餘 15 個系（所）低於效率值，並認為 DEA 這套分析方式適用於教學單位效率表現的衡量上。
Ahn et al. (1990)	應用 DEA 及統計方法，比較 1984-1985 年英國各公私大學 161 個系所的績效，並比較公私立有醫學院學校的相對效率，並分析計術效率與規模效率。	教學支出 硬體投資 管理支出	大學部畢業學生 研究所畢業學生 政府研究計畫經費／合約	CCR BCC	1.整體效率而言　在課程與管理上公立學校比私立學校有效率。 2.有醫學院的學校 （1）在課程上：私立學校較有效率 （2）在管理上：公立學校較有效率 3.不論公私立學校，在技術方面： （1）有醫學院的學校 20%無效率 （2）無醫學院的學校 35%無效率
Beasley (1990)	運用 DEA 模式比較 1986-1987 年英國大學 52 所化學系及 50 所物理系化學系的績效	一般支出（薪水支出）設備支出 研究收入	大學生畢業人數 研究生從事教學人數 研究生從事研究人數 研究收入	CCR	運用 3 項投入及 4 項產出來進行研究，得到以下結論，結果發現： 1.有 2 個化學系及 5 個物理系小於最適規模，最有效率。 2.有 4 個化學系及 4 個物理系小於最適規模，最無效率。 3.10 個最多學生數中，在大於最適規模下，化學系比較有效率。 4.10 個最少學生數中，在小於最適規模下，物理系比較有效率。 5.在最適規模下，必有教育上的因素，會影響系所的有效性。 6.針對投入產出項，可藉由其它的模式及研究資料，去調整模式的，以供政策決定的參考資料。

（續）表 C6.1 DEA 在高等教育績效評估之應用

作者	研究目的	投入項目	產出項目	使用模式	研究結果
Johnes and Johnes （1993）	應用 DEA 評估 1986-1988 年英國大學 36 系（所）經濟系研究績效	教職員研究時期的更換 教職員的年齡 教職員的等級 教職員發表與出版的數量 大學部研究所畢業人數 研究補助金和合約的價值與數量	學術期刊論文 著書 編輯工作的貢獻	CCR	由 192 個 DEA 的分析中，可分出 2 個不同的效率群組，而每一個群組的效率性所得到的顯著特性中，將個人言究補助金視文投入項目。 每 3 個 DEA 模組中，至少有一個顯示出共有 9 個系所的效率值為 1，餘 27 個未達效率值，皆可由 DEA 所獲得的資訊，加以改進使在未來競爭中能達到效率值。
Breu and Raab （1994）	應用 DEA 方法評選出 1992 年全美排名前 25 所大學	1.聲響：美新聞與世界週刊調查 2.學生選擇： （1）申請接受率 （2）SAT／ACT 平均成績或中位數 （3）高中成績在前 10%比例 （4）高中班上排名 3.教師資源： （1）教師具博士比例 （2）師生比 （3）兼任師資比例 （4）專任終身職教師之薪資 4.財務支援：每位學生教育支出	學生滿意度 畢業率 大一留級率	CCR	第一階段： 美新聞週刊每年採隨機變數，以統計方法評選。 第二階段： 本文作者採 DEA 方法，並運用 4 項投入及 1 項產出來評估各校的績效。 兩階段比較顯然 DEA 方法在學校績效的衡量上要比傳統統計方法來的有效可行。

（續）表 C6.1 DEA 在高等教育績效評估之應用

作者	研究目的	投入項目	產出項目	使用模式	研究結果
Kao （1994）	以簡化的 DEA 模式評估 1990 年台灣 11 所專科技術學校績效	無投入項	教育目標 教師： 學位、職稱、著作 課程： 師生比、建教合作 設備： 支出、上次成績 管理： 研究進修參加數、研究進修全數	CCR	運用政府評估方式及定量 LP 模式，以 5 項衡量指標來評估其效率值，其結果排名是一樣的。 因資料來源取自政府處，所以本文以簡化 DEA 的模式，定量 LP 方式，是無法完全取代政府的評估方式。
Sinuany–Stern et al. （1994）	以 DEA 評估 1988 年以色列 Ben-Gurion 大學 21 個系所辦學效率	作業費用 教師薪資	研究收入 論文發表數 研究生畢業人數 系上授課時數	CCR	本研究發現，運用 DEA 分析時，適度調整投入／產出項後，會產生相當差異性的不同結果。 集群分析法，在 DEA 無法得到相同的結果，但是鑑別分析法卻可以求得相同中之結果。
Johnes and Johnes （1995）	應用 DEA 衡量 1989 年英國 36 所大學的經濟系之績效	研究教師 研究獎金 研究時間	重要經濟期刊中的文章及通訊，計有八種分類標準	CCR	以 DEA 模式作為評估大學績效指標是一種據正面貢獻的方式。 以三種不同加入的投入項以求得 36 所大學的經濟系不同的效率值。 DEA 模式之投入與產出以分權方式做不同的修正配置，是有必要的。

（續）表 C6.1 DEA 在高等教育績效評估之應用

作者	研究目的	投入項目	產出項目	使用模式	研究結果
Burley（1995）	運用DEA模式比較英國各大學物理系及化學系在教育流程上排名的績效	教學時數圖書資源	通過某特定考試	CCR	運用 DEA 模式，採 3 項投入及 1 項產出來進行效率的分析，運用數學線性規劃的架構，引導研究人員專注於投入與產出此 2 個範圍的探討，並藉以觀察出教育的產能。雖然經由 DEA 數學規劃的模式，可以找出多項適當的投入與產出項，來評估教育績效，但未必可評量出實際學校投入資源及其運用效率的情形。
Sarrico et al.（1997）	運用DEA評估學校的辦學績效，俾利學生選取大學之參考	申請入學成績及其他項	教師評鑑成效、學生／行政人員的比例、圖書經費支出學生的容量、海外學生、工友、最佳的學生成績、教師研究著作、學生附加價值等九項。	CCR	採用 10 項績效指標，對 6 種不同學生程度之投入／產出的模式，進行效率分析，求得綜合性的指標，結果作為各大學在評定各院校教育目標的差異性，作為學生選取大學之參考依據。
Colbert et al.（2000）	評估美國排行前25名大學 MBA 研究所課程規劃的相對效率	師生比GMAT平均分數	畢業生捐獻比例學生對課程教學就業的滿意度畢業生平均就業收入企業主滿意度	窗口分析BCC 模式	本研究運用5個實驗比較DEA模式，當調整投入項與產出項時，確實會影響其相對效率值。運用 DEA 模式可提供美國各大學 MBA 課程一種較好的評估方式。

（續）表 C6.1 DEA 在高等教育績效評估之應用

作者	研究目的	投入項目	產出項目	使用模式	研究結果
Korhoen et al.（2001）	以個案方式研究，運用 DEA 方法，評估挪威 Helsinki 學院經濟系，加入決策者偏好考量之效率值分析	經費	研究品質 研究活動 研究影響 學位授與 科技活動	CCR BCC	描述研究轉換成績效的評估系統。 DEA 評估投入／產出的效率值，可提供決策者比較參考。 本研究方法是運用相關決策間的指標與整合的權重進行效率評估。
Avkiran（2001）	運用 DEA 模式比較澳洲各大學的績效	教職人數 行政人數	整體績效(包括大學生註冊人數及研究生研究收入) 辦學績效(包括學生留級比例與通過比例及研究生就業比例) 註冊績效(包括海外與國內註冊人數)	CCR BCC	研究結果顯示,目前澳洲各大學在技術效與規模效率的績效表現良好。 在付費入學的績效表現上,則是有待改進。 在投入資源方面,部分大學出現有規模遞減現象,表示這些大學具有精簡處之的條件。

　　上述文獻有下列缺失之一或全部，說明如后。首先，上述文獻均假設投入與產出項是可以控制的，未從實際的投入／產出項不能控制的情形下來作分析。其次，未從各教育機構是否以較少的投入成本來產出現有產出績效，即所謂「成本效率」問題。最後，DEA 不是唯一的前緣線推論法。DEA 認為有效率 DMU 可藉由凸向前緣線（convex frontier）找出，但 Tulkens（1993）認為使用非凸向前緣線（non-convex frontier）之 Free Disposal Hull 比 DEA 更能所找出有效率 DMU。

　　針對上述文獻缺點與本研究問題，本研究先以 DEA 產出導向之 CCR／BCC 模型，求得各決策單位之相對效率與最適生產規模外。再考量學校管理者部分績效產出項不可控制的狀況下，採非控制變數模式，進行分析。另將 DEA 模式與 FDH 運算所得之結果作一比較。其次，本研究採 DEA 成本模式，來檢視管理者是否以最少投入成本產出現有教育成果。最後，探討辦學效率與成本效率間之關係及本研究的管理意涵。

研究方法

一、研究對象

　　本研究以六個系所（會計學系、統計學系、企業管理學系所、資訊管理系所、法律系所、資源管理研究所）為研究對象。這些系所均使用國防部教育經費，以培育國軍建軍人才。考量單位隱密性，這些系所本研究分別以大寫英文字母 A、B、C、D、E、F 表示之。Ali et al.（1995）提出決定 DMU 數量的經驗法則，即 DMU 之數目至少應為投入產出項目個數總合的二倍，否則，便會產生自由度問題，使得有效率 DMU 之個數增加很多。若本研究選用四個投入項及，四個產出項，那麼 DMU 數至少須為 16 個，但僅有六個系所示不夠的。Cooper et al.（2000）指出可採用窗口分析，來增加 DMU 之個數。因此，本研究採用窗口分析即以各系所每一年度為一樣本系所，採用 85 至 88 年度資料，共得 24（4×6=24）個 DMUs。國防決策研究所

成立於 87 年，無研究資料可尋，固未納入本研究中。

二、投入項與產出項資料

　　考量大學教育的目標與回顧國內外大學校院效率評估之相關文獻，進行資料蒐集。本研究選定四個投入項，四個產出項，表 C6.2 為列出各投入產出項敘述統計資料。茲將選用的投入與產出項目，說明如下：

（一）投入項目

1.教師人數（X_1）：係指各系所專職碩博士而言。

2.人事費用（X_2）：專任教師薪俸＋專任教員超支鍾點費＋助教兼助理薪俸。

3.作業維持費（X_3）：包括業務費＋設施維護費＋旅運費＋材料費＋獎勵金＋郵電費＋其他等。

4.軍事投資（X_4）：係指投入教育工程及教育設備之軟硬體經費，包括充實電腦、圖書、視聽、輔助教學與研究設備等經費。

（二）投入項目

1.學生畢業人數（Y_1）：包括大學部、專科部及研究所畢業學（員）生。

2.期刊篇數（Y_2）：包含刊載於國內外軍事期刊和 SCI、SSCI 等知名期刊內所列的論文總數。

3.著作（Y_3）：包括研討會論文數、著書及譯書等。

4.研究收入（Y_4）：包括國科會收入（含一般專案研究獎勵經費、
甲種及乙種獎勵）及軍事收入（包括國防部、各軍總部及中山
科學研究院委託專案經費）。

表 C6.2 投入／產出資料敘述統計表

	Mean	Std.Dev.	Min.	Max.
Inputs				
教師人數	10.5	4.01	4	19
人員維持費	9203065	3028922	4905325	15994235
作業維持費	233358	234371	30590	1033890
軍事投資	945005	884021	316950	4530010
Outputs				
畢業人數	49.21	29.35	7	105
期刊篇數	5.58	3.81	1	18
著作	17.37	17.58	2	76
研究收入	944614.79	1373747.7	0	5000900

為瞭解投入／產出項目間的關係，進行相關性分析，相關係數
如表 C6.3。

表 C6.3 投入／產出資料間相關係數表

		教師人數 (X_1)	人員維持費 (X_2)	作業維持費 (X_3)	軍事投資 (X_4)	畢業人數 (Y_1)	期刊篇數 (Y_2)	著作 (Y_3)	研究收入 (Y_4)
教師人數	(X_1)	1	0.94	0.01	0.14	0.31	0.4	0.39	0.22
人員維持費	(X_2)	0.94	1	0.09	0.19	0.29	0.39	0.47	0.35
作業維持費	(X_3)	0.01	0.09	1	0.25	-0.11	0.21	0.33	0.34
軍事投資	(X_4)	0.14	0.19	0.25	1	-0.13	0.16	0.22	0.4
畢業人數	(Y_1)	0.31	0.29	-0.11	-0.13	1	-0.05	-0.21	-0.27
期刊篇數	(Y_2)	0.4	0.39	0.21	0.16	-0.05	1	0.6	0.25
著作	(Y_3)	0.39	0.47	0.33	0.22	-0.21	0.6	1	0.82
研究收入	(Y_4)	0.22	0.35	0.34	0.4	-0.27	0.25	0.82	1

由表 C6.3 相關分析顯示：

1. 教師人數（X_1）與人員維持費（X_2）之間的相關係數最高（0.94），次高相關係數 0.82，發生其他著作（Y_3）與研究收入（Y_4）之間。

2. 呈現非同向性的投入產出變數關係：投入項作業維持費（X_3）、軍事投資（X_4）與產出項畢業人數（Y_1）有負相關係數，係數為（-0.11）、（-0.13），說明了投入項與產出項間不具什麼相關性，顯示提高作業維持費與軍事投資經費，未必畢業人數會增加。理論上要求投入／產出項目間應具正向相關關係，但實際辦學環境下，若投入／產出項目僅考量同向性（isotonicity），而不從實際面考量，辦學績效容易產生失真現象。

3.投入項間均成正相關，其中教師人數（X_1）與人員維持費（X_2）之間的相關係數最高（0.94），顯示教師人數愈多，人員維持費愈高，餘投入項爲低的正相關，表示存在某種生產函數關係。

4.產出項目間關係：畢業人數（Y_1）與期刊篇數（Y_2）、其他著作（Y_3）、研究收入（Y_4）爲負相關，係數分爲（-0.05）、（-0.21）、（-0.27），投入項目間呈現負相關，說明不會因畢業人數的增減，而影響期刊篇數、著作的篇數及研究的收入。

三、DEA 模式與 FDH

　　本研究採用 DEA 控制模式與非控制模式、FDH 與成本模式作爲分析評估模式。爲了檢視各醫院是否盡可能降低使用投入資源，以維持現在營運產出水準，本研究採用投入導向（input-oriented）DEA 模式。本小節說明模式概念、用途與線性規畫劃式。有關 DEA 理論詳細介紹，讀者請參閱 Cooper et al.（2000）。

（一）DEA 控制模式

　　Charnes, Cooper and Rhodes（1978）參考 Farrell（1957）之效率觀念，提出 CCR 模式，用以評估技術效率，其基本假設爲固定規模報酬。假設評估 n 個 DMUs，若每一個 DMU 運用了 m 個投入項目，而有 s 個產出。投入導向觀點希望在現有的產出基礎下，投入資源最經濟（少），爲達此目標，CCR 模式的線性規劃式如下：

$$\text{Mi}\,\theta_C - \varepsilon\left(\sum_{i=1}^{m} s_i^- + \sum_{r=1}^{s} s_r^+\right) \qquad\qquad\text{(C6.1)}$$

$$\text{s.t.}\quad \theta_C x_{io} = \sum_{i=1}^{m} x_{ij}\lambda_j + s_i^-, i = 1,\dots, m$$

$$y_{ro} = \sum_{r=1}^{s} y_{rj}\lambda_j - s_r^+, r = 1,\dots, s$$

$$s_i^-, s_r^+, \lambda_j \geq 0$$

技術效率值代表各系所之整體表現,其值愈高表示整體運作愈有效率。透過 CCR 模式可計算出 DMU 的技術效率/純技術效率(θ_C)、權重 λ 與寬鬆變數(s_i^-, s_r^+)。其中 ε 為非阿基米德數、x 為投入項、y 為投產出項、$\forall x_{ij}, y_{rj} \geq 0$。

為區隔技術效率與規模效率,並求出純技術效率,Banker et al.(1984)遂提出 BCC 模式,模式基本假設為假設變動規模報酬,投入導向 BCC 模式的線性規畫劃式如下:

$$\text{Min}\quad \theta_B - \varepsilon\left(\sum_{i=1}^{m} s_i^- + \sum_{r=1}^{s} s_r^+\right) \qquad\qquad\text{(C6.2)}$$

$$\text{s.t.}\quad \theta_B x_{io} = \sum_{i=1}^{m} x_{ij}\lambda_j + s_i^-, i = 1,\dots, m$$

$$y_{ro} = \sum_{r=1}^{s} y_{rj}\lambda_j - s_r^+, r = 1,\dots, s$$

$$\sum_{j=1}^{n}\lambda_j = 1\ ,\ s_i^-, s_r^+, \lambda_j \geq 0$$

透過 BCC 模式可計算出 DMU 的純技術效率(θ_E)、權重 λ 與寬鬆變數(s_i^-, s_r^+)。θ_C/$\theta_B = \theta_S$(規模效率)。純技術效率值表示各系所在各年度中,對於各項投入要素是否有效運用以達到產出極大化,其值愈高表示在各投入要素的使用上愈有效率。規模效率值表示

各系所在各年度中教師人數、人員薪資與經常支出費用等方面，是否適當，其值愈高表示規模大小愈合適，愈接近最適規模。

Banker（1984）提出最適生產規模大小（MPSS），來檢視無效率單位的生產規模（returns to scale，RTS）。Banker and Thrall（1992）提出定理證明，指出當某個目標 DMU 其參考集合之 λ 的總和爲 1，亦就是 $\sum_{j=1}^{n} \lambda_j^* = 1$ 時，表示投入一單位生產要素，可以產出一單位產品，其規模報酬是固定的；當 $\sum_{j=1}^{n} \lambda_j^* < 1$ 時，表示該決策單位處於規模報酬遞增，只要額外投入一單位的生產要素，會產出一單位以上的產品，因此應擴充規模，增加投入量，以生產出更多的產品，來提高組織的經營效率；反之，若 $\sum_{j=1}^{n} \lambda_j^* > 1$，表示規模報酬遞減，投入一單位的生產要素，會產出小於一單位的產品，因此應減少投入量，調整規模大小，以達最具生產的規模。

（二）DEA 非控制模式

當 DMU 在現實環境中，無法控制投入或（且）產出項目的改善時，CCR 或 BCC 模式無法用以評估 DMUs 的相對總體、技術與規模效率。Banker et al.（1986）修改 CCR 模式，提出 NCN model，無法處理外生固定（exogenously fixed）變數的缺點，此模式求得純技術效率。非控制變數模式的線性規劃式如下：

$$\text{Min} \quad \theta_c - \varepsilon \left(\sum_{i \in D} s_i^- + \sum_{r=1}^{s} e_r \right) \tag{C6.3}$$

$$\text{s.t.} \quad \theta_c x_{ik} = \sum_{j=1}^{n} \lambda_j x_{ij} + s_i, \; i \in C$$

$$x_{ik} = \sum_{j=1}^{n} \lambda_j x_{ij}, \; i \in NC$$

$$y_{rk} = \sum_{j=1}^{n} \lambda_j y_{rj} - e_r, \quad i \in C$$

$$y_{rk} = \sum_{j=1}^{n} \lambda_j y_{rj}, \quad i \in NC$$

$$L \leq \sum_{j=1}^{m} \lambda_j \leq U$$

$$\lambda_j \geq 0, \quad j = 1, \ldots, n$$

$$s_i, e_r \geq 0, \quad i = 1, \ldots, m \,、\, r = 1, \ldots, s$$

其中 ε 為非阿基米德數、λ 為權重、與（s_i^-, s_r^+）為寬鬆變數、X 為投入項、Y 為投產出項、$i, j \in C$ 代表可控制投入／產出項目、$i, j \in NC$ 代表非控制投入／產出項。

其中 ε 為非阿基米德數、λ 為權重、與（s_i^-, s_r^+）為寬鬆變數、X 為投入項、Y 為投產出項、$i, j \in C$ 代表可控制投入／產出項目、$i, j \in NC$ 代表非控制投入／產出項。

模式 1 式中 L 與 U 代表權重總合的上下界，其運用時機如下：

1. 若 L=U=0 時，與 CCR 模式相對應；若 L=U=1 時，與 BCC 模式相對應。

2. 若 L=1 且 U=∞ 時，為規模報酬遞增的非控制變數模式（non-controlled model under increasing returns-to-scale, NDIRS）；若 L=0 且 U=1 時，則稱為規模報酬遞減的非控制變數模式（non-controlled model under decreasing returns-to-scale, NDDRS）。

　　由表 C6.3 中可發現：投入項部分的增加，並不會使得產出向有相對的增加，符合變動規模報酬假設（variable returns to scale, VRS）。四個產出項中，期刊篇與研究收入為非控制變數，因期刊是否能被接收刊登與研究計畫是否能被國科會或國防部接受並予獎助，未必能由各系所教師自身所能控制。其次，為確保各系所能妥善運用現行投入資源，以提供最大教育產出水準。故本研究採取產出導 DEA NCN-VRS 模式來分析向模式，並假設各系所教學品質與學人力素質均相同。

（三）FDH

　　Deprins, Simar and Tulkens（1984）年首先提出 FDH，再由 Tulkens（1993）作進一步的方法界定與理論說明，認為效率決策單位（DMUs）只受實際觀察績效值影響，其參考群體的選擇是實際發生的觀察 DMU，而非理論所推導出的虛擬 DMU，既生產可能集合為：$P_{FDH} = \{(X,Y)|X \geq X_j, Y \leq Y_j, X, Y \geq 0, j = 1, \ldots, n\}$。因此其效率前緣線呈現出階梯式的前緣方式，而不是一般 DEA 法所呈現出的包絡曲線，這種結果造成幾乎所有的 DMU 皆為有效率，因此較無法區隔出何者為真正有效率。茲將線性規劃模式列述如下：

$$\text{Min} \quad \theta \tag{C6.4}$$

$$\text{s.t.} \quad \sum X_j \lambda_j \leq \theta X_k$$

$$\sum_{j \in II} Y_j \lambda_j \geq Y_k$$

$$e\lambda = 1, \lambda_j \in \{0,1\}$$

（四）成本模式

Cooper et al.(2000)引用利潤效率觀念而提出成本模式，以 DMU 的實際成本與最適成本相比所得之效率值。成本模式的線性規劃式如下：

$$\text{Min} \quad \sum_{i=1}^{m} C_{ik} X_i \tag{C6.5}$$

$$\text{s.t.} \quad X_{ik} \geq \sum_{j=1}^{n} X_{ij}\lambda_j , \quad i = 1,\cdots,m$$

$$Y_{rk} \leq \sum_{j=1}^{n} Y_{rj}\lambda_j , \quad r = 1,\ldots,s$$

$$L \leq \sum_{j=1}^{n} \lambda_j \leq U$$

$$\lambda_j \geq 0, j = 1,\ldots,n$$

C_{ik}：DMU_k 的第 i 項投入要素的單位成本

模式（C6.5）延用 CCR／BCC 模式中的變數意義，此處僅對不同於前述模式變數意義解釋如下：若處於 CRS 下，則令 $L = 0, U = \infty$；處於 VRS 下，則令 $L = U = 1$。另令 C_{ik}： DMU_k 的第 i 項投入要素的單位成本（unit cost）。其餘變數意義如 CCR／BCC 模式中的變數定義。運用成本模式可計算出 DMU_k 的最佳多重投入／產出項目組合的成本，即 $\sum_{i=1}^{m} C_{ik} X_{ik}^*$。將多重投入／產出項目組合的成本與原多重投入／產出項目組合的成本，即 $\sum_{i=1}^{m} C_{ik} X_{ik}$ 相除，便可求得相對成本效率，即 $\theta_k^C = \dfrac{\sum_{i=1}^{m} C_{ik} X_{ik}^*}{\sum_{i=1}^{m} C_{ik} X_{ik}}$。透過此模式，則可計算在現有的投入與產出組合下的成本效率。

實證分析

一、效率分析

經由控制變數模式、非控制變數模式、成本模式與 FDH 模式之運算,可衡量六個系所四年度共二十四個 DMUs 之辦學效率。表 C6.4 為 24 個樣本系所效率值表。由表中可以發現:

1.在控制變數模式下,D 與 F 系所四年度均有純技術效率,B 系所第四年度未達純技術效率,餘系所第四年均達純技術效率。A、C 與 F 系所第四年已達規模效率與最適生產規模大小,餘系所則未有規模效率。其中,B 系所四年均無規模效率,顯示其改善方向應著重於規模的改善。B 與 E 系所第四年處規模報酬遞增,應當擴大調整;D 系所第四年處規模報酬遞減,應適當縮小調整。

2.在非控制變數模式下,B、C、D、E 與 F 系所四年均達純技術效率,A 系所第四年均未達純技術效率。A、C 與 F 系所第四年已達規模效率,餘系所則未有效率。

3.在成本模式下,平均變動成本效率為 84.04%,顯示可改善 15.96%的成本投入,以達現有教育產出水準。D 系所四年均有成本效率,而 B 系所四年均無成本效率。A 與 C 系所第四年已達成本效率,餘系所則未達成本效率。

4.在 FDH 模式下,僅有 B 與 E 系所第三年度無辦學效率,餘系

所各年度均有效率。經與 BCC 之結果比較，本研究發現 FDH

較不嚴謹，因無法區別出有效率之 DMUs。

表 C6.4 樣本系所效率值表

系所／年度	DMU Code	控制模式				非控制模式			成本模式		FDH
		技術效率	純技術效率	規模效率	RTS	技術效率	純技術效率	規模效率	固定效率	變動效率	
A-85	(1)	100	100	100	MPSS	100	100	100	81.78	82.11	100
A-86	(2)	100	100	100	MPSS	100	100	100	923.6	96.30	100
A-87	(3)	89.54	89.84	99.67	MPSS	93.21	93.25	99.95	78.16	82.91	100
A-88	(4)	100	100	100	MPSS	100	100	100	94.44	100	100
B-85	(5)	91.27	100	91.27	IRS	96.86	100	96.86	42.72	67.90	100
B-86	(6)	95.36	100	95.36	DRS	100	100	100	51.98	68.84	100
B-87	(7)	99.98	99.99	99.98	DRS	45.44	45.45	99.97	44.39	64.80	0.9997
B-88	(8)	51.83	53.8	96.33	IRS	39.61	100	39.61	21.13	54.02	100
C-85	(9)	95.34	100	95.34	IRS	100	100	100	40.49	41.59	100
C-86	(10)	78.18	96.36	81.13	DRS	72.84	100	72.84	56.68	64.23	100
C-87	(11)	72.75	100	72.75	DRS	70.21	100	70.21	73.72	100	100
C-88	(12)	100	100	100	MPSS	100	100	100	75.99	100	100
D-85	(13)	100	100	100	MPSS	100	100	100	100	100	100
D-86	(14)	100	100	100	MPSS	100	100	100	100	100	100
D-87	(15)	74.19	100	74.19	DRS	70.06	100	70.06	87.67	100	100
D-88	(16)	84.35	100	74.19	DRS	88.8	100	88.8	75.81	100	100
E-85	(17)	100	100	100	MPSS	100	100	100	100	100	100
E-86	(18)	100	100	100	MPSS	100	100	100	100	100	100
E-87	(19)	55.37	57.11	96.95	DRS	56.63	100	56.63	53.41	66.50	0.928
E-88	(20)	59.18	100	59.18	IRS	48.27	100	48.27	28.67	44.62	100
F-85	(21)	100	100	100	MPSS	100	100	100	100	100	100
F-86	(22)	95.78	100	95.78	IRS	100	100	100	87.60	97.06	100
F-87	(23)	100	100	100	MPSS	100	100	100	96.67	100	100
F-88	(24)	100	100	100	MPSS	100	100	100	84.08	87.90	100
Mean		89.297	95.713	93.005		86.517	94.920	91.255	73.66	84.04	91.747

二、參考群體分析

　　參考群體分析的目的在於檢視相對效率的樣本系所，被無效率的樣本系所作為改善效率的參考對象與頻率。表 C6.5 為在控制變數、非控制變數模式及成本模式下，各無效率樣本的參考集合與被參考次數。在可控制變數模式下，D 系所 86 年度被參考 9 次，可作為辦學績效標竿的系所；E-86 與 F-88 年度被無效率樣本系所參考 0 次，意謂者該二樣本系所有競爭利基。在非控制變數模式下，A 系所 86 年度與 C 系 85 年度被無效率樣本系所各參考 2 次（最高），可作為辦學績效標竿的系所；餘 15 個樣本系所被無效率樣本系所參考 0 次，意謂者這 15 個樣本系所有競爭利基。在成本模式下，F 系所 86 年度各被參考 10 次、D 系所 86 年度各被參考 9 次，可作為成本效率標竿的系所；A 系所 88 年度、 C 系所 87 年度與 E 系所 85、87- 88 年度被參考 0 次，意謂者這些樣本系所有競爭利基。

三、差額變數分析

　　透過差額變數分析，可進一步找出無效率的 DMU 為達 MPSS，從原透入／產出項目的數值投至效率前緣線後，尚可改善的數量。表 C6.6 為在控制變數模式下無效率 DMUs 若要達到 MPSS 時的差額變數分析數值。表 C6.7 為在非控制變數模式下無效率 DMUs 的差額變數分析數值。表 C6.8 為無成本效率 DMUs 的差額變數分析數值。由差額變數分析中，有以下研究發現：

表 C6.5 無效率單位參考群體與次數

系所／年度	DMU Code	控制模式-VRS		非控制模式-VRS		成本模式-VRS	
		參考群體	參考次數	參考群體	參考次數	參考群體	參考次數
A-85	(1)	1	5	1	0	14,17,18,21,23	0
A-86	(2)	2	5	2	2	12,17,18	0
A-87	(3)	2,4,14,23	0	2,4,9,13, 14,22	0	17,21	0
A-88	(4)	4	4	4	1	4	0
B-85	(5)	1,2,14	0	5	0	18,21,23	0
B-86	(6)	2,14,18	0	6	1	18,21,23	0
B-87	(7)	2	0	2,6,9	0	18,21	0
B-88	(8)	1,12,14	0	8	0	18,21	0
C-85	(9)	1,12,13,14	0	9	2	14,17,18,10	0
C-86	(10)	1,12,14	0	10	0	12,14,17,18	0
C-87	(11)	2,4,17,21	0	11	0	11	0
C-88	(12)	12	5	12	0	12	2
D-85	(13)	13	4	13	1	13	0
D-86	(14)	14	9	14	1	14	5
D-87	(15)	13,14,21	0	15	0	15	0
D-88	(16)	1,12,13,14,17	0	16	0	16	0
E-85	(17)	17	4	17	0	17	7
E-86	(18)	18	1	18	0	18	9
E-87	(19)	4,17,21	0	19	0	17,21	0
E-88	(20)	12,13,21	0	20	0	21,23	0
F-85	(21)	21	4	21	0	21	10
F-86	(22)	4,14,17,23	0	22	1	14,21,23	0
F-87	(23)	23	2	23	0	23	7
F-88	(24)	24	1	24	0	14,17,18,21,23	0

1. 在控制變數模式下，就投入項而言，3 個樣本系所平均須減少 2.227 教師人數，3 個樣本系所平均須減少人員維持費 1,668,822.167 元，1 個樣本系所減少作業維持費 151,736.8 元，3 個樣本系平均須減少軍事投資 893,523.9 元；同時就產出項而言，2 個樣本系平均須增加畢業生 54.307 人；2 樣本系平均須增加期刊發表數 0.069 篇；4 個樣本系平均須增加著作 5.471

本，3 個樣本系平均須增加研究收入 209,633.767 元，才能達
到 MPSS 狀態。

2. 在非控制變數模式下，就投入項而言，1 個樣本系平均須減少
0.999　教師人數，2　個樣本系平均須減少人員維持費
916,143.119 元，2 個樣本系平均須減少軍事投資 385,614.119
元；同時就產出項而言，2 個樣本系平均須增加畢業生 35.953
人；　2 個樣本系平均須增加著作 3.290 本，才能達到最適生產
規模大小。

3. 無成本效率樣本系所為改善其效率，須減少師人數投入與增加
畢業生人數、期刊發表數、著作出版數與研究收入數。平均而
言，13 個樣本系平均須減少 3.735 教師人數，5 個樣本系平均
須增加畢業生　20.331　人；　3　樣本系平均須增加期刊發表數
10.580 篇；6 個樣本系平均須增加著作 3.429 本，11 個樣本系
平均須增加研究收入 950,012.3 元。如此一來，13 個樣本系所
平均須減投入成本 3242969.987 元。

表 C6.6　控制變數模式差額變數分析表

系所／年度	DMU Code	投入				產出			
		X_1	X_2	X_3	X_4	Y_1	Y_2	Y_3	Y_4
A-87	（3）				65,955.937		0.098		9,959.807
B-87	（7）	0.999	1,711,377.62		771,146.283	66.979		6.000	
B-88	（8）		595,282.453			41.634		7.946	407,716.89
C-86	（10）	5.395	2,699,806.42					3.194	211,224.57
E-87	（19）	0.269		151,736.79	1,843,469.48		0.004	4.746	
有差額變數 DMU 個數		3	3	1	3	2	2	4	3
Mean		2.227	1,668,822.167	151,736.8	893,523.9	54.307	0.069	5.471	209,633.767

表 C6.7　非控制變數模式下差額變數表

系所／年度	DMU Code	投入				產出			
		X1	X2	X3	X4	Y1	Y2	Y3	Y4
A-87	（3）		120,908.619		4.916	4.916		0.578	
B-87	（7）	0.999	1,711,377.62		771,224.98	66.989		6.001	
有差額變數 DMU 個數		1	2		2	2		2	
Mean		0.999	916,143.119		385,614.948	35.953		3.290	

表 C6.8　成本效率差額變數表

系所／年度	DMU Code	投入		產出				
		總成本	X1	Y1	Y2	Y3	Y4	
A-85	（1）	1,716,634.8	1.682					
A-86	（2）	367,161.1	0.357			1.143	500,864.29	
A-87	（3）	1,983,341.1	1.462		0.269	1.538	875,484.62	
B-85	（5）	4,264,824	2.667	25.143			534,280.95	
B-86	（6）	3,787,445.2	3.667		30.857		623,552.38	
B-87	（7）	4,152,602.4	4	34		5	1,585,650.00	
B-88	（8）	5,124,773.3	4.333	30		4	1,899,483.3	
C-85	（9）	5,221,108.3	11.793				443,984.59	
C-86	（10）	3,533,470.5	7.068				275,669.52	
E-87	（19）	4,354,586.8	3.769		0.615	6.231	1,549,207.7	
E-88	（20）	5,520,119.3	6.667	11.667		2.667	922,233.33	
F-86	（22）	368,391.93	0.156	0.844			1,239,724.6	
F-88	（24）	1,764,151.1	0.940					
有差額變數 DMU 個數			13	5	3	6	11	
Mean		3,242,969.987	3.735	20.331	10.580	3.429	950,012.3	

四、目標改善分析

　　透過差額變數分析，可找出無效率樣本系所為達 MPSS，尚須減少投入或增加產出的數量。無效率樣本系所之最適改善目標，建議無效率 DMUs 要達到相對有效率時，各投入／產出項所應達到的數量

與潛在可能改善空間。表 C6.9 為控制變數模式無辦學效率系所的改
善目標與潛在改進率，表 C6.10 控制變數模式無辦學效率系所的改善
目標與潛在改進率　表 C6.11 成本模式無成本效率系所的改善目標與
潛在改進率。茲將無效率樣本系所目標改善幅度分析如下：

（一）辦學效率目標改善分析

1.在控制變數模式下，B 系所 88 年度辦學效率最低，要達最適
效率其作法如下，投入項部分：人員維持費（X_2）由 7,982,820
減至 7,387,538（減少 7.46%）；產出項部分：畢業人數（Y_1）
由 7 增至 54.64 人（增加 680.63%），期刊篇數（Y_2）由 3 增
至 5.58（增加 85.87%），著作數（Y_3）由 4 增至 15.38（增加
284.51%），研究收入數（Y_4）由 180600 增至 7,433,996.49 元
（增加 311.63%）。

2.在期刊篇數與研究收入列為不可控制變數下，B 系所 87 年度
為辦學效率最低，要達最適效率其作法如下，投入項部分：教
師數由 10 減至 9 人（-9.99%），人員維持費（X_2）由 8,651,255
減至 6,940,118.569（-19.78%），軍事投資（X_4）由 1,404,340
減至 633,115.020 元（-54.92%）；產出項部分：畢業人數（Y_1）
由 7 增至 73.989（增加 956.98%），著作數（Y_3）由 5 增至 11
（增加 120.01%）。

（二）成本效率目標改善分析

在成本模式下，以 C 系所在 85 年度同成本效率最低為例。該系
所要達最適效率須使用教師人數 7.207（-62.07%），才能有最適投入

成本 3,718,032.07 元（-58.41%）。

表 C6.9 與表 C6.11 均顯示無辦學效率與無成本效率的樣本系所平均在畢業生人數與研究收入二項產出有很大的改善空間，因其目標改善比率高。因此，國防部應擴大各系所招訓原額，以達教學經濟規模；學校教育管理者應勵教師多申請國科會研究計畫與國防部專案計畫專案，並訂定研究獎勵措施鼓勵教師從事教學與研究。

表 C6.9 控制變數模式下無效率單位最適目標和潛在改善率

系所／年度	DMU Code	最適目標							
		X_1	X_2	X_3	X_4	Y_1	Y_2	Y_3	Y_4
A-87	（3）	8	7,237,455	72,000	608,794.1	75.682	2.323	8.904	170,229.1
B-87	（7）	9	6,939,877	4,1000	633,193.7	73.980	7	11	0
B-88	（8）	9	7,387,538	73,240	428,680	54.644	5.576	15.381	743,396.5
C-86	（10	12.605	1,0798,664	139,200	740,010	83.022	8.302	18.760	570,190.6
E-87	（19	8.713	7,798,265	178,963.2	428,380.5	89.299	1.791	8.248	108,139.2

系所／年度	DMU Code	潛在改善比率（%）							
		X_1	X_2	X_3	X_4	Y_1	Y_2	Y_3	Y_4
A-87	（3）	0.00	0.00	0.00	-9.77	11.30	16.20	11.30	18.21
B-87	（7）	-10.00	-19.78	0.00	-54.91	956.86	0.00	120.01	0.00
B-88	（8）	0.00	-7.46	0.00	0.00	680.63	85.87	284.51	311.63
C-86	（10	-29.97	-20.00	0.00	0.00	3.78	3.78	25.07	64.84
E-87	（19	-3.19	0.00	-45.88	-81.14	75.10	79.08	312.42	75.10
Mean		-8.63	-9.45	-9.18	-29.16	345.53	36.986	150.66	93.956

表 C6.10 非控制變數模式下無效率單位最適目標和潛在改善率

系所／年度	DMU Code	最適目標							
		X_1	X_2	X_3	X_4	Y_1	Y_2	Y_3	Y_4
A-87	（3）	8	7,116,546.381	72,000	444,042.411	72.916	2	8.578	144,000
B-87	（7）	9	6,940,118.569	41,000	633,115.020	73.989	7	11	0

系所／年度	DMU Code	潛在改善比率（%）							
		X_1	X_2	X_3	X_4	Y_1	Y_2	Y_3	Y_4
A-87	（3）	0	-1.67	0.00	-34.19	7.23	0.00	7.23	0.00
B-87	（7）	-9.99	-19.78	0.00	-54.92	956.98	0.00	120.01	0.00

表 C6.11　成本模式下無效率單位最適目標與潛在改善率

系所／年度	DMU Code	最適投入成本	最適目標				
			X_1	Y_1	Y_2	Y_3	Y_4
A-85	（1）	7,876,338.84	7.318	66	5	13	737,300
A-86	（2）	9,559,358.5	8.643	74	7	12.143	500,864.29
A-87	（3）	9,619,591.71	6.538	68	2.269	9.538	1,019,484.62
B-85	（5）	9,022,168	5.33	40.123	5	11	714,880.952
B-86	（6）	7,635,080.8	6.333	42.857	8	12	623,552.381
B-87	（7）	7,674,243.6	6	41	7	10	1,585,650
B-88	（8）	6,020,906.67	4.667	37	3	8	2080083.33
C-85	（9）	3,718,032.07	7.207	59	5	18	443,984.587
C-86	（10	6,344,719.54	10.932	80	8	15	621,569.516
E-87	（19	8,645,650.02	5.231	51	1.615	8.231	1,693,207.69
E-88	（20	4,446,847.53	4.333	36.667	2	8.667	1,551,533.33
F-86	（22	12,149,378.1	4.844	36.844	3	12	1354124.59
F-88	（24	12,820,610.9	6.060	42	6	15	688,600

系所／年度	DMU Code	潛在改善比率（%）					
		成本	X_1	Y_1	Y_2	Y_3	Y_4
A-85	（1）	-17.89	-18.69	0	0	0	0
A-86	（2）	-3.70	-0.357	0	0	10.39	0
A-87	（3）	-17.09	-18.27	0	13.46	19.23	607.98
B-85	（5）	-32.10	-33.33	167.62	0	0	295.84
B-86	（6）	-33.16	-36.67	257.14	0	0	0
B-87	（7）	-35.11	-40.00	485.71	0	100	0
B-88	（8）	-45.98	-48.15	428.57	0	100	0
C-85	（9）	-58.41	-62.07	0	0	0	0
C-86	（10	-35.77	-39.27	0	0	0	79.70
E-87	（19	-33.50	-41.88	0	61.54	311.54	0
E-88	（20	-55.38	-60.61	46.67	0	44.44	146.55
F-86	（22	-2.94	-3.11	2.35	0	0	0
F-88	（24	-12.10	-13.43	0	0	0	0
Mean		-29.47	-31.99	106.77	5.77	45.05	86.928

五、辦學效率與成本效率之關係

　　爲進一步瞭解 24 個樣本系所辦學效率與成本效率之關係，逐進行相關係數分析。相關係數分析使用樣本系所之控制模式下純技術效率與成本模式下變動效率。樣本系所辦學效率與成本效率間有低度正相關，其相關係數爲 0.309。由相關係數值中，本研究無法獲得強力統計支持，推論出一個有高辦學效率系所同時亦會高成本效率。圖 C6.1 爲辦學效率與成本效率關係圖。

　　圖 C6.1 中，橫軸爲辦學效率值，縱軸爲成本效率值。若各以較高的效率值來作劃分，可將圖 1 區分爲四象限，第 I 象限：高辦學效率與成本效率；第 II 象限：低辦學效率與高成本效率；第 III 象限：低辦學效率與低成本效率；第 IV 象限：高辦學效率與低成本效率。24 個樣本系所分別座落於四個不同象限，說明如下：

　　第 I 象限：13 樣本系所分別座落於此象限，分別爲 A（86、88）、C（87-88）、D（85-88）、E（85、86）與 F（85-87）。這些系所是辦學成效績優單位，其中以 D 系所最佳，因四年度均有辦學效率與成本效率。

　　第 II 象限：無樣本系所分別座落於此象限，即不存在一個樣本系所有低辦學效率同時亦有高成本效率。

　　第 III 象限：3 樣本系所分別座落於此象限，分別爲 A（87）、E（87）、B（88）樣本系所。其中 A（87）應加強成本效率的改善，E（87）與 B（88）則應著重於辦學效率與成本效率的改進。

　　第 IV 象限：8 樣本系所分別座落於此象限，分別 A（85）、 B

（85-87）、 C（85-86）、 E（88）與 F（88）。這些樣本系所使用較高的投入成本，來維持現有的辦學水準。因此，這些樣本系所應減少投入項的使用成本，以改進成本效率。

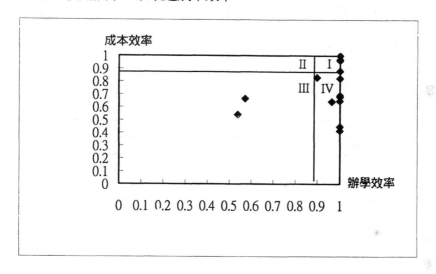

圖 C6.1 辦學效率與成本效率關係圖

六、敏感度分析

DEA 在實際運用時，會因所選用不同的投入項與產出項，而影響其效率值，因此當增減投入／產出項時，必須重新執行 DEA 的運算，以檢視該變動是否會對效率值有影響，並可瞭解原項目的選擇是否正確。本研究考量不同合理投入與產出項之組合，列出三種組合，進行敏感度分析。表 C6.12 為不同模式之投入／產出項組合。

表 C6.12 投入／產出項組合表

	變數	原始模式	模式 1	模式 2	模式 3
投入項	教師人數：X_1	V	V	V	V
	人員維持費：X_2	V	V		
	作業維持費：X_3	V	V		
	軍事投資：X_4	V	V		
	教育經費：X_5 （$X_1 + X_2 + X_3$）			V	V
	行政人力：X_6		V		V
產出項	畢業人數：Y_1	V	V	V	V
	期刊篇數：Y_2	V	V	V	V
	著作：Y_3	V	V	V	V
	研究收入：Y_4	V	V	V	V

　　表 C6.12 之 3 組不同投入與產出項組合，經由 DEA 控制與非控制二種不同模式運算後，可求得不同模式下 24 個樣本系所的純技術效率值，如表 C6.13 與 C6.14 所示。茲將敏感度分析發現，說明如下：

（一）在控制變數模式下

　　與原始模式比較，Model 1 有效率 DMUs 為 20 個，增加 1 個；Model 2 有效率 DMUs 為 13 個，減少 6 個；Model 3 有效率 DMUs 為 12 個，減少 7 個。當投入項或產出項增加，有效率的 DMU 個數同時增加，此發現結果與 DEA 文獻相符。

　　在原始模式中，B-87、 B-88 、C-86、 E-87 等四個為無效率樣本系所， 同樣在其他三個模式中亦無效率。而 A-87 僅在原始模式與 Model 2 為無效率，在其他模式下則有效率。在投入與產出項使用多的模式中，一個有最低的無效率值的 DMU，同時在投入與產出項使用少的模式中，也會變得無效率。

（二）在非控制變數模式下

與原始模式比較，Model 1 有效率 DMUs 為 22 個，未有增加；Model 2 有效率 DMUs 為 12 個，減少 10 個；Model 3 有效率 DMUs 為 14 個，減少 8 個。當投入項或產出項減少時，有效率的 DMU 個數亦同時減少。

在原始模式中，E-87 樣本系所有最低的效率值，同樣在其他三個模式中亦無效率。

表 C6.13　控制變數模式純技術效率敏感度分析

DMU	原始模式	Model 1	Model 2	Model 3
A-85	100	100	100	100
A-86	100	100	100	100
A-87	89.84	100	78.82	100
A-88	100	100	100	100
B-85	100	100	46.57	100
B-86	100	100	58.49	100
B-87	99.99	99.99	49.36	87.5
B-88	53.8	55.47	28.53	49.86
C-85	100	100	69.21	69.21
C-86	96.36	96.36	85.71	85.71
C-87	100	100	100	100
C-88	100	100	100	100
D-85	100	100	100	100
D-86	100	100	100	100
D-87	100	100	100	100
D-88	100	100	100	100
E-85	100	100	100	100
E-86	100	100	100	100
E-87	57.11	57.11	56.63	56.63
E-88	100	100	39.83	39.83
F-85	100	100	100	100
F-86	100	100	94.78	94.78
F-87	100	100	100	100
F-88	100	100	86.27	86.27

表 C6.14 非控制變數模式純技術效率敏感度分析

DMU	原始模式	Model 1	Model 2	Model 3
A-85	100	100	100	100
A-86	100	100	100	100
A-87	93.26	100	94.15	100
A-88	100	100	100	100
B-85	100	100	66.26	100
B-86	100	100	100	100
B-87	45.45	45.45	39.72	44.45
B-88	100	9.1	34.1	44.01
C-85	100	100	100	100
C-86	100	100	98.45	98.45
C-87	100	100	100	100
C-88	100	100	100	100
D-85	100	100	100	100
D-86	100	100	100	100
D-87	100	100	100	100
D-88	100	100	100	100
E-85	100	100	100	100
E-86	100	100	100	100
E-87	100	100	55.43	55.43
E-88	100	100	45.43	45.43
F-85	100	100	100	100
F-86	100	100	100	100
F-87	100	100	100	100
F-88	100	100	81.92	81.92

註：效率值為%。

管理意涵

　　本研究的目的在於說明資料包絡分析法（DEA）能作為一個軍事院校辦學績效評估管理方法，使得國防部能有效地對軍事院校作好績效管理。為確保軍事院校能有效運用有限的國防預算，以達成辦學成效，需要一套合理客觀的績效評估方式。因軍事教育投資成本高，

國防部及軍事院校教育管理者更應重視各院校辦學成效。藉由本研究之範例說明，資料包落分析法可協助國防部及軍事院校教育管理者分配與運用有限教育資源，並提供辦學績效改善方向。茲本研究提供軍事院校與國防部重要的管理意涵，說明如下：

一、對國防部而言

本研究除可提供國防部作為對所屬國軍軍事院校進行辦學成效評估之績效管理工具，亦可應用國軍各類型軍事機構，包含行政單位、生產工產、醫院、後勤維修單位、人才招募中心、新兵訓練中心與三軍部隊等。

在教育資源日益緊縮之際，本研究結果可提供國防部決定各軍事院校間教育資源分配比例時作為參考。

本研究係對教育資源投入與產出作相對辦學績效之評估，教育評鑑則屬對教育品質之評估，二者可相互為用，可協助國防部使用最適國防預算，確保教育目標之達成與有效能地提昇教育品質。

二、對軍事院校而言

DEA 可被使用作為對系所辦學成效評估之標竿管理工具，確保有效運用教育投入資源，以達到辦學成效。

DEA 利用事後資料為基礎作效率之衡量，其衡量結果是作相對性的，而非絕對性的。

DEA 能衡量出軍事院校所屬系所的辦學效率與成本效率，各院

校可以 DEA 所運算之投射值（改善值）作為經營績效者改善的方向及管理目標，並調整各項投入、產出值，以達最適規模及節流之目的。

　　管理者使用多年度資料，可進行長期趨勢研究，以發覺各系所效率值之變動。

　　DEA 之效率值受投入與產出項組合之影響，故作業分析時，應慎選投入與產出項。同時 DMU 個數須大於投入與產出項總和的二倍，不足夠的樣本 DMU 個數會造成有效率的 DMU 個數增加。

結論與建議

　　本研究說明 DEA 如何可以作未來國防部對所屬軍事院校或軍事院校本身對所屬系所，進行辦學成效評估的管理工具。經由文獻探討與實證研究之分析，本研究確認 DEA 之可應用性。鑑於國防預算有限，本研究呼籲國防部更應重視國軍各單位的生產力變動之成因與如何衡量之問題。

　　本研究以國防管理學院為例，以 DEA 模式來評估該院各系所85-88 年度辦學成效。實證分析結果顯示，在控制變數模式下，有 19個樣本系所有辦學效率；在非控制變數模式下，有 22 個樣本系所有辦學效率；在成本模式下，11 個樣本系所有成本效率。此外，本研究發現，四個年度中，僅 A 系所均處最適生產規模大小，且只有 D系所均有辦學效率與成本效率。另經營運改善目標之討論，可發現減少人數、人員維持費作、作業維持費，是無效率單位共同努力的目標，值此教育資源日益緊縮之際，各院校在教育資源使用方面亦應開源節

流。由樣本系所辦學效率與成本效率之相關分析中，本研究無法獲得強力統計支持，推論出一個有高辦學效率系所同時亦會高成本效率。本研究亦將 DEA 與 FDH 作比較，發現在 FDH 模式下許多樣本系所變為有效率，顯示 FDH 較不嚴謹，無法找出真正有效率單位。

　　本研究可比較兩個學校或一個學校兩個不同時期的資源分配政策，提供教育主管機關調整資源資參考。因部分投入與產出的項目（如授課時數、學生滿意度、畢業生就業狀況、教育品質指標）無法獲得，本研究僅就可獲得項目納入模式中，進行分析。後續研究可就辦學成效三構面：教學、服務、研究，同時考量辦學品質，選擇適當投入與產出組合，進行分析。為作對比比較，未來研究可將其他國立與私立大學納入 DEA 模式中。最後，後續研究亦可將應用範圍擴大至三軍，包括各類型軍事機構、生產工產、國軍醫院、國軍後勤維修單位、人才招募中心訓練中、三軍部隊等。

個案 7　我國製造業生產力評估

本研究應用資料包絡分析法（Data Envelopment Analysis, DEA）來分析我國製造業十五類產業共 120 家企業 89 年及 90 年前三季之生產力及其變動趨勢。本研究選定 4 個投入項（固定資產、營業總成本、營業費用及員工數）；及 1 個產出項（營業收入）。本研究針對管理者無法控制的變項（如營業收入），首先採用非控制變數模式進行分析；其次利用交叉效率模式計算各產業內最佳相對營運效率企業；接著考量投入項權數限制，使用確定區域模式分析各產業之生產力；再應用對比模式與麥氏指標比較生產力變動趨勢；迴歸分析則用以探討企業內生變數對生產力的影響。研究發現：一、240 個樣本企業在產出不可控制模式下，有 8 個樣本企業具技術效率。在確定區域模式下，有 2 個樣本企業具技術效率；二、各產業自行評比結果，共有 37 家樣本企業達固定規模報酬，133 家樣本企業為遞增規模報酬，70 家樣本企業為遞減規模報酬；三、經交叉效率分析後，發現運輸工業生產力最佳；四、DEA 較 FDH 具效率區別能力；五、89 年度生產力略優於 90 年度；六、內生變數對生產力具中度影響力。

前言

我國屬於海島型國家地狹人稠，自然資源相當缺乏，並於 2002

年加入世界貿易協會（WTO），因為入會後必須確實遵守 WTO 協定之規範，履行我國於入會雙邊及多邊諮商之承諾事項，並配合修正國內不符合 WTO 規定之各項相關法規及行政命令，因此政府對產業之保護將相對減少，短期內難免對部分產業造成影響。在此前提下為使產業界確實掌握我入會所帶來的商機與衝擊，提高生產效率是國家經濟持續成長的重要動力亦是業者當前最重要的議題。

目前我國產業分類共計農業、工業（製造業、水電燃料氣業、營造業）、服務業（批發零售及餐飲業、運輸倉儲及通信業、政府服務、金融保險工商服務業）等三類，依行政院主計處預測民國 90 年國內生產毛額第 3 季三級產業結構延續產業發展趨勢，農業比重 1.6%，工業占 32.6%，服務業占 65.7%。由於我國是以出口為導向的國家，因此工業產品所受到開放市場的壓力最大，在工業裡又以製造業占 26.5%為單項產業國內生產毛額比重最大者。

依行政院經濟建設委員會在民國 89 年加入 WTO 對我國產業影響評估及因應對策總報告裡指出，加入 WTO 之後對個別工業影響，正、負互見。對石化原料、塑膠類、資訊及通訊業等以外銷為主、國際競爭力較強之產業，由於 WTO 各會員國關稅稅率下降，將有利我國產業進一步拓展國際市場，其正面影響較為顯著；但對於汽車業、家電業及重電業，由於以內銷為主，需提升產業之產量規模及品質競爭力，以面對國外之競爭，因此負面影響較為顯著。

由此可見在加入 WTO 之後不論內銷或外銷均對國內製造業衝擊層面勢必最大，為避免製造業者生產力不足而導致我國遭受工業先進國家產品傾銷，不論短期、長期而言，提昇其生產績效乃當務之急。

　　過去文獻在國外有 Thore et al.（1994）、Griliches et al.（1995）、Sudit(1995)、Wu(1995)、Thore et al.（1996）、Thompson et al.(1996)、Zhu（1996）、Kumbhakar et al.　（1997）、Yunos and Hawdon（1997）、Burki and Terrel（1998）、Chandra et al.　（1998）、Linton and Cook（1998）、Pankaj et al.（1998）、Seifert et al.（1998）、Parkan and Wu（1999）、Hibiki and Sueyoshi（1999）、Wu（2000）、Giokas and Pentzaropoulos（2000）、Agrell and West（2001）、Cooper et al.（2001）等人；國內文獻有陳禹彰（1995）、陳慧瀅（2000）、陳巧靜（2001）等人對生產力進行評估。然而這些文獻多以個別產業為比較對象，或以產業加總資料為分析重點，使用方法則多採經濟學上的成本效益分析、生產前緣線評估或是線性迴歸等預設生產函數等方法。

　　這些文獻鮮有探討因不同國情所產生的產業差異性，或未探討不同產業其先生產力之差異，此外產業範圍亦不夠周延。除此之外，這些文獻所使用方法大都只能探討單一投入與產出，或是單一產出與多重投入間之關係，無法解釋無效率原因。本研究採 DEA 來進行分析，因 DEA 可衡量多元投入與多元產出之營利與非營利組織，利用線性規劃方法求出一組適當的權數，進行投入與產出加權後之比率值，找出相對有效率單位，並可提供決策者對於無效率單位改進的方向與幅度。

　　本研究依經濟部工業生產統計分類，選取民生工業、化學工業、金屬機械工業、資訊電子工業四大工業作為資料樣本空間，以每種產業選取資產總額前十五名的企業為研究對象，其中石油及煤製品、菸草、成衣及服飾品、皮革毛及製品、木竹製品、家具及裝設品、印刷

及有關事業等七類製造業，因營運規模較小（營業收入占全部製造業9.264%），故不選爲研究對象。從投入與產出的觀點，運用 DEA 來評估89年及90年前三季製造業生產績效及生產力變動率作爲生產管理之參考，本研究目的爲：一、瞭解國內現行生產力狀況；二、評估個別產業生產力及改善空間；三、提供有關產業營運政策制訂暨管理改善建議。

　　由於提升生產效率爲政府施政重要課題，亦是產業界存亡之關鍵，因此本研究是以 DEA 方法針對製造業進行生產效率研究評估。所謂生產效率是指每單位投入的平均產量，因此將會隨著生產技術水準不同、生產規模不同及生產過程中與環境中管理等技術效率發揮的不同而受到影響，因而生產技術變動、規模效率改變、及技術效率改變均是構成生產力變化的要素，所以如何正確衡量生產力是本研究的重點，研究問題有六點：

　　1.製造業的總體效率、技術效率與規模效率爲何？

　　2.總體產業及各類別產業其營運績效爲何？

　　3.製造業營運績效最佳之產業爲何？

　　4. DEA 與 FDH 對效率區隔能力之比較？

　　5.製造業生產力變動率爲何？

　　6.內生變數對生產力之影響？

　　本文架構共分爲六節：第一節爲前言，敘述研究背景及動機、研究目的與研究問題；第二節爲文獻探討，針對國內外有關生產效率的文獻做有系統的整理與分析，並對 DEA 理論、生產力變動指標與

迴歸分析進行探討；第三節說明進行本研究所採用的方法與資料蒐集、分析模式；第四節提出實證分析；第五節提出結論與建議。

文獻探討

一、績效評估法探討

國內外運用在生產力績效評估的文獻可區分為非應用 DEA 文獻與應用 DEA 文獻兩類，僅以文獻作者、研究目的、投入項目與、研究結果、分析方法，重點摘要詳如表 C7.1 與 C7.2。

表 C7.1　非應用 DEA 進行生產力評估文獻表

作者（年代）	研究目的	績效指標	研究結果	分析方法
Griliches and Regev（1995）	衡量以色列 1979-1988 年兩種工業（採礦業及製造業）22 種工廠營運效率。	投入項：綜合資本、生產量產出項：勞動力	運用 8 種整合性係數：中介投入及固定資本服務、研究發資本及勞動品質、規模、所有權、工廠集團化、成立年數流動狀態、停工年數來衡量營運效率，並以時間縱面作為效率值消長的分析，並將統計數據結構化以供以色列中央統計局作為運用參考。	TFP（total factor productivity）線性迴歸法
Wu（1995）	評估中國大陸 1984-1992 年 61 家國有及地方鐵、鋼工廠的營運效率。	投入項：員工數、資產淨額、資金、成立年數產出項：產出淨值（生鐵、粗鋼、鋼製品）	發現在所評估的工廠平均達到產能的 69-82%，工廠成立歷史及效率呈正相關，工廠的所有權與經濟規模與效率無顯著影響，工廠座落位置與效率有較佳的效率。	stochastic frontier approach

（續）表 C7.1 非應用 DEA 進行生產力評估文獻表

作者 （年代）	研究目的	績效指標	研究結果	分析方法
Sudit （1995）	針對四種主要衡量生產效率的方法及其應用性進行探討。		本文利用四種主要衡量生產效率方法探討生產力、技術效率、技術改變及配置效率這四種常用來衡量生產效率的指標。並概括介紹這四種生產效率衡量方法的優缺點與限制。	partial productivity measures, total factor productivity, DEA, econometric approachs
Kumbhakar et al.（1997）	評估哥倫比亞1968-1988 年 15家水泥工廠的營運效率。	投入項： 資本、勞動力、能源 產出項： 水泥產量	利用 stochastic frontier apporoach 法推導出五種評估模式（CSS、LS、BC1、BC2、BC3），藉以計算在不同時段下經營效率的比較。	Stochastic frontier apoproach
黃寶興（1998）	衡量我國製造業1978-1996 年總因素生產力之決定因素。	投入項： 資本、有效勞動、時間 產出項： 產量	我國雖然製造業中位數產業整體的總因素生產力並未明顯高於台灣總體經濟的總因素生產力，但在個別產業方面則存在明顯的差異。	Translog
Parkan & Wu（1999）	衡量香港1987-1993 年九種製造業的整體營運績效。	投入項： 員工薪資、原物料採購金額、其它支出、固定資產購置 產出項： 營業額、其它收入、固定資產處分	有效區隔香港九種製造業整體營運績效，並發現這些製造業正穩健而且持續增進營運績效。	Operational competitiveness ratings
Wu（2000）	由於中國大陸經濟改革，因此過時的 TFP 評估法並不適用，因此導入前緣生產函數評估中國大陸 27 省1981-1995 年經濟成長。	投入項： 勞動力（就業人口）、投資金額 產出項： 國內生產毛額 GDP	發現資本變動對效率值的影響不大是可容忍的，在 1980 年代中國經濟成長是由於技術進步及投入的增加，這種現象延續至 90 年代更是重要，研究指出經濟改革對區域經濟亦同時具有影響力。	Production frontier approach
Agrell & West（2001）	以一家木製品生產工廠驗證八種衡量生產效率方法的衡量效果。	投入項： 原料、勞工人數、能源消耗、現金、租金存貨、折舊、稅前盈餘、 雜項開支 產出項： 生產椅子數、生產桌子數	指出八種衡量生產效率的方法在效率衡量指標上的均衡性、單調性、及收入最大、成本最小的衡量上均有良好成效，惟無法有效衡量出利潤的效益。	IPE, OCRA, APC, PPP, Laspeyres, Paasche, Fisher, Tornqvist

表 C7.2 應用 DEA 進行生產力評估文獻表

作者 （年代）	研究目的	績效指標	研究結果	使用模式
Thore et al. （1994）	比較美國1981-1990年44家電腦公司營運績效，藉以比較上述兩種方法之效率區別能力。	投入項： 銷售成本、資金、研發費用、管銷費用、勞動力、倉儲成本 產出項： 營業額、稅前盈餘、市場占有率	對快速變遷的電腦市場而言，利用動態性Malmquist型生產指標法似乎較能評估本產業營運效率。	CCR模式 Malmquist Index
陳禹彰 （民84）	分析我國八十二年度工業區之生產效率，佐以差額變數及敏感度分析，以期能提供決策者擬訂全盤性工業區未來發展策略之參考。	投入項： 土地、員工人員、資本額 產出項： 營業額總數	發現加工出口區的轉型現象、科學園區與一般加工園區的差異。高雄臨海工業區是效率最佳的加工區。研究結果提供高雄成亞太營運中心有力佐證。	CCR BCC
Thompson et al. （1996）	評估1980-1991年美國14家石油公司的營運效率，並利用cone-ratio訂定投入項權重，以求出最佳績效之工廠。	投入項： 總生產成本、原油量、天然瓦斯存量 產出項： 石油製品、 天然瓦斯儲存增加量、石油副產品、瓦斯製品	利用DEA模式中的AR模式計算各石油公司營運效率，並利用價格／成本制定投入項與產出項的權重，以求出最佳績效之工廠。此外再與MPR（maximum profit ratio）方法評估結果作一比較	CCR AR
Thore et al. （1996）	評估1981-1990年美國44家電腦公司的營運效率，藉以詮釋效率及產品週期間的關係	投入項： 直接成本、間接成本、勞動力、固定資產、資金、研究費用 產出項： 營業額、稅前盈餘、市場占有率	有效衡量44家電腦公司的營運效率，並確認生產效率及產品週期的關鍵關係。	CCR BCC
Zhu （1996）	評估1988-1989年中國大陸南京35家紡織工廠的營運效率，並利用寬鬆變數探討投入與產出項間的改善空間。	投入項： 循環基金、投資金額、勞工人數、銷售成本、製造成本 產出項： 銷售額、利潤與稅負、淨工業產出值	利用AHP法決定投入與產出項權數，以計算單一線性規劃最佳解，並使有效地評估效率成為可能，藉DEA-AR模式成功地評估紡織業在中國大陸經濟表現行為。	CCR-AR

（續）表 C7.2 應用 DEA 進行生產力評估文獻表

作者（年代）	研究目的	績效指標	研究結果	使用模式
Yunos & Hawdon（1997）	馬來西亞政府評估 1987 年 27 個國民生產毛額在 1500-2800 美元的發展中國家的電子公用事業公司之經營績效。藉以明瞭本身電子產業經營績效。	投入項：設置成本、勞動力、總系統損失、公共因素　產出項：產品數量	馬來西亞政府藉與其他國家電子產業的比較瞭解本國產業營運績效並獲得無效率改善的方向與幅度。	CCR
Chandra et al.（1998）	評估1994 年29 家加拿大紡織工廠的生產效率，並利用 cone-ratio 訂定投入項權重，以求出最佳績效之工廠。	投入項：員工人數、近十年平均年投資額　產出項：年營業額	成功區隔出紡織工廠的相對營運效率值，並運用規模報酬模式，求出各工廠在投入與產出項應改進的方式與幅度。	CCR Cone-Ratio
Burki and Terrel（1998）	評估 1991 年九類製造業計153家巴基斯坦小型工廠的整體及規模效率。並探討投入與產出項對效率值的影響。	投入項：員工人數、資本額、能源金額、原物料金額　產出項：年營業額	計算出這些小型工廠的整體及規模效率，並找出影響效率值的外生變數（工廠是否新成立、負責人的教育程度、是否參與生產合約）。	CCR BCC Tobit Regression
Seifert and Zhu（1998）	評估中國大陸 1953-1990這38年間之工業生產效率。	投入項：固定資產原始值、定額循環基金、勞動力、薪資　產出項：毛工業生產品總額、國家收入、金融收入	以總體效率、工業發展及生產效率三個構面衡量工業發展，歸納出38 年來工業發展的趨勢及以每五年為一計畫經濟週期的執行成效。	CCR AR
Linton and Cook（1998）	評估1995-1996 年美國 154 家、加拿大 54 家電路板生產工廠的新技術的使用效率。	投入項：轉換新技術所有的困難度　產出項：資源的使用效率、技術轉換後可能獲得的利益	成功地區隔出美國的工廠要比加拿大工廠較有新技術的使用效率。	CCR

（續）表 C7.2　應用 DEA 進行生產力評估文獻表

作者 （年代）	研究目的	績效指標	研究結果	使用模式
Hibiki & Sueyoshi（1999）	利用一種新的 DEA 交叉參考模式，藉由刪除有效率 DMU 及改變參考群體方式的敏感度分析方式，測試 DEA 模式的效率的穩定度，以評估日本區域行政部門對日本工業的貢獻程度。	投入項： 第一級工業員工數、次級工業員工數、三級工業員工數、政府公共支出、商業銀行貸款、農業部營業處、次級工業營處、銷售額 產出項： 第一級工業產品、第一級工業產品、第一級工業產品	利用日本 1993-1994 年 24 個轄區對日本工業的貢獻度，藉由差額變數分析及 DEA-AR 模式的權數限制觀點，並利用說定參考群體方式有效地驗證作者所提出的「DEA 交叉參考模式」。	CCR BCC AR
陳慧瀅（2000）	針對新竹科學園區六大產業進行效率衡量，並探討其產業結構及其成本效益分析。	投入項： 實收資本額、員工數 產出項： 營業額	發現科學園區僅電腦及週邊產業的資源運用最佳，但成長率卻不似已往快速。反而是新興的積體電路產業成長較快速，且造成本產業無效率原因爲技伶無效率所致。	CCR BCC
Giokas and Pentzaroulos（2000）	評估 1998 年希臘 36 家電信中心營運績效。	投入項： 技術人員、非技術人員顧問、設置網路能量 產出項： 營業額、電話線路數	結果指出有 15 家有總體效率總體效率；7 家爲固定規模報酬、11 家爲遞減規模報酬、18 家爲遞增規模報酬，並對營運不佳中心提出改善建議。	CCR BCC
Cooper et al.（2001）	評估 1981-1997 年中國大陸紡織業及汽車業營運績效。	投入項： 勞工數、資本 產出項： 產值	利用 DEA 模式以這兩種產業進行說明，在不減少僱用員工情況下仍可以增加產出，並提供無效率產業改善的機會。	BCC Additive

　　經上述文獻回顧後，可歸納出五種評估產業生產力的方法：總因素分析法、迴歸分析法、生產前緣線法、隨機性邊界法與資料包絡分析法。茲將上述方法評述如表 C7.3。

表 C7.3 生產力評估方法評述表

評估方式	評述
總因素分析法（TFP）	須先推導生產函數（多項投入與單一產出）。 投入與產出項須有相同計算衡量單位。 無法提出效率改善目標值。 需假設完全技術狀態，即在生產可能邊界上生產。 無法分辨 TFP 變動是來自技術進步或來自技術效率之變動。 須考慮投入項間權數的制定。
迴歸分析法（RA）	需全然了解生產技術。 須先推導自變數與依變數的線性函數關係。 樣本數須多且結果具趨中性，無法找出最具效率的樣本。 產出項須有詳細的數量化資料。 無法同時處理多重投入與多重產出項的問題。 殘差項需假設為常態分配。
生產前緣線法（PFA）	須假設生產函數型式。 生產函數需假設只有單一項產出。 所有投入項與產出項均須為量化數值。 無法同時處理多重投入與多重產出項的問題。 殘差項需假設為常態分配。
隨機性邊界法（SFA）	隨機因素的考量難以量化。 必須考量機率分配的假設。 須假設技術無效率與解釋變數間彼此間互相獨立。 易因設定函數型態、估計方法及誤差項不同而有不同結果。 需有較多觀測點，參數的估計值才會有較高的準確度。
資料包絡分析法（DEA）	最大效率值為 1。 以 DEA 模式所求解的效率值，可視為綜合性指標。 可同時處理不同衡量單位的多項投入、多項產出的效率衡量問題。明顯提高 DEA 的運用範圍。 無須事先假設生產函數關係的型態，可避免參數估計的問題，此對於投入與產出之間的函數關係較不明顯的非營利機構，更具實務上的適用性。 DEA 模式求解過程中，各個投入與產出相的權重給定，係直接取自於線性規劃模型，具高度的客觀意涵，提高了衡量結果的公正性。 DEA 模式可以提供改善的資訊（方向、大小）。

由於企業經營需要使用有限資源來創造最大收益，符合 DEA 處理多投入與多產出的問題，因此本研究選擇 DEA 進行製造業生產力

績效評估。

　　由表 C7.2 中之文獻探討中，本研究發現 DEA 可用來作為評估製造業生產效率分析工具，但是上述應用 DEA 方法之文獻卻對下列問題未做探討。

1.探討的產業涵蓋範圍較小，大都以個別產業或全體產業之總合資料來分析生產力，無法在分析國家總體生產力上具有代表性。

2.其投入與產出項的權重訂定利用主觀判定，並未考量各產業生產技術與環境，欠缺說服力。

3.未考慮產出項是否可控制的問題。

4.DEA 有區別能力（discriminatory power）問題，既無法找出真正有效率單位。這問題的發生是由於 DEA 的效率值是經由運算較不實際投入項或產出項之權數所得，故造成某些有效率 DMU 是假相（false positive）有效率 DMU。

5.DEA 不是唯一的前緣線推論法。DEA 認為有效率 DMU 可藉由凸向前緣線（convex frontier）找出，但 Tulkens（1993）認為使用非凸向前緣線（non-convex frontier）之 Free Disposal Hull 比 DEA 更能所找出有效率 DMU。

　　本研究不同與以往文獻不同之處，在於藉由對我國十五類製造業績效評估，探討這六個問題。

1.本研究運用資料包絡分析法來分析 240 家企業 89 及 90 年前三

季年度之經營績效，對產業類別的探討上比文獻來得廣範。

2.考慮產出項的控制問題。

3.採用 Dolye 與 Green（1994）之交叉效率法來找出最佳營運績效企業。

4.利用相對效率表現佳之企業其投入項的權重比值制定權數比值範圍。

5.將 DEA 與 FDH 法所得之結果作一比較，以瞭解此二種評估法的識別能力問題。

6.進 Malmquist 生產指標法結果，以瞭解生產力變動率。

研究方法

一、研究對象與資料蒐集

　　為滿足 DEA 所評估之 DMU 數量至少應為投入與產出項目個數總合的兩倍的經驗法則，因此本研究依經濟部工業生產統計二十二種製造業中，選擇十五類製造業為研究對象，其中石油及煤製品、菸草、成衣及服飾品、皮革毛及製品、木竹製品、家具及裝設品、印刷及有關事業等七類製造業，因營運規模較小（營業收入占全部製造業九十年第三季營業額 7.83%），故不選為研究對象。

　　每一類產業選取資產總額前八名之企業為研究對象，使用 89 及 90 年前三季投入與產出資料進行分析，並以每一企業為一決策單位（DMU），共計 240 DMUs。本研究資料來源：財政部證券暨期貨管理委員會全球資訊網、天下雜誌及中華徵信社所提供之財報表統計資

料，並經本研究彙整後作爲分析資料來源。

二、投入與產出項選擇

由於國內外文獻所研究題目與分析對象均有所不同，因此投入、產出項的選擇亦有差異。經彙整文獻探討內所述之投入、產出項，並刪除部分較爲特殊的投入、產出項後，建構了本研究之投入與產出項目的生產觀念模式如圖 C7.1。

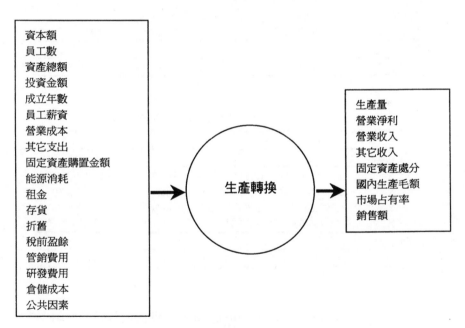

圖 C7.1 生產觀念模式

本研究從財政部所公布的企業「資產負債表」及「損益平衡表」內選取分析資料。由於本研究重點在於企業生產力評估，因此從初選投入、產出項中篩選與本研究主題相關之四個投入項與一個產出項，

作爲生產績效評估指標。表 C7.4 爲投入與產出變數定義表；表 C7.5
爲投入與產出變數敘述統計表。

表 C7.4 投入與產出變數定義表

變數	定義
投入項	
固定資產（X_1）	又稱爲財產、廠房、設備。土地、建築物、辦公傢俱與設備均屬之。（仟元）
營業總成本（X_2）	包含直接從事生產所耗費的原物料成本－營業成本及存貨成本。（仟元）
營業費用（X_3）	含推銷費用、管理及總務費用。（仟元）
員工人數（X_4）	本年度期末所有投入直接、間接生產人員總數。（人）
產出項	
營業收入（Y_1）	企業出售其存貨所賺取的金額，也稱爲銷貨。（仟元）

表 C7.5 投入與產出變數敘述統計表

	Mean	S. D.	Min	Max
Inputs：				
X_1	10,374,215.77	18,533,573.20	308,373	120,959,951
X_2	12,307,735.64	27,411,127.05	406,760	233,386,630
X_3	1,097,644.18	1,798,514.15	60,267	11,151,916
X_4	1,759.58	2,384.82	77	17,742
Output：				
Y_1	11,452,512.10	19,197,101.84	468,424	112,406,715

　　表 C7.5 中 Mean、S.D.、Min、Max 分別爲變數的平均值、標準
差、極小值與極大值。表 C7.5 中顯示營業總成本（X_2）的變異程度
大，代表各類別產業其生產資源投入規模大小不同，或是原物料間價
格差異大，而造成此種現象。可見營業總成本可能對生產效率具有相
當程度的影響。

　　爲了解釋投入項與產出間關係，遂實施相關係數分析，相關係數表如表 C7.6 所示。由表 C7.6 中發現：由於投入與產出變數間有正相關（皆爲 0.60 以上），一部分投入增加會使得一部分產出項的增加。此一關係符合 DEA 中固定規模報酬假設（constant returns to scale，CRS）。故本研究採固定規模報酬假設來進行分析。

表 C7.6 相關係數表

	X_1	X_2	X_3	X_4	Y_1
X_1	1	0.60	0.71	0.75	0.80
X_2		1	0.70	0.64	0.80
X_3			1	0.72	0.89
X_4				1	0.73
Y_1					1

三、分析模式選取

　　本研究採 NCN、CEM 、AR、FDH、Malmquist 生產力變數指數與迴歸分析，進行實證分析。茲將採用之目的說明如下：

　　本研究假設作業人員生產技術雷同及企業所處環境相同的條件下，爲維持現在營運產出水準，檢視各產業是否盡可能降低使用投入資源，並從企業管理者對產出要素不可控制（即營業收入），故利用「投入導向固定規模報酬非控制變數模式（ input oriented non-controlled model under constant, NCN-I-C）」模式，計算各產業的

相對 NCN 總體效率值、技術效率與規模效率，藉以分析無效率的主要原因是技術問題或規模不當所致。

再進行 CEM 模式，以計算所有產業的真正相對效率值總排名，藉以作為分析何種產業績效表現最佳之依據，並可獲得各類別產業內生產效率表現最佳家之企業，據以決定各產業投入與產出項的權數比例。續以 AR 模式探討投入項間權數控制問題，以避免 DEA 在作線性規劃計算時，權重偏重於某一投入項，而造成偽效率情況產生，並將評估結果作為無效率企業營運效率改善的方向與幅度。

運用 FDH 模式作為另一種非凸向前緣性分析評估模式，並與 DEA 之凸向前緣線特性作一比較，藉以驗證此兩種前緣線區別能力之差異。接著以 Malmquist 生產力變數指數進行生產率變動測定，藉以明瞭短期內生產效率變動情形，並分析造成生產率變動的成因為何。最後以迴歸分析法探討內生變數對生產力的影響。

實證分析

一、NCN 效率分析

考量就營業收入不可控制下，運用 NCN 模式分析各產業之總體效率、技術效率及規模效率。各產業中具總體效率、技術效率及規模效率，及其規模報酬統計如表 C7.7。

表 C7.7 企業家有 NCN 效率個數統計表

產業別	總體效率	技術效率	規模效率	RTS CRS	RTS IRS	產業別	總體效率	技術效率	規模效率	RTS CRS	RTS IRS
化學材料（A）	3	3	4	4	12	塑膠（I）			1	1	15
化學製品（B）				0	16	運輸工業（J）		2		0	16
金屬基本（C）		2		0	16	電力電子機械（K）	3	5	3	3	13
金屬製品（D）				0	16	精密器械（L）	1	2	1	1	15
非金屬（E）				0	16	橡膠（M）				0	16
食品（F）			1	1	15	機械（N）		5		0	16
紡織（G）		1		0	16	雜項工業（O）	1	1	1	1	15
紙及紙製品（H）		2		0	16	合計	8	23	11	11	129

茲將 NCN 模式運算後之結果，歸納說明如下：

1. 在 240 家企業中，達總體技術效率企業有 8 家，達技術效率企業有 23 家，達規模效率企業有 11 家，達固定規模報酬企業有 11 家，顯示大多數企業生產仍未達效率。

2. 在總體效率方面，以化學材料業、電力電子機械業、精密器械業及雜項工業有企業達總體效率外，餘 11 項產業均未達總體效率，顯見大多數企業在總體資源配置上仍有改善空間。

3. 在技術效率方面，化學製品業、金屬製品業、非金屬業、食品業、塑膠業及橡膠業所有企業均未達技術效率，顯見這些產業在技術方面仍有極大改善空間。

4. 在規模效率方面，有化學材料業、食品業、塑膠業、電子電力機械業、精密器械業及雜項工業有企業達規模效率外，餘九項產業內企業均未達規模效率，顯示在營運規模上亟待提昇，俾

與國際企業競爭。

5. 在規模報酬方面,僅 11 家具固定規模報酬,即經濟學上所謂的經濟規模報酬,也就是達到一份投入可獲得一份產出的最適生產境界。而高達 129 家企業為遞增規模報酬,即生產規模並未達到最適生產境界。顯示國內製造業在生產規模上普遍未具競爭力。

6. 總體而言,國內製造業在無論是在經營效率、技術效率及規模效率方面仍有亟大的改善空間。尤其在我國加入 WTO 之後,基於關稅開放衝擊,市場競爭勢必更形激烈,因此提昇總體競爭力是迫在眉睫的議題。

二、交叉效率分析

經 Doyle et al.(1994)交叉效率模式運算後,可得各產業之平均交叉效率值,如表 C7.8 所示。Banker et al.(1997)建議「若 CEM 的平均值愈大其策略方案愈佳」,藉此作為建立改善策略選擇優先順序的參考,提供管理者建立改善策略優先順序的參考。比較平均交叉效率值(cross-efficiency mean),便可清楚判別 DMU 的交叉效率的優先順序,如此可識別真正有效率的產業。圖 C7.2 為產業平均效率值分布圖,以運輸工業 CEM 平均值 0.562 最高,非金屬礦物業 CEM 平均值 0.307 為最低。

表 C7.8 交叉效率值表

企業	CEM	企業	CEM	企業	CEM	企業	CEM	企業	CEM	企業	CEM	企業	CEM	企業	CEM
A01	0.353	B01	0.243	C01	0.472	D01	0.626	E01	0.353	F01	0.675	G01	0.378	H01	0.336
A02	0.436	B02	0.236	C02	0.401	D02	0.517	E02	0.378	F02	0.695	G02	0.386	H02	0.313
A03	0.300	B03	0.262	C03	0.291	D03	0.456	E03	0.386	F03	0.298	G03	0.340	H03	0.423
A04	0.318	B04	0.309	C04	0.313	D04	0.448	E04	0.327	F04	0.314	G04	0.306	H04	0.353
A05	0.506	B05	0.275	C05	0.546	D05	0.415	E05	0.609	F05	0.410	G05	0.328	H05	0.298
A06	0.503	B06	0.291	C06	0.574	D06	0.393	E06	0.573	F06	0.406	G06	0.321	H06	0.286
A07	0.979	B07	0.658	C07	0.470	D07	0.328	E07	0.268	F07	0.480	G07	0.353	H07	0.354
A08	0.951	B08	0.635	C08	0.384	D08	0.316	E08	0.233	F08	0.428	G08	0.366	H08	0.324
A09	0.462	B09	0.318	C09	0.495	D09	0.455	E09	0.198	F09	0.431	G09	0.459	H09	0.510
A10	0.497	B10	0.338	C10	0.546	D10	0.430	E10	0.189	F10	0.456	G10	0.404	H10	0.497
A11	0.310	B11	0.442	C11	0.658	D11	0.411	E11	0.181	F11	0.343	G11	0.491	H11	0.345
A12	0.323	B12	0.443	C12	0.613	D12	0.377	E12	0.115	F12	0.337	G12	0.472	H12	0.352
A13	0.986	B13	0.268	C13	0.300	D13	0.555	E13	0.245	F13	0.350	G13	0.396	H13	0.476
A14	0.733	B14	0.251	C14	0.320	D14	0.491	E14	0.231	F14	0.343	G14	0.405	H14	0.406
A15	0.469	B15	0.516	C15	0.465	D15	0.432	E15	0.375	F15	0.301	G15	0.369	H15	0.637
A16	0.439	B16	0.531	C16	0.467	D16	0.399	E16	0.255	F16	0.296	G16	0.370	H16	0.646
Mean	0.535	Mean	0.376	Mean	0.457	Mean	0.441	Mean	0.307	Mean	0.410	Mean	0.384	Mean	0.410
I01	0.877	J01	0.535	K01	0.686	L01	0.485	M01	0.358	N01	0.588	O01	0.573		
I02	0.660	J02	0.411	K02	0.581	L02	0.502	M02	0.393	N02	0.415	O02	0.535		
I03	0.342	J03	0.490	K03	0.388	L03	0.504	M03	0.394	N03	0.365	O03	0.280		
I04	0.371	J04	0.429	K04	0.480	L04	0.514	M04	0.412	N04	0.241	O04	0.261		
I05	0.578	J05	0.753	K05	0.772	L05	0.526	M05	0.377	N05	0.514	O05	0.674		
I06	0.574	J06	0.685	K06	0.645	L06	0.343	M06	0.371	N06	0.465	O06	0.668		
I07	0.393	J07	0.522	K07	0.304	L07	0.409	M07	0.279	N07	0.335	O07	0.550		
I08	0.429	J08	0.394	K08	0.384	L08	0.303	M08	0.260	N08	0.319	O08	0.498		
I09	0.436	J09	0.602	K09	0.767	L09	0.578	M09	0.227	N09	0.403	O09	0.328		
I10	0.424	J10	0.482	K10	0.582	L10	0.537	M10	0.240	N10	0.348	O10	0.347		
I11	0.468	J11	0.835	K11	0.326	L11	0.746	M11	0.403	N11	0.589	O11	0.373		
I12	0.683	J12	0.792	K12	0.345	L12	0.726	M12	0.389	N12	0.546	O12	0.319		
I13	0.473	J13	0.352	K13	0.734	L13	0.705	M13	0.290	N13	0.330	O13	0.676		
I14	0.463	J14	0.359	K14	0.638	L14	0.771	M14	0.333	N14	0.323	O14	0.662		
I15	0.472	J15	0.709	K15	0.229	L15	0.433	M15	0.360	N15	0.678	O15	0.594		
I16	0.509	J16	0.652	K16	0.357	L16	0.343	M16	0.326	N16	0.557	O16	0.572		
Mean	0.509	Mean	0.563	Mean	0.513	Mean	0.527	Mean	0.338	Mean	0.439	Mean	0.494		

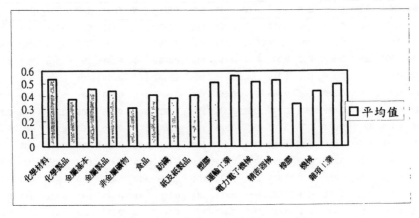

圖 C7.2 交叉效率平均值分布圖

表 C7.8 顯示：

1. 在 240 家企業中經所有企業同儕評比後，以化學材料業－A13
   交叉效率 0.986 表現最佳，非金屬礦物業－E12 交叉效率值
   0.115 表現最差。

2. 各產業其交叉效率平均值為：化學材料業（0.535）、化學製品
   業（0.376）、金屬基本業（0.457）、金屬製品業（0.441）、非
   金屬業（0.307）、食品業（0.410）、紡織業（0.384）、紙及紙
   製品（0.410）、塑膠業（0.509）、運輸工業（0.563）、電力電
   子機械業（0.513）、精密器械業（0.527）、橡膠業（0.338）、
   機械（0.439）、雜項工業（0.494）；因此可知，在 15 類產業裡，
   以運輸工業整體生產績效表現最佳；非金屬礦業業整體生產績
   效表現最差，由於本項產業選取企業多為水泥、磁磚等與營建

有關之行業，以 89、90 年度而言，房地產的不景氣，對上述
產業的衝擊是相當顯著的。

3.分析交叉效率值後，可求得各產業效率值表現最佳者，俾供下
　節投入項權數制定之依據。各產業效率值表現最佳者爲：化學
　材料業－A13、化學製品業--B07、金屬基本業－C11、金屬製
　品業－D01、非金屬業－E05、食品業－F02、紡織業 G11、紙
　及紙製品－H16、塑膠業－I01、運輸工業－J11、電力電子機
　械業－K05、精密器械業－L14、橡膠業－M04、機械－N15、
　雜項工業－O13。

三、AR 效率分析

　考量投入資源之重要性，運用 AR 模式分析各產業之總體效率、
技術效率及規模效率。各產業中具總體效率、技術效率及規模效率，
及其規模報酬統計如表 C7.9。

表 C7.9 企業家產有 AR 效率統計表

產業別	CCR	BCC	Scale	RTS		產業別	CCR	BCC	Scale	RTS	
				CRS	IRS					CRS	IRS
化學材料	2	5	2	2	14	塑膠	1	3	1	1	15
化學製品	1	4	1	1	15	運輸工業	1	4	1	1	15
金屬基本	1	4	1	1	15	電力電子機械	1	6	2	2	14
金屬製品	1	4	1	1	15	精密器械	2	4	2	2	14
非金屬	1	4	1	1	15	橡膠	1	6	1	1	15
食品	1	3	1	1	15	機械	1	3	1	1	15
紡織	1	6	1	1	15	雜項工業	2	4	2	2	14
紙及紙製品	1	4	1	1	15	合計	18	64	19	19	121

綜合上述分析可歸納下述結果：

1.在 240 家企業中，達總體技術效率企業有 18 家，達技術效率企業有 64 家，達固定規模報酬企業有 19 家，顯示大多數企業生產仍未達效率。

2.在總體效率方面，以化學材料業、精密器械業及雜項工業各有 2 家有總體效率，餘 12 項產業大多數企業均未達總體效率，顯見大多數企業在總體資源配置上仍有改善空間。

3.在技術效率方面，以紡織業、電子電力機械業及橡膠各有 6 家有技術效率，餘 12 項產業大多數企業均未達技術效率，顯見各產業在技術方面仍有極大改善空間。

4.在規模效率方面，所有產業僅 1～2 家有規模效率，顯示在營運規模上亟待提昇，俾與國際企業競爭。

5.不論是以總體產業作為分析對象，或是考量各產業規模間之差異，以各產業自行分析結果，其達到效率值之企業家數僅由 8 家增為 18 家，因此國內 15 類製造業其總體效率表現平均不佳。國內製造業在無論是在技術效率或規模效率方面仍有亟大的改善空間，尤其在我國加入 WTO 之後，面臨來自國際企業龐大資金及技術，市場競爭勢必更形激烈，因此提昇總體競爭力是產業界最重要的議題。

四、FDH 效率分析

DEA 與 FDH 均為生產前緣線效率評量法，DEA 屬於凸向原點

的效率前緣線，FDH 則屬於階段式的前緣線。為了比較二種前緣線方法區別能力之差異，本研究以所有產業作為分析樣本（240DMUs），進行比較分析。表 C7.10 為在 FHD 模式下具 FDH 效率之企業家個數統計表。比較二種模式運算後的結果發現：非控制變數總體效率值達 1 之企業僅有 6 家，而 FDH 模式下達效率值 1 之企業有 152 家。由此可知，在大樣本下，FDH 模式無法有效區別產業之生產效率。

表 C7.10 FDH 效率值表

產業別	FDH	產業別	FDH
化學材料	8	塑膠	13
化學製品	11	運輸工業	12
金屬基本	11	電力電子機械	9
金屬製品	15	精密器械	13
非金屬	8	橡膠	5
食品	10	機械	11
紡織	6	雜項工業	11
紙及紙製品	9	合計	152

五、生產力變動分析

經生產力變動指標（Malmquist Index）運算後，可獲得 89 及 90 年度各產業及全體產業生產力變動情形，如表 C7.11。15 家企業平均技術效率、純技術效率、規模效率及總要素生產力變動分別為 8.5%、9.3%、-0.7%及-4.2%，顯示兩年度的生產力仍有變動。各效率值變動趨勢如圖 C7.3、C7.4、C7.5、C7.6。

表 C7.11 生產力變動表

產業別	TE	TC	PTE	SE	TFP
化學材料	1.210*	0.837	1.051*	1.151*	1.013*
化學製品	1.007*	1.013*	1.000	1.007*	1.020*
金屬基本	1.093*	0.941	1.045*	1.046*	1.028*
金屬製品	1.012*	0.888	1.008*	1.005*	0.899
非金屬	0.976	0.934	1.009*	0.967	0.912
食品	0.976	1.015*	1.014*	0.962	0.991
紡織	0.990	0.974	0.996	0.994	0.964
紙及紙製品	1.142*	0.776	1.075*	1.063*	0.886
塑膠	1.132*	0.845	1.025*	1.104*	0.957
運輸工業	0.983	0.965	0.990	0.993	0.949
電力電子機械	1.014*	0.952	1.019*	0.996	0.965
精密器械	0.903	1.070*	0.994	0.909	0.966
橡膠	0.995	1.045*	1	0.995	1.04*
機械	0.955	0.930	0.997	0.958	0.888
雜項工業	0.988	0.962	0.974	1.015*	0.950
全體產業	1.085*	0.883	1.093*	0.993	0.958

註：*爲正向變動。總體技術效率變動率（TE）、技術變動率（TC）、純技術效率變動率（PTE）、規模效率變動率（SE）、生產力變動率（TFP）。

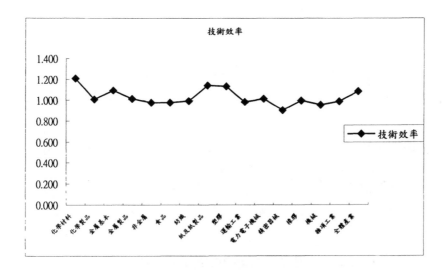

圖 C7.3 技術效率變動趨勢圖

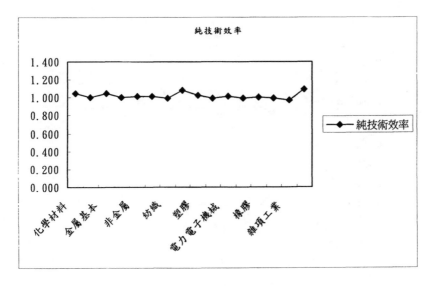

圖 C7.4 純技術效率變動趨勢圖

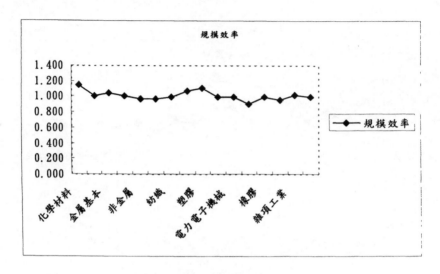

圖 C7.5 規模效率變動趨勢圖

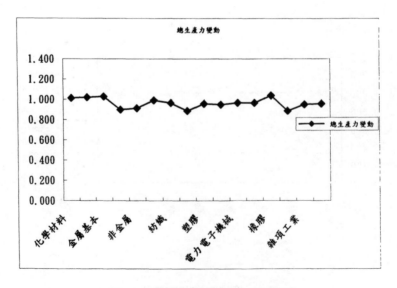

圖 C7.6 總生產力效率變動趨勢圖

觀察表 C7.13 及圖 C7.3、C7.4、C7.5、C7.6 結果發現：

（一）就整體而言

技術效率呈現上升者以化學材料業 21%最高，而呈現下跌者以精密器械業 9.7%為最高；純技術效率呈現上升者以紙及紙製品業 7.5%最高，而呈現下跌者以精密器械業 9.7%為最高；規模效率，呈現上升者以化學材料業 15.1%最高，而呈現下跌者以精密器械業 9.1%為最高；在總要素生產力呈上升者，以橡膠業 4%最高，呈現下跌者以紙及紙製品業 11.4%最高。

近二年來製造業的十五個中分類產業中，平均總要素生產力變動率以橡膠業最高（4.0%），其次為金屬基本業（2.8%）次之；平均技術效率以化學材料業最高（21.0%），其次為紙及紙製品業（14.2%）；在純技術變動率上，以紙及紙製品業（7.5%）最高，其次為化學材料業（5.1%）；而規模變動率上，以化學材料業（15.1%）最高，其次為塑膠業（10.4）。而精密器械、紡織、運輸工業及機械業等四種產業的四種生產力指標均呈現下跌趨勢。

（二）就個別產業而言

化學材料業總要素生產率變動率為 1.3%，主因為技術效率進步所致。化學製品業總要素生產率變動率為 2.0%，主因為技術效率及規模效率進步所致。金屬基本業總要素生產率變動率為 1.3%，主因為技術效率進步所致。化學材料業總要素生產率變動率為 2.8%，主因為技術效率進步所致。橡膠業總要素生產率變動率為 4.0%，其效率值變動並不明顯。

金屬製品業、紙及紙製品及運輸工業其總要素生產率變動率分

別為-10.1%、-11.4%、-4.3%呈現下跌趨勢,但技術效率、純技術效率及規模效率均呈現正成長。由於外銷導向型的產品在二○○一年遭遇近年來少見的下滑,加上內需型產品如鋁門窗、鋼結構、模具及紙張需求等,在內需建設與產業外移下已呈現連續數年的衰退。

　　非金屬業總要素生產率變動率為-8.8%,主因為規模效率退步所致。食品業總要素生產率變動率為-0.9%,主因為規模效率退步所致。運輸工業總要素生產率變動率為-5.1%,主因為技術效率進步所致。電子電力機械業總要素生產率變動率為-3.5%,主因為規模效率退步所致。機械業總要素生產率變動率為-11.2%,主因為技術效率進步所致。雜項業總要素生產率變動率為 5.0%,主因為純技術效率退步所致。

(三)就製造業的四大分業而言

1.所有的民生工業(食品業、紡織業、非金屬礦物業、雜項工業)的技術效率、純技術效率、規模效率皆低於製造業總體平均值(僅雜項工業規模效率大於平均值),而總要素生產力亦呈現負成長。由於本產業多係傳統產業,其衰退原因可能受製造成本較低之國家強力競爭所致,由以中國大陸低廉人力成本的競爭更甚,再加上國內人工成本不斷提昇,造成產業外移,競爭力下降。

2.化學工業(紙及紙製品業、化學製品業、橡膠業)各產業的效率值相當分歧,技術效率僅有紙及紙製品業較平均值高,純技術效率及規模效率多呈平穩進步。但總要素生產力以紙及紙製

品業呈現異常下降趨勢，其原因可能以本產業易受國際紙漿供
應波動有關。

3.金屬機械工業（金屬基本業、金屬製品業、機械業、運輸工具
業）技術效率、規模效率升降互見，純技術效率均比平均值低，
而總要素生產力除金屬基本呈正成長外，餘均呈現下降趨勢。
總體而言，本產業生產力略微下降。

4.資訊電子工業（電子電力機械業、精密器械業）總要素生產力
均呈現下降趨勢，其中電子電力機械業係因規模效率衰退所
致。而精密器械業所有指標皆衰退，顯示本產業生產力近二年
呈現下降趨勢。

5.綜合觀之，近二年由於國際經濟景氣並未完成復甦，以致我國
製造業整體生產力略呈下降趨勢。顯見以出口為導向的我國經
濟型態，應加強國內投資環境的改善以提昇產業總體競爭力。

六、迴歸分析

以製造業 AR 模式評估各企業生產力的效率值，對重要的變數進
行迴歸模式分析，解釋變數則有固定資產、營業總成本、營業費用及
員工數。選擇十五類產業 240 家企業，樣本期間為 89 年至 90 年，進
行分析。表 C7.12 所列為 AR 模式效率值對各項內生變數迴歸分析結
果，在顯著水準 10%下，所有內生變數對效率值均有顯著，其中營業
總成本與營業費用對效率值存在正向顯著關係，固定資產、員工數對
效率值存在著負向顯著關係。迴歸模型配適度 R^2=0.558，表示估計的

四個內生變數僅能解釋效率值總變異的 55.8%，顯示這些解釋變數對生力未具強度影響。

表 C7.12 迴歸分析結果表

	係數	標準誤	t 統計	P-值
截距	38.438	13.559	2.835	4.98E-03*
固定資產	-41.355	2.625	-15.753	1.20E-38*
營業總成本	20.472	2.990	6.846	6.57E-11*
營業費用	30.067	3.686	8.157	2.06E-14*
員工數	-8.563	3.819	-2.242	2.59E-02**

註：*為 5%水準下顯著，**為 10%水準下顯著。

結論與建議

本研究主要目的為評估我國製造業十五類產業 240 家企業 89 年及 90 年前三季的生產績效及生產力變動趨勢，以下根據實證研究結果加以彙整說明，並對後續研究提出建議。

一、結論

在面對全球化的產業競爭下，我國實不能自外於整個世界經濟體系，因此如何與其它工業國家在資本市場上競爭，是我國當前最重要的議題之一。尤其製造業是我國工業的龍頭，唯有加強製造業生產力的提升，才能確保我國以技術服務為基礎的全球運疇中心。而生產力的提昇代表著每單位產品生產成本的下降，也代表著國民能以同樣

的投入獲得較大的產出與國家競爭力，因此適當衡量生產力是最基本且最重要之議題。

本研究所獲得之主要成果與重要發現歸納如下：

1. 利用 NCN、CEM 及 AR 模式分析步驟，評估國我製造業十五類產業 240 家企業 89 年及 90 年前三季的生產績效。從效率分析中可發現有效率產業與無效率產業，並找出效率產業的改善方向。在產出不可控制下有 8 個樣本的有技術效率，但當利用交叉效率求出相對真正有效率之 DMU，進一步以制定投入項間之權數比後，僅餘 2 個樣本的有技術效率。顯示在限制條件愈多的情況下，愈能有效評估企業之生產效率。

2. 大部分企業在受評估的兩年間固定資產及員工產值利用率約達 50%而已，顯示在產能的發揮與人力資源的運用上，未能全部發揮功效。尤其是人力資源方面，由於我國在員工薪資上較中國大陸或東南亞國家普遍來的高，因此人員產值的提昇是決定企業效率的關鍵因素之一，這一點似乎可以從員工的在職訓練作起，以提昇員工附加價值。且均須加強資源的使用暨配置效率、產品的銷售服務及人員素質的提昇，以提升產業競爭力。另整體產業在營運規模上可藉策略聯盟或產業合併方式，提升生產規模，降低生產成本，期與國際企業競爭。

3. 在技術效率分析發現，多數總體效率無效率之產業，多因規模上無效率，即以目前生產規模下，並未達到理想的產出水準。本研究所使用之 DEA 模式為投入導向模式，因在現有的市場

競爭下，相提昇產出，以目前而言並不是容易達到的目標，因此在產出水準不變下，必須儘可能降低各項資源的投入。而規模無效率產業全部處於遞增規模報酬，即一單位投入會得到大於一單位的產出，顯示我國產業應在規模上加以擴充，調整至固定規模報酬，以應付接踵而來的國際企業競爭。

二、建議

1.除分析定量資料外，若輔以專家訪談，找出其餘與生產效率評估有關之變數，例如產業政策的影響、國際局勢及產業結構等因素，應用機率（stochastic）處理不確定邊界之 DEA 模式進行研究，以進一步探討生產效率。

2.本研究在資料限制下，僅就所蒐集之資料進行分析，對影響製造業生產力的其他投入或產出項恐有遺漏之處。後續研究者可加強資料的蒐集，加入加入某些外部因素如自然環境變化、地區特性、地形、天候等隨機因素，以彌補定量資料的不足。由於本研究僅有一項產出，因此可針對企業的形象或服務品質作進一步問卷訪談等質化因素資料的分析作為績效評估的指標，以彌補產出項資料的不足。

3.無效率企業可參考目標改分析及差額變數分析之結果，對投入項作重點改善。有關政府部門亦可針對績效較佳的業業進行各項政策配合，對於績效不佳的產業或獎勵投資，或輔導產業轉型。

4.本研究僅以兩年短期資料評估國內外政經情勢變化，對整個製
　造業尚難加以完整評估受到國際局勢與加入WTO後對我國產
　業的生產力變動趨勢。因此對於部分產業的異常變動，欠缺佐
　證資料加以說明。未來可針對國際景氣與企業營運環境等外生
　變數對績效的影響，加強在產業類別及資料蒐集範圍方面，以
　進行更深入之探討。

5.可選擇單一產業進行深入探討，並擴大企業樣本選取的代表性
　及資料年度的蒐集，進一步的探討影響效率的因素。期能更精
　確的衡量效率及生產力變動趨勢，提供企業更明確改進的方向
　與幅度，並可提供政府有關財政當局在政策制定與產業輔導時
　參考之依據。

個案 8　台灣地區地方法院檢察署辦案績效評估

　　本研究說明如何能運用資料包絡分析法（Data Envelopment Analysis, DEA）來評估台灣低區地方法院辦案績效，並期望能提供法務部管理者作為有效管理地方法院辦案績效之參考。本研究以台灣地區（金、馬地區除外）計十九所地方法院辦理各類案件作業效率進行評估，使用 87－90 四個年度法務部統計處所公布之統計年報資料，以 DEA 與窗口分析（Window Analysis）來分析各地方法院在不同時期的辦案績效。另外亦採生產力變動分析（Total Factor Productivity，TFP）瞭解十九所地方法院辦案績效在不同時期生產力變動趨勢。實證分析發現：一、台北、板橋、士林、台中、台南、高雄、屏東、台東、宜蘭等九所地方法院有較佳純技術效率（100%）；二、十九所地方法院規模效率均達 90%以上，顯示各地方法院均達一定規模，其中以台東與宜蘭地方法院有較佳規模效率（100%）；三、新竹、台東、花蓮、宜蘭等四所地方法院均有最適生產規模，呈現穩定狀態；四、基隆地方法院有較差純技術效率（92.53%）；五、高雄地方法院有較差規模效率（92.43%）與最低最適生產規模比例（33.33%）；六、士林、南投、雲林地方法院被參考改善效率總次數最高（10 次），可作為各地方法院辦案績效標竿；七、在 DMU 個數為小樣本時，經 DEA 與 FDH 作一比較後，FDH 模式會發覺許多的地方法院變為有效率，顯示 FDH 較不嚴謹，效率區別能力較差，無法找出真正有效率單位；

八、生產力變動率成長以台北地方法院最高，成長率為 23.3%；九、生產力變動率呈現下跌以苗栗地方法院最高，下降率為 23.1%。最後，本研究提出管理意涵與改善建議，俾利法院管理者績效管理之控制。

前言

　　近年來隨著經濟繁榮，社會開放及國際化的發展，犯罪案件逐年增多，犯罪型態也趨於多樣化，影響設國家、社會與百姓安全甚鉅，引起政府及社會各界對犯罪案件的偵防工作更加重視。同時，各地方法院檢察官辦結案件亦逐年遞增，因此，各地方法院辦案效率成為我們所關切的焦點，依據法務部統計（87 年），各地方法院辦案績效是以每一檢察官的工作負荷及結案速度作為評估指標，另一方面，各地方法院檢察官對於每一起訴案件與法官在最後判刑確定與否，關係到該法院的辦案績效應予考量，故本研究嘗試以各地方法院起訴案件及判刑確定案件數，來分析各地方法院辦案績效，因此促使本研究的進行。

　　本研究界定「辦案績效」為投入與產出之間的關係，強調以各地方法院起訴案件為投入項，案件判刑確定為最大的產出績效。因考量資料可獲得性，本研究選擇台灣地區十九所地方法院為研究對象，使用法務部統計處（87－90 年）公布發行之「法務統計年報」作為資料來源。由於金門地方法院屬福建省且該院於 88 年（含）以前辦案相關資料未納入統計資料公布，故未將該院列入研究評估對象，本

研究僅就各地方法院的「相對效率」來作評量，並非衡量「絕對效率」，並假設各地方法院檢察官在處理案件技術熟練度均相似。本文研究的目的為：一、瞭解地方法院辦案作業情形；二、瞭解各地方法院歷年辦案績效變動趨勢。

針對上述研究目的，本文有三個研究問題：一、探討地方法院辦案績效為何？二、瞭解無效率的地方法院參考改善效率的對象與次數為何？三、探討地方法院處理案件作業績效生產力變動趨勢。

本文架構如下：第二節先探討績效評估之方法與運用，其次探討 DEA 模式在法院管理績效評估應用之文獻；第三節說明進行本研究所採用的方法；第四節提出實證結果與分析；第五節說明管理意涵；第六節提出結論與建議。

文獻探討

國內並未有文獻針對此研究問題進行探討，國外學者對於法院績效評估的文獻共有 2 篇，本小節僅依作者、研究目的、投入項目與產出項目、使用模式、研究結果，重點摘要詳如表 C8.1。

表 C8.1 運用 DEA 來評估法院管理績效文獻摘要表

作者	研究目的	投入項目	產出項目	使用模式	研究結果
Lewin et al.（1982	評估 1976 美國北卡羅那洲 100 個縣 30 個地方法院的管理效率，並利用相關係數與回歸求出投入與產出項對效率值的影響，並對比例分析與 DEA 方法運算的結果進行比較。	受理案件規模、案件作業處理人數、法院審理日數、輕罪案件數、白種人口的規模。	案件完成裁決總數量、案件未裁決少於 90 天	CCR	比較衡量生產效率的方法，其中比例分析法、多重績效指標無法同時處理多重投入與多重產出項的問題，對非控制的投入因素亦無法調整，而實證研究發現運用 DEA 方法來可以有效區別有管理效率或無管理效率之法院
Kittelsen et al. （1992）	分析 1983-1988 年歐洲挪威國家 107 個地方法院的整體及規模效率。	法官職務、全體員工數	民事案件、B 案件、審查即決案件、普通犯罪案件、登記案件、強制案件、遺囑認證與破產案件	CCR、BCC-I、BCC-O	利用 DEA 方法分析所得到結果可以很客觀的萃取法院的整體及規模效率，並運用此方法找出影響效率值的外生變數改善無管理效率之法院。

經回顧上述文獻後，本研究有以下評述：

1.上述文獻認為 DEA 可以用來作為績效評估的分析工具，且經 DEA 與傳統分析法的結果比較，確定 DEA 有較好之效度。

2.上述文獻未對 DEA 區別能力（discriminatory）作一探討。由於 DEA 的效率值是經由運算較不實際投入項或產出項之權數所得，故容易造成許多 DMU 是假相（false positive）有效率 DMU。

3. 上述文獻均未採用窗口分析（window analysis），來比較同一評估單位在不同時程中的移動窗口所得到效率趨勢。

4. 未對 DEA 與 Free Disposal Hull（FDH）作一實際比較。Cooper et al.（1978）認為 DEA 可藉由凸向前緣線（convex frontier）之假設找出有效率 DMUs。Tulkens（1993）認為使用非凸向前緣線（non-convex frontier）之 FDH 比 DEA 更能找出有效率 DMUs。

5. 上述文獻未採用生產力變動分析（Total Factor Productivity, TFP）之 Malmquist 生產力指標，來比較各單位總體效率、技術、純技術效率、規模效率、生產力變動情形。

本研究與以往文獻不同之處如下：

1. 參考 Avkiran（2001）比較固定規模報酬（CRS）與變動規模報酬（VRS）之 DEA 模式下有效率 DMU 個數之差異，如果有很大差異則選擇變動規模報酬（VRS），若無明顯差異則選擇固定規模報酬（CRS）。

2. 採用 Thompson et al.（1986）提出 DEA－AR 模式，將各項投入與產出項之權數增加其上限與下限的比例值納入 DEA 之計算過程，以求出更接近真實的效率值。

3. 使用窗口分析來比較在不同移動窗口中，瞭解各地方法院辦案效率變化趨勢。

4. 將 DEA 與 FDH 方法所得結果作一比較，以了解此二種評估法的識別能力問題。

5.使用 Caves et al.（1982）所提出 Malmquist Index 生產力指標來分析法院辦案生產力變動情形。

　　基於改進上述文獻的缺點並結合地方法院辦案特性，本研究採用效率觀點，即從投入與產出項權重限制的角度，使用窗口分析來比較在不同移動窗口中各地方法院辦案效率的轉變及生產力變動趨勢，進而找出相對有效率單位，提供決策者對於無效率單位改進的方向與幅度，研究發現期能作為地方法院管理之參考，以提昇辦案效率。

研究方法

一、研究對象

　　本研究以台灣地區十九所地方法院（台北、板橋、士林、桃園、新竹、苗栗、台中、南投、彰化、雲林、嘉義、台南、高雄、屏東、台東、花蓮、宜蘭、基隆、澎湖地方法院）為研究對象。Ali et al.（1995）提出決定 DMU 數量的經驗法則，即 DMU 之數目至少應為投入與產出項個數總和的二倍。才不會因樣本數太少，而造成統計上檢定問題。若本研究選用五個投入項及五個產出項，那麼 DMU 個數至少須為 20 個，故僅有十九個地方法院是不夠的。 Cooper et al.（2000）指出可用窗口分析（window analysis），來增加 DMU 之個數。DEA 中的窗口分析，是將同一個 DMU 在各個不同時期的表現當作不同的 DMU 來處理。除外窗口分析可依移動窗口所得到的效率作比較，瞭解用各 DMU 再不動時期效率變動狀況。因此，本研究採用 87－90

年度資料，以地方法院三年度表現爲一窗口，共有二個移動窗口（87
－89 與 88－90 年度），每一窗口計有 57（3×19）個 DMUs，共計 114
個 DMUs。金門地方法院成立於民國 88 年，因成立時間較短且規模
較小，故未納入本研究中，故本研究選定 DMUs 之個數，大於投入
與產出項總和之二倍以上，符合 Ali et al.（1995）之建議。

二、概念模式構建

在 DEA 模式設定過程中，若要能夠正確評估各受評估決策單位
的相對效率，除了選擇適合的 DEA 模式外，亦需選用適當的衡量指
標，此爲 DEA 模式另一重要選擇項目。因爲選擇了不合適的衡量指
標，將失去衡量的代表性，評估之結果亦會失真，由第二節績效評估
方法學理研究與評估法院績效文獻探討中建構了本研究之投入項與
產出項的概念模式，如圖 C8.1。

三、投入項與產出項資料

Roll and Seroussy（1989）指出：若投入與產出選取項目太多，
會造成有效率之 DMU 數過多而無法有區隔效用且概念模式之產出與
投入項，法務部於往年統計年報中並未納入公布，因此，本研究無法
選擇每一投入與產出項，僅選擇較具代表性之變數歸納整理。表 C8.2
爲各地方法院 87－90 年度投入與產出敘述統計資料。茲將本研究中
所選定之投入與產出變數，簡略說明定義如下：

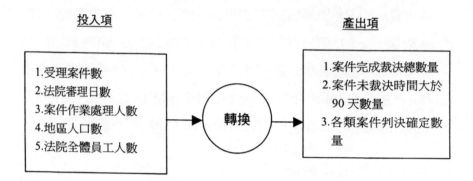

圖 C8.1　績效評估模式圖

（一）投入項目

1.重大刑案起訴人數（X_1）：地方法院檢察署全年偵查起訴重大刑事案件總人數。

2.毒品案起訴人數（X_2）：地方法院檢察署當全年偵查起訴毒品案件總人數。

3.違反兒童及少年性防治案件起訴人數（X_3）：地方法院檢察署當全年偵查起訴違反兒童及少年性交易防治條例案件總人數。

4.暴力犯罪起訴人數（X_4）：地方法院檢察署當全年偵查起訴暴力犯罪總人數。

5.其他案件起訴人數（X_5）：地方法院檢察署全年偵查起訴除上述四項重要案件以外其他案件犯罪總人數。

（二）產出項目

1. 重大刑案確定有罪人數（Y_1）：各地方法院檢察署全年執行裁

判確定重大刑事案件有罪總人數。

2. 毒品案確定有罪人數（Y_2）：各地方法院檢察署全年執行裁判確定毒品案有罪人數。

3. 違反兒童及少年性防治案件確定有罪人數（Y_3）：各地方法院檢察署全年執行裁判確定違反兒童及少年性交易防治條例案件有罪總人數。

4. 暴力犯罪確定有罪人數（Y_4）：各地方法院檢察署全年執行裁判確定暴力犯罪案件有罪總人數。

5. 其他案件確定有罪人數（Y_5）：各地方法院檢察署全年除上述四項重要案件執行裁判確定以外其他案件犯罪總人數。

表 C8.2　投入／產出資料敘述統計表

	平均值	標準差	極小值	極大值
投入項				
重大刑案起訴人數	42.07	35.85	0	132
毒品案起訴人數	720.18	531.57	6	2049
違反兒童及少年性防治案件起訴人數	38.99	57.17	0	300
暴力犯罪起訴人數	1321.51	886.47	78	3487
其他案件起訴人數	5646.36	4283.53	418	14652
產出項				
重大刑案確定有罪人數	23.38	18.51	0	74
毒品案確定有罪人數	724.32	600.80	5	2996
違反兒童及少年性防治案件確定有罪人數	19.58	30.09	0	153
暴力犯罪確定有罪人數	778.91	534.66	25	2269
其他案件確定有罪人數	4680.75	3578.53	340	11881

　　爲瞭解投入／產出項目間的關係，進行相關性分析，相關係數如表 C8.3 所示。

表 C8.3　投入／產出資料間相關係數表

		(X_1)	(X_2)	(X_3)	(X_4)	(X_5)	(Y_1)	(Y_2)	(Y_3)	(Y_4)	(Y_5)
重大刑案起訴人數	(X_1)	1.000	0.766	0.674	0.806	0.844	0.822	0.750	0.587	0.812	0.844
毒品案起訴人數	(X_2)		1.000	0.629	0.786	0.833	0.755	0.912	0.555	0.780	0.833
違反兒童及少年性防治案件起訴人數	(X_3)			1.000	0.697	0.728	0.591	0.539	**0.906	0.681	0.713
暴力犯罪起訴人數	(X_4)				1.000	0.936	0.852	0.683	0.640	0.979	0.912
其他案件起訴人數	(X_5)					1.000	0.872	0.812	0.675	0.912	0.977
重大刑案確定有罪人數	(Y_1)						1.000	0.761	0.547	0.864	0.853
毒品案確定有罪人數	(Y_2)							1.000	0.473	0.678	0.805
違反兒童及少年性防治案件確定有罪人數	(Y_3)								1.000	0.645	0.673
暴力犯罪確定有罪人數	(Y_4)									1.000	**0.905
其他案件確定有罪人數	(Y_5)										1.000

附註：*表投入項間有高度正相關，**表產出項間有高度正相關，***表投入項與產出項間有高度正相關。

　　由表 C8.3 中，可得以下之發現：

1.投入項間均成正相關，說明任何一項犯罪案件的起訴人數的增加，相對會使得其他案件起訴人數亦隨之增高。

2.產出項目間關係：違反兒童及少年性防治案件確定有罪人數

（Y_3）與重大刑事案件確定有罪人數（Y_1）、毒品案件確定有罪人數（Y_2）均達顯著水準，相關係數分為（0.547）、（0.473），顯示法官對於違反兒童及少年性防治判刑確定之案件數，並不會影響重大刑事案與毒品案判刑確定之案件數。

3.投入項與產出變數間均成正相關具顯著水準，這現象說明任何一項犯罪案件的起訴人數的增加，相對會使得任何一項犯罪案件判刑確定人數亦隨之增高。

四、DEA 模式與麥式指標

本研究採用 DEA 模式（AR、FDH 模式）與麥式指標（Malmquist Index）來分析 87－90 年各地方法院辦案績效及生產力變動情形。

（一）確定區域模式（Assurance Region Method, AR）

傳統 CCR 模式中對有關各個權數的限制為非負（大於或等於 0）之條件，然而實證上發現許多投入產出項的權數為 0 時，在經濟學上或管理的意義上將無法做適當且合理的解釋。本研究為了改善 DEA 模式在部分投入產出項權數為 0 時，無法合理分析說明的缺點，即參考 Thompson et al.（1986）提出 DEA-AR 模式（確定區域模式），即將各項投入與產出項目增加上限與下限的比例值，以求出更接近於真實的效率值。

一般而言，DEA－AR 模式是以下列限制式賦予投入產出重要性之範圍。

$$\alpha_i^L \le V_i/V_1 \le \alpha_i^U \qquad i=1,\dots,m \tag{C8.1}$$

$$\beta_r^L \le U_r/U_1 \le \beta_r^U \qquad r=1,\dots,s \tag{C8.2}$$

上式中 α_i^L 及 α_i^U 表示投入重要性比 V_i/V_1 之下限與上限，β_r^L 及 β_r^U 表示產出項重要性比 U_r/U_1 之下限與上限。由於 V_i 和 U_r 分別表示投入產出項的重要性，所以 V_i/V_1 與 U_r/U_1 表示投入產出重要性的向量之方向比，沿此向量的方向比，可求得最適解。任一 DMU 之 AR 效率，可由下列線性規劃模式求得：

$$\text{Max} \quad h_k = \sum_{r=1}^{s} U_r Y_{rk} \tag{C8.3}$$

$$\text{subject to} \quad \sum_{i=1}^{m} V_i X_{ik} = 1$$

$$\sum_{r=1}^{s} U_r Y_{rj} - \sum_{i=1}^{m} V_i X_{ij} \le 0$$

$$V_1 I_i^L \le V_i \le V_1 I_i^U$$

$$U_1 O_r^L \le U_r \le U_1 O_r^U$$

$$U_r, V_i \rangle 0 \qquad j=1,\dots,n \text{，} r=1,\dots,s \text{，} i=1,\dots,m$$

V_1、U_1 分別代表投入、產出的基準權數

I_i^U、I_i^L 分別代表第 i 個投入項權數之相對重要性上下限比值

O_r^U、O_r^L 分別代表第 r 個產出項權數之相對重要性上下限比值

　　Cooper et al.（2000）指出，AR 模式對投入產出項之權數決定其上限與下限有二種方法，一則可經由專家主觀認定之，另一方式可經由電腦運算後產生。

（二）FDH 模式

　　Deprins, Simar and Tulkens（1984）年首先提出 FDH，再由 Tulkens（1993）作進一步的方法界定與理論說明，採用非凸向前緣（non-convex frontier）的假設，認為效率決策單位只受實際觀察績效值影響，其參考群體的選擇是實際發生的觀察 DMU，而非理論所推導出的虛擬 DMU，既生產可能集合為：$P_{FDH} = \{(X,Y) | X \geq X_j, Y \leq Y_j, X, Y \geq 0, j = 1, \ldots, n\}$。因此其效率前緣線呈現出階梯式的前緣方式，而不是一般 DEA 法所呈現出的包絡曲線，這種結果造成幾乎所有 DMUs 皆為有效率，因此較無法區隔出何者為真正有效率。為了比較這兩種不同假設前緣推論法之效率區別能力，故本研究同時採用 DEA-AR 與 FDH 模式來評估地方法院績效。

（三）生產力指數（Malmquist Index）

　　Caves et al.（1982）所提出 Malmquist Index（麥氏指標），目的在衡量技術水準變動，屬無母數邊界法之一種。應用 DEA 理論分別計算在不同基期下的生產力變動，期生產力指標定義為：

$$M^t = \frac{D_0^{t+1}(X^{t+1}, Y^{t+1})}{D_0(X^t, Y^t)} \qquad （C8.4）$$

　　M^t 是指在固定規模報酬下，以 t 期技術水準為基準，計算由第 t 期至第 t+1 期間在生產力上的變動，若 $M^t > 1$，表示生產力有改善，$M^t < 1$ 表示生產力降低。後經 Fare et al.（1994）提出產出導向修正

的模式，並將麥氏指標（TFP）分解爲總體效率變動指標（technical efficiency, TE）及技術變動指標（technical change, TC）的乘積，即 TFP=TE×TC。

其數學式分別如下：

$$TFP\,(X^{t+1},Y^{t+1},X^t,Y^t) = \left[\frac{D_0^t\,(X^{t+1},Y^{t+1})}{D^{t+1}_0\,(X^t,Y^t)} \times \frac{D_0^t\,(X^{t+1},Y^{t+1})}{D^{t+1}_0\,(X^t,Y^t)}\right]^{1/2} \qquad (C8.5)$$

$$TE\,\,(X^{t+1},Y^{t+1},X^t,Y^t) = \left[\frac{D_0^t\,(X^{t+1},Y^{t+1})}{D^{t+1}_0\,(X^{t+1},Y^{t+1})} \times \frac{D_0^t\,(X^t,Y^t)}{D^{t+1}_0\,(X^t,Y^t)}\right]^{1/2} \qquad (C8.6)$$

$$TC\,(X^{t+1},Y^{t+1},X^t,Y^t)\,\,=\,\,\frac{D^{t+1}_0\,(X^{t+1},Y^{t+1})}{D_0^t\,(X^t,Y^t)} \qquad (C8.7)$$

當 TFP>1 時表示從 t 至 t+1 時表示生產力有改善，TFP<1 表示生產力降低。實際上這種指標是兩個以 Malmquist 產出導向的生產力指數的幾何平均數。而上式各式中距離函數可分別改寫成 DEA 的線性規劃式，藉求出在不同基期下的 DEA 效率值，進一步計算出各項變動率。

實證分析

一、投入與產出項權數限制之建立

由於起訴及判刑確定案件重要性有所不同，本小節從投入與產

出項權數限制的角度來探討生產效率的轉變。權數的配置需根據專家的意見或由電腦運算產生來決定其上限與下限，然不同專家看法未必一制，造成權數給與的差異。故本研究利用電腦運算產生投入與產出項間權數，以比例值最高與最低作為權數的上、下限，V1～V5 分別代表投入項 X1～X5 的權數，其設定值如下：

$0.000007561 \leq$ V2/ V1 ≤ 1515.151　　　　$0.0008029 \leq$ V3/ V1 ≤ 2321.466

$0.00001266 \leq$ V4/ V1 ≤ 24.6363　　　　$0.00003064 \leq$ V5/ V1 ≤ 26.3636

$0.0005259 \leq$ V3/ V2 ≤ 309904.49　　　　$0.00000828 \leq$ V4/ V2 ≤ 3288.834

$0.00002003 \leq$ V5/ V2 ≤ 3519.417　　　　$0.0000054 \leq$ V4/ V3 ≤ 30.9714

$0.00001307 \leq$ V5/ V3 ≤ 33.14285　　　　$0.001232 \leq$ V5/ V4 ≤ 2101.449

U1～U5 分別代表產出項 Y1～Y5 的權數，其設定值如下：

$0.000666 \leq$ U2/ U1 ≤ 27.2882　　　　$0.00408 \leq$ U3/ U1 ≤ 34.8837

$0.000472 \leq$ U4/ U1 ≤ 3.8372　　　　$0.0000946 \leq$ U5/ U1 ≤ 3.803986

$0.012418 \leq$ U3/ U2 ≤ 630.63　　　　$0.001436 \leq$ U4/ U2 ≤ 69.369

$0.0002879 \leq$ U5/ U2 ≤ 68.768　　　　$0.001123 \leq$ U4/ U3 ≤ 11.3235

$0.0002252 \leq$ U5/ U3 ≤ 11.225　　　　$0.002047 \leq$ U5/ U4 ≤ 97.03389

二、效率分析

經由模式運算後，可求得十九所地方法院在二個移動窗口中不同年度辦案績效。表 C8.4 為各地方法院純技術效率值表；表 C8.5 為各地方法院規模效率值表；表 C8.6 為各地方法院規模報酬分布統計表；表 C8.7 為各地方法院 FDH 效率值表。

表 C8.4　純技術效率值表

DMU	87	88	89	90	平均數	變異數	群組
台北地方法院	100.0	100.0	100.0		100.0	0	I
	100.0	100.0	100.0				
板橋地方法院	100.0	100.0	100.0		100.0	0	I
	100.0	100.0	100.0				
士林地方法院	100.0	100.0	100.0		100.0	0	I
	100.0	100.0	100.0				
桃園地方法院	92.20	100.0	92.18		96.77	14.707	III
	100.0	96.24	100.0				
新竹地方法院	100.0	100.0	100.0		99.92	0.0384	II
	99.52	100.0	100.0				
苗栗地方法院	100.0	79.76	100.0		93.42	72.583	IV
	86.64	100.0	94.10				
台中地方法院	100.0	100.0	100.0		100.0	0	I
	100.0	100.0	100.0				
南投地方法院	100.0	100.0	100.0		97.86	27.52	IV
	100.0	100.0	87.15				
彰化地方法院	100.0	98.73	100.0		98.68	6.76	III
	93.34	100.0	100.0				
雲林地方法院	95.31	100.0	100.0		99.22	3.666	III
	100.0	100.0	100.0				
嘉義地方法院	100.0	100.0	100.0		99.24	3.511	III
	100.0	100.0	95.41				
台南地方法院	100.0	100.0	100.0		100.0	0	I
	100.0	100.0	100.0				
高雄地方法院	100.0	100.0	100.0		100.0	0	I
	100.0	100.0	100.0				
屏東地方法院	100.0	100.0	100.0		100.0	0	I
	100.0	100.0	100.0				
台東地方法院	100.0	100.0	100.0		100.0	0	I
	100.0	100.0	100.0				
花蓮地方法院	100.0	79.02	100.0		92.66	129.671	V
	76.95	100.0	100.0				
宜蘭地方法院	100.0	100.0	100.0		100.0	0	I
	100.0	100.0	100.0				
基隆地方法院	100.0	72.99	100.0		92.53	142.26	V
	82.22	100.0	100.0				
澎湖地方法院	100.0	100.0	100.0		97.38	41.29	IV
	100.0	84.26	100.0				

表 C8.5　規模效率值表

DMU	87	88	89	90	平均數	變異數	群組
台北地方法院	100.0	100.0	100.0		95.465	49.787	III
	87.43	85.36	100.0			
板橋地方法院	95.47	95.08	92.29		93.4	20.092	III
	87.05	90.53	100.0			
士林地方法院	100.0	96.08	100.0		95.73	42.594	III
	83.17	100.0	95.10			
桃園地方法院	94.37	96.17	95.29		94.37	19.73	III
	86.45	93.99	100.0			
新竹地方法院	100.0	100.0	100.0		99.87	0.083	I
	99.24	100.0	100.0			
苗栗地方法院	100.0	98.90	100.0		97.44	15.995	III
	89.1	100.0	96.65			
台中地方法院	100.0	100.0	97.80		98.04	14.637	III
	100.0	100.0	90.44			
南投地方法院	100.0	100.0	100.0		99.46	1.771	II
	100.0	100.0	96.74			
彰化地方法院	100.0	87.93	89.39		93.40	31.997	IV
	94.69	88.38	100.0			
雲林地方法院	99.49	100.0	100.0		99.92	0.043	I
	100.0	100.0	100.0			
嘉義地方法院	100.0	100.0	100.0		98.67	4.536	II
	95.19	100.0	96.8			
台南地方法院	100.0	100.0	100.0		96.47	38.5	IV
	94.02	100.0	84.78			
高雄地方法院	99.58	100.0	80.0		92.43	75.076	IV
	100.0	85.71	89.27			
屏東地方法院	100.0	100.0	95.52		96.04	25.13	III
	100.0	92.94	87.75			
台東地方法院	100.0	100.0	100.0		100.0	0	I
	100.0	100.0	100.0			
花蓮地方法院	100.0	99.98	100.0		99.98	0.002	I
	99.87	100.0	100.0			
宜蘭地方法院	100.0	100.0	100.0		100.0	0	I
	100.0	100.0	100.0			
基隆地方法院	94.41	99.91	99.74		96.41	39.615	III
	84.37	100.0	100.0			
澎湖地方法院	100.0	100.0	100.0		99.63	0.631	I
	98.02	99.75	100.0			

附註：群組 I：極小變異；群組 II：小變異；群組 III：中變異；群組 IV：大變異。

表 C8.6 規模報酬分布表

DMU	87	88	89	90	IRS	CRS	DRS
台北地方法院	CRS	CRS	CRS			4	2
		DRS	DRS	CRS			
板橋地方法院	DRS	DRS	DRS			1	5
		DRS	DRS	CRS			
士林地方法院	CRS	DRS	CRS			3	3
		DRS	CRS	DRS			
桃園地方法院	DRS	DRS	DRS			2	4
		DRS	CRS	CRS			
新竹地方法院	CRS	CRS	CRS			6	
		CRS	CRS	CRS			
苗栗地方法院	CRS	CRS	CRS			5	1
		CRS	CRS	DRS			
台中地方法院	CRS	CRS	DRS			4	2
		CRS	CRS	DRS			
南投地方法院	CRS	CRS	CRS			5	1
		CRS	CRS	DRS			
彰化地方法院	CRS	DRS	DRS			3	3
		CRS	DRS	CRS			
雲林地方法院	DRS	CRS	CRS			5	1
		CRS	CRS	CRS			
嘉義地方法院	CRS	CRS	CRS			4	2
		DRS	CRS	DRS			
台南地方法院	CRS	CRS	CRS			4	2
		DRS	CRS	DRS			
高雄地方法院	DRS	CRS	DRS			2	4
		CRS	DRS	DRS			
屏東地方法院	CRS	CRS	DRS			3	3
		CRS	DRS	DRS			
台東地方法院	CRS	CRS	CRS			6	
		CRS	CRS	CRS			
花蓮地方法院	CRS	CRS	CRS			6	
		CRS	CRS	CRS			
宜蘭地方法院	CRS	CRS	CRS			6	
		CRS	CRS	CRS			
基隆地方法院	DRS	CRS	DRS			3	3
		DRS	CRS	CRS			
澎湖地方法院	CRS	CRS	CRS				
		DRS	CRS	CRS		5	1

表 C8.7 FDH 效率值表

DMU	87	88	89	90	平均數	變異數	群組
台北地方法院	100.0	100.0	100.0		100.0	0	I
	100.0	100.0	100.0	100.0			
板橋地方法院	100.0	100.0	100.0		100.0	0	I
	100.0	100.0	100.0	100.0			
士林地方法院	100.0	100.0	100.0		100.0	0	I
	100.0	100.0	100.0	100.0			
桃園地方法院	100.0	100.0	100.0		100.0	0	I
	100.0	100.0	100.0	100.0			
新竹地方法院	100.0	100.0	100.0		100.0	0	I
	100.0	100.0	100.0	100.0			
苗栗地方法院	100.0	100.0	100.0		100.0	0	I
	100.0	100.0	100.0	100.0			
台中地方法院	100.0	100.0	100.0		100.0	0	I
	100.0	100.0	100.0	100.0			
南投地方法院	100.0	100.0	100.0		100.0	0	I
	100.0	100.0	100.0	100.0			
彰化地方法院	100.0	100.0	100.0		100.0	0	I
	100.0	100.0	100.0	100.0			
雲林地方法院	100.0	100.0	100.0		100.0	0	I
	100.0	100.0	100.0	100.0			
嘉義地方法院	100.0	100.0	100.0		100.0	0	I
	100.0	100.0	100.0	100.0			
台南地方法院	100.0	100.0	100.0		100.0	0	I
	100.0	100.0	100.0	100.0			
高雄地方法院	100.0	100.0	100.0		100.0	0	I
	100.0	100.0	100.0	100.0			
屏東地方法院	100.0	100.0	100.0		100.0	0	I
	100.0	100.0	100.0	100.0			
台東地方法院	100.0	100.0	100.0		100.0	0	I
	100.0	100.0	100.0	100.0			
花蓮地方法院	100.0	100.0	100.0		100.0	0	I
	100.0	100.0	100.0	100.0			
宜蘭地方法院	100.0	100.0	100.0		100.0	0	I
	100.0	100.0	100.0	100.0			
基隆地方法院	100.0	100.0	100.0		100.0	0	I
	100.0	100.0	100.0	100.0			
澎湖地方法院	100.0	100.0	100.0		98.68	10.481	II
	100.0	92.07	100.0				

由上述各表中，本研究發現：

1. 各地方法院平均純技術效率分別為：台北、板橋、士林、台中、台南、高雄、屏東、台東、宜蘭計九所均達 100.0%、桃園 96.77%、新竹 99.92%、苗栗 93.42%、南投 97.86%、彰化 98.68%、雲林 99.22%、嘉義 99.24%、花蓮 92.66%、基隆 92.53% 與澎湖 97.38%。台北等九所地方法院平均辦案作業效率高且變異數變動小，說明這九所辦案表現良好，各年度辦案作業效率趨於穩定。花蓮與基隆地方法院平均辦案作業效率低且變異數變動大，顯示該兩所地方法院辦案表現差，88 年度辦案效率趨於不穩定，造成此一現象之因，可能是由於這二所地方法院效率過低所致，建議管理者進一步深入瞭解造成效率偏低之因素。

2. 各地方法院平均規模效率分別為：台東與宜蘭均達 100.0%、台北 95.47%、板橋 93.4%、士林 95.73%、台中 98.04%、台南 96.47%、高雄 92.43%、屏東 96.04%、桃園 93.4%、新竹 94.37%、苗栗 97.44%、南投 99.46%、彰化 93.4%、雲林 99.92%、嘉義 98.67%、花蓮 99.98%、基隆 96.43% 與澎湖 96.63%。整體而言，各地方法院平均規模效率均達 90% 以上，表示各地方法院的規模均達一定之規模，惟高雄地方法院規模效率表現較差變異較大（75.08%），在前二個年度規模效率均高於 90%，後二年度效率值雖有成長，但仍屬偏低。該所地方法院管理者應針對偏低之狀況，可作進一步的調查。

3.各地方法院達到最適生產規模（MPSS/CRS）比例分別為：台北 66.67%、板橋 16.67%、士林 50%、桃園 33.33%、新竹 100%、苗栗 83.33%、台中 66.67%、南投 83.33%、彰化 50%、雲林 83.33%、嘉義 66.67%、台南 66.67%、高雄 33.33%、屏東 50%、台東 100%、花蓮 100%、宜蘭 100%、基隆 50%、澎湖 83.33% 等十九所均無規模報酬遞增情形，表示各地方法院均達一定之規模，其中新竹、台東、花蓮、宜蘭等四所地方法院均達最適生產規模且呈現穩定狀態，惟高雄地方法院在 89－90 年度呈現規模報酬遞減，管理者應注意減小調整規模。

4.在 FDH 模式下，僅有澎湖地方法院辦案效率較差，其平均 FDH 效率值為 98.68%，效率值變異小。其餘實十八所地方法院在二個移動窗口中各年度之 FDH 效率均為 100%，顯示這十八所辦案績效較好。經 FDH 與 AR-VRS 模式結果比較後，前者發覺 99.12%DMUs 有效率，後者發覺 85.09%DMUs 有效率。因此說明在本研究當中，FDH 在處理小樣本時並無法區別出有效率地方法院。

三、參考群體分析

　　參考群體分析之其目的在於檢視相對效率的地方法院，被無效率的地方法院所作為改善效率的參考對象與頻率。表 C8.8 為二個移動窗口中無辦案效率地方法院參考群體與被參考次數統計總表。同一窗口各年度有效率系所本身參考次數不列入表 C8.8 中。就辦案效率

而言，士林、南投、雲林地方法院被參考總次數最高（10次），顯示這三所可作爲各地方法院辦案績效標竿。二個移動窗口中，花蓮地方法院均未被參考（0次）辦案效率表現較差，須待改進。

表 C8.8 無效率地方法院參考群體與次數

地院別	參考群體																
	台北	板橋	士林	桃園	新竹	苗栗	台中	南投	彰化	雲林	嘉義	台南	高雄	屏東	台東	花蓮	宜蘭	基隆	澎湖
台北																			
板橋																			
士林																			
桃園	1	1		1	1		5		1			2	2				1		
新竹	2						1	1	1						1		1		
苗栗			4				1		1		1			1	1			2	4
台中																			
南投	1		1		1	1			2			1		1			1	1
彰化							4	2	2	2			2	1					
雲林			1					2				1	1	1		1		
嘉義	1						1			1		2			1			
台南																			
高雄																			
屏東																			
台東																			
花蓮							2	2		3	1	1			1			3
宜蘭																			
基隆			4			1		2		1		1						
澎湖															1			1
被其他 DMU 參考次數	5	1	10	1	2	2	13	10	4	10	1	7	6	3	7	0	3	3	3

四、生產力變動分析

本研究以麥氏生產力指標來分析 87-90 四個年度各地方法院生產力變動情形，分析結果如表 C8.9 所示，分別爲平均總體效率變動

率（TE）-0.8%、技術變動率（TC）-1.5%、純技術效率變動率（PTE）0.1%、規模效率變動率（SE）-0.9%、生產力變動率（TFP）-2.3%，顯示四個年度的生產力仍有變動。

各效率值變動趨勢如圖 C8.2－C8.6，茲將分析結果說明如下：

（一）效率變動分析

總體技術效率變動率，呈現上升者以桃園地方法院最高，上升率為 5.8%，呈現下跌者以南投地方法院最高，下降率為 4.5%。技術變動率，呈現上升者以台北地方法院最高，上升率為 23.3%，呈現下跌者以苗栗地方法院最高，下降率為 20.7%。純技術效率變動率，呈現上升者以桃園地方法院最高，上升率為 2.6%，呈現下跌者以苗栗與南投地方法院最高，下降率皆為 0.4%。

規模效率變動率，呈現上升者以桃園地方法院最高，上升率為 3.1%，呈現下跌者以苗栗與台南地方法院最高，下降率皆為 4.4%。生產力變動率，呈現上升者以台北地方法院最高，上升率為 23.3%，呈現下跌者以苗栗地方法院最高，下降率皆為 23.1%。

（二）生產力變動分析

生產力持續改善的地方法院有台北、板橋、士林、桃園、新竹、嘉義、台東、花蓮、澎湖計九所地方法院。生產力呈現下降者有，苗栗、台中、南投、彰化、雲林、台南、高雄、屏東、宜蘭、基隆計十所地方法院。所有效率指標均呈現下滑者有，苗栗與南投地方法院。

表 C8.9 生產力變動表

法院別	TE	TC	PTE	SE	TFP
台北地方法院	1.000	1.233＊	1.000	1.000	1.233＊
板橋地方法院	1.015＊	1.034＊	1.000	1.015＊	1.050＊
士林地方法院	1.000	1.006＊	1.000	1.000	1.006＊
桃園地方法院	1.058＊	1.094＊	1.026＊	1.031＊	1.158＊
新竹地方法院	1.000	1.112＊	1.000	1.000	1.112＊
苗栗地方法院	0.969	0.793	0.996	0.974	0.769
台中地方法院	0.967	0.910	1.000	0.967	0.880
南投地方法院	0.955	0.810	0.996	0.958	0.774
彰化地方法院	1.000	0.957	1.000	1.000	0.957
雲林地方法院	1.000	0.872	1.000	1.000	0.872
嘉義地方法院	0.974	1.050＊	1.000	0.974	1.023＊
台南地方法院	0.956	1.015＊	1.000	0.956	0.970
高雄地方法院	0.965	0.919	1.000	0.965	0.886
屏東地方法院	1.000	0.862	1.000	1.000	0.862
台東地方法院	1.000	1.034＊	1.000	1.000	1.034＊
花蓮地方法院	1.000	1.118＊	1.000	1.000	1.118＊
宜蘭地方法院	1.000	0.899	1.000	1.000	0.899
基隆地方法院	1.000	0.974	1.000	1.000	0.974
澎湖地方法院	1.000	1.144＊	1.000	1.000	1.144＊
平均數	0.992	0.985	1.001	0.991	0.977

註：＊為正向變動；總體效率變動率（TE）、技術變動率（TC）、純技術
效率變動率（PTE）、規模效率變動率（SE）、生產力變動率（TFP）。

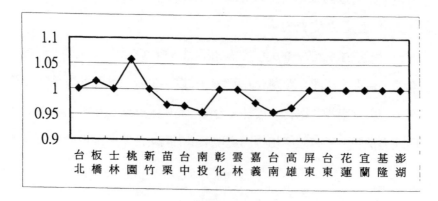

圖 C8.2 地方法院總體技術效率變動趨勢圖

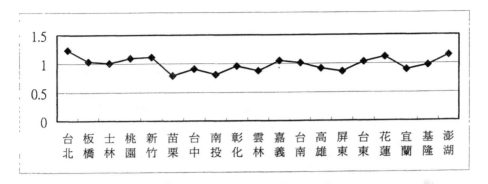

圖 C8.3 地方法院技術效率變動趨勢圖

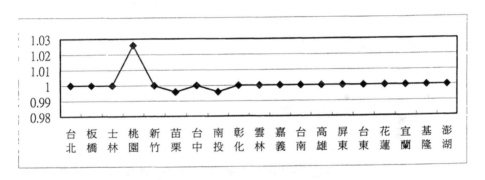

圖 C8.4 地方法院純技術效率變動趨勢圖

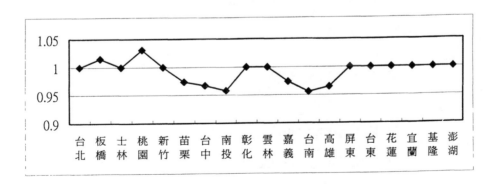

圖 C8.5 地方法院規模效率變動趨勢圖

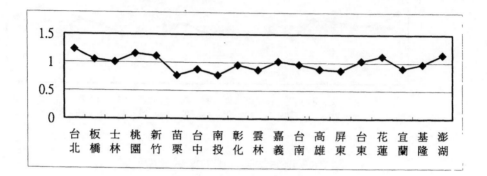

圖 C8.6 地方法院生產力變動趨勢圖

管理意涵

一、對管理者而言

經本研究發現 DEA 法可被使用作為對各地方法院辦案績效評估之標竿管理工具，確保有效運用各項資源，以達到辦案成效。

可依據各地方法院辦案效率之表現，可作為管理者對於法官年度考績評比之參考。

二、對執行層面而言

宜加強各警察機關與地方法院檢察官之專業素養，在犯罪調查政策以利誘為導向下，如破案獎金、破格拔擢，或者限期破案等壓力下，只鼓勵或強迫警察人員追求形式辦案績效，對於案件是否構成起訴要件，並且起訴罪名是否適當，均會影響法官辦案效率。

　　憲法第八十條規定法官須超出黨派以外，依據法律獨立審判，不受任何干涉，法官之身分或職位不因審判之結果而受影響；法官唯本良知，依據法律獨立行使審判職權，積案不結及裁判有顯著之遲延等等都會影響辦案效率，透過本研究可有效敦促法官保持應有的辦案水準。

結論與建議

一、結論

　　本研究應用 DEA 法於台灣地區地方法院辦案績效評估上，希望能藉由 DEA 之各項分析特性，建構出一套完整、可行、公平及可提供各種管理決策及學術上建議的績效評估模式，而本研究經由概念模式之確定、決策單位之選擇、投入產出項之篩選與權數之設定，並由各項分析所獲得之主要成果與重要發現如下：

（一）在辦案效率分析方面

　　以台北、板橋、士林、台中、台南、高雄、屏東、台東、宜蘭等九所地方法院有較佳純技術效率（100%），基隆地方法院有較差純技術效率（92.53%）；所有地方法院規模效率均達 90% 以上，顯示各地方法院均達一定規模，其中台東與宜蘭地方法院有較佳規模效率（100%）；新竹、台東、花蓮、宜蘭等四所地方法院均有最適生產規模，呈現穩定狀態，高雄地方法院有較差規模效率（92.43%）與最低之最適生產規模（33.33%）。

（二）在參考群體分析方面

　　以士林、南投、雲林等三所地方法院被參考改善效率總次數最高（10次），可作爲各地方法院辦案績效標竿，基隆與花蓮二所地方法院辦案效率表現較差。

（三）DEA 與 FDH 模式區別能力分析方面

　　在 DMU 個數爲小樣本時，經 DEA 與 FDH 作一比較後，FDH 模式會發覺許多的地方法院變爲有效率，顯示 FDH 較不嚴謹，效率區別能力較差，無法找出真正有效率單位。

（四）在技術上無效率之單位方面

　　在技術上無效率之單位，以目前生產條件下，並未達到理想的產出水準，因此在各地方法院對於起訴案件無法增減之情況下，必須增加其各項產出，即提升法官辦案正確性，另一方面對於各項案件之起訴必須審慎。

（五）在各地方法院辦案變動趨勢分析方面

　　1.生產力持續改善以台北地方法院最高，上升率爲 23.3%

　　2.生產力呈現下跌以苗栗地方法院最高，下降率爲 23.1%。

　　3.所有效率指標均成下滑者有，苗栗與南投地方法院。

　　就整體而言，在 87－90 四個年度期間，十九所地方法院爲正向變動的比例爲 9/19，負向變動的比例爲 10/19，故台灣地區地方法院整體辦案績效之生產力似乎是下降的。

二、建議

　　本研究為國內首次針對地方法院辦案績效評估進行探討，尚有未考慮之處，以下針對管理者與學術界後續研究建議如下：

（一）管理者建議

　　由本研究發現，大多數的地方法院四年度辦案績效表現良好；少部分地方法院尚需加強起訴案件審理正確性，地方法院整體辦案績效之生產力似乎有下降趨勢，應加強案件管理以提昇辦案效率。

　　有關部門可針對績效較佳的地方法院進行各項獎勵政策，對於績效不佳的地方法院，應探究其原因配合進行各項改善措施。

（二）學術界建議

　　因無法獲得各地方法院投入項之單位人力與成本資料，故未分析地方法院成本與人力效率。學者於未來研究中可蒐集此數據資料進行探討，另外亦可蒐集外在環境之變數，探討其對法院辦案效率之影響。

參考書目

一、中文

台北市政府衛生局（1999），《87 年度台北市衛生醫療年鑑》。台北：台北市政府。
台北市政府衛生局（2000），《88 年度台北市衛生醫療年鑑》。台北：台北市政府。
台北市政府衛生局（2001），《89 年度台北市衛生醫療年鑑》。台北：台北市政府。
法務部統計處（1998），《87 年度法務統計年報》。台北：法務部。
法務部統計處（1999），《88 年度法務統計年報》。台北：法務部。
法務部統計處（2000），《89 年度法務統計年報》。台北：法務部。
法務部統計處（2001），《90 年度法務統計年報》。台北：法務部。
陳巧靜（2001），〈台灣地區製造業生產效率之研究〉，私立逢甲大學建築及都市計劃研究所碩士論文。
陳禹彰（1995），〈台灣地區工業區生產效率之評估研究──資料包絡分析法的應用〉，國立中山大學公共事務管理研究所碩士論文。
陳慧瀅（2000），〈科學園區主要產業的相對效率之衡量〉，《產業論壇》，第一卷，第 135-146 頁。
馮正民、往榮祖（2001），〈應用灰色關聯分析於航空運輸業營運與財務績效代表性指標之擷取〉，《民航季刊》，第三卷，第一期。
黃崇興、黃蘭貴（2001），〈應用數據包絡法於航空公司航線經營績效之分析〉，《管理學報》，第十七卷，第一期，149-181 頁。
黃寶興（1998），〈總要素生產力之決定因素──台灣製造業的實證研究〉，私立中國文化大學經濟研究所碩士論文。

二、英文

Agrell, P. & West, B. M. (2001). A caveat on the measurement of productive efficiency. *International Journal of Production Economics*, 69, 1-14.

Ahn, T. & Seiford, L. M. (1990). Sensitivity of dea to models and variable sets in a hypothesis test setting: the efficiency of university operations. In Y. Ijiri (Eds.), *Creative and Innovative Approaches to the Science of Management*, 101-208. Quorum Books: Westport CT.

Ahn, T., Charnes, A., & Cooper, W. W. (1989). A note on the efficiency characterizations obtained in different DEA models. *Socio-Economic Planning Sciences*, 22, 253-257.

Ali, A. I. & Seiford, L. M. (1990). Translation invariance in data envelopment analysis. *Operations Research Letters*, 9, 403-405.

Ali, A. I. & Seiford, L. M. (1993). The mathematical programming approach to efficiency measurement. In H. Fried, C. A. K. Lovell, and S. Schmidt (Eds.) *The Measurement of Productive Efficiency: Techniques and Applications*. Oxford University Press: London.

Ali, A. I. (1994). Computational aspects of DEA. In W.W. Cooper, A. Y. Lewin, and L. M. Seiford (Eds.), *Data Envelopment Analysis: Theory, Methodology, and Application*. Norwell, Massachsetts: Kluwer Academic Publishers.

Ali, A. I., Seiford, L. M., & Lerme, C. S. (1995). Components of efficiency evaluation in data envelopment analysis. *European Journal of Operational Research*, 80(2), 259-269.

Allen, R., Athanassopoulso, A., Dyson, R. G., & Thanassoulis, E. (1995). Weights restrictions and value judgments in data envelopment analysis: Evolution, development and future directions. *Annals of Operations Research*, 73, 13-34.

Arie, Y. L., Richard, C. M., & Thomas, J. C. (1982). Evaluating the administrative efficiency of courts. *Omega*, 10(4), 401-411.

Avkiran, N. K. (2001). Investigating technical and scale efficiency of Australian universities through data envelopment analysis. *Socio-Economic Planning Sciences*, 35, 57-80.

Baker, R. C. & Talluri, S. (1997). A closer look at the use of data envelopment analysis for technology selection. *Computers and Industry Engineering*, 32(1), pp.101-108.

Banker, R. D. (1984). Estimating most productive scale size using data envelopment analysis. *European Journal of Operational Research*, 17(1), 35-44.

Banker, R. D. & Morey R. (1986a). Efficiency analysis for exogenously fixed inputs and outputs. *Operations Research*, 34(4), 513-521.

Banker, R. D. & Morey R. (1986b). The use of categorical variables in data envelopment analysis. *Management Science*, 34(10), 1273-1276.

Banker, R. D. & Thrall, R. M. (1992). Estimating most productive size using data envelopment analysis. *European Journal of Operational Research*, 62, 74-84.

Banker, R. D., Charnes, A., & Cooper, W. W. (1984). Models for estimating technical and scale efficiencies in DEA. *European Journal of Operational Research*, 30(9), 1078-1092.

Banker, R. D., Charnes, A., Cooper, W. W., Swarts, J., & Thomas, D. A. (1989). An introduction to data envelopment analysis with some of its models and their use. In J. L. Chan and J. M. Patton (Eds.) *Research in Governmental and Nonprofit Accounting*, 5, 125-163.

Banker, R. D., Conrad, R. F., & Strauss, R. P. (1986). A comparative application of data envelopment analysis and translog methods: A illustrative study of hospital Production. *Management Science*, 32(1), 30-44.

Bannick, R. R. & Ozcan, Y. A. (1995). Efficiency analysis of federally funded hospital: comparison of DOD and VA hospital using data envelopment analysis. *Health Services Management Research*, 8(5), 73-85.

Beasley, J. E. (1990). Comparing university departments. *Omega*, 18(2), 171-183.

Boussofiance, A., Dyson, R. G., & Thanassonlis, E. (1991). Applied data envelopment analysis. *European Journal of Operational Research*, 52(1), 1-15.

Bouyssou, D. & Perny, D. (1992). Ranking methods for valued preferences relations: A characterization of a method based on entering and leaving flows. *European Journal of Operational Research*, 61, 186-194.

Braglia, M. & Petroni, A. (1999). Evaluating and selecting investments in industrial robots. *International Journal of Production Research,* 37(18), 4157-4178.

Breu, M. & Raab, L. (1994). Efficiency and perceiver quality of the nation's "Top 25" national universities and national liberal arts colleges: an application of data envelopment analysis to higher education. *Socio-Economic Planning Science*, 28(1), 33-45.

Burki, A A. & Terrell, D. (1998). Measuring production efficiency of small firms in Pakistan. *World Development*, 26, 155-169.

Burki, A. A. & Terrell, D. (1998). Measuring production efficiency of small firms in Pakistan. *World Development*, 26, 155-169.

Burley, T. (1995). Data envelopment analysis in ranking educational processes. In C. McNaught and K. Beattle (Eds.). *Research into Higher Education: Dilemmas Directions and Diversions*. Victoria: Herdsa, 19-27.

Caves, D. W., Christensen, L. R., & Diewert, W. E. (1982). The economic theory of index number of the measurement of input, output and productivity. *Econometrica*, 50(6), 1393-1414.

Chandra, P., Cooper, W. W., & Rahman, A. (1998). Using dea to evaluate 29 Canadian textile companies-considering returns to scale. *International Journal of Production Economics*, 54,129-141.

Chang, H. H. (1998). Determinants of hospital efficiency: the case of central government-owned hospital in Taiwan, *Omega*, 26(2), 307-317.

Chang, K. P. & Kao, P. H. (1992). The relative efficiency of public versus private municipal bus firms: An application of data envelopment analysis. *The Journal of Productivity Analysis*, 3, 67-84.

Chang, Y. H. & Yeh, C. H. (2001). Evaluating airline competitiveness using multiattribute decision marking. *Omega*, 29, 405-415.

Charnes, A., Cooper, W. W., & Rhodes, E. (1978). Measuring the efficiency of decision making units. *European Journal of Operations Research*, 2 (6), 429-444.

Charnes, A., Cooper, W. W., Sun, D. B., & Huang, Z. M. (1990). Polyhedral cone-ratio DEA models with an illustrative application to large commercial banks. *Journal of Econometrics*, 46, 73-91.

Charnes, A., Clark, C. T., Cooper, W. W., & Golany, B. (1985). A developmental study of data envelopment analysis in measuring the efficiency of maintenance units in the U. S. Air Force. *Annals of Operations Research*, 2, 95-112.

Charnes, A., Cooper, W. W., & Rhodes, E. (1978). Measuring the efficiency of decision making units. *European Journal of Operations Research*, 2(6), 429-444.

Charnes, A., Cooper, W. W., & Rhodes, E. (1979). Short communication: measuring the relative efficiency of decision making units. *European Journal of Operational Research*, 4, 339.

Charnes, A., Cooper, W. W., Golany, B., Seiford, L. M., & Stutz, J. (1985). Foundations of data envelopment analysis for Pareto-Koopmans efficient empirical production functions. *Journal of Econometrics*, 20, 91-107.

Charnes, A., Cooper, W. W., Huang, Z. M., & Sun, B. (1990). Polyhedral con-ratio DEA models with an illustrative application to large banks. *Journal of Econometrics*, 46, 73-91.

Charnes, A., Cooper, W. W., Seiford, L. M., & Stutz, J. (1982). A multiplicative model for efficiency analysis. *Socio-Economic Planning Sciences*, 16(5), 223-224.

Charnes, A., Cooper, W. W., Seiford, L. M., & Stutz, J. (1983). Invariant multiplicative efficiency and piece Cobb-Douglas envelopment, *Operations Research Letters*, 2, 101-103.

Charnes, A., Cooper, W. W., Sun, D. B., & Huang, Z. M. (1990). Polyhedral con-ratio DEA models with an illustrative application to large commercial banks. *Journal of Econometrics*, 46, 73-91.

Charnes, A., Cooper, W. W., Wei, Q. L., & Huang, Z. M. (1989). Cone ratio data envelopment analysis and multi-objective programming. *International Journal of Systems Science*, 30, 1099-1118.

Charnes, A., Cooper, W. W., & Rhodes, E. (1981). Data envelopment analysis as an approach for evaluating program and managerial efficiency-with an illustrative application to the program follow through experiment in U.S. public school education. *Management Science*, 27, 668-697.

Charnes, A., Gallegos, A., & Li, H. Y. (1996). Robustly efficient parametric frontiers via multiplicative DEA for domestic and international operations of the Latin American airline industry. *European Journal of Operational Research*, 88, 525-536.

Charnes, A., Lewin, A. Y., Cooper, W. W., & Seiford, L. M. (1994). *Data Envelopment Analysis: Theory, Methodology and Application*. Boston: Kluwer Academic

Publishers.

Chirikos, T. N. & Sear, A. M. (1994). Technical efficiency and the competitive behavior of hospitals. *Socio-Economic Planning Sciences*, 28(4), 219-227.

Chu, X., Fielding, G., & Lamar, B. (1992). Measure transit performance using data envelopment analysis. *Transpportation Research* A, 26a(3), 223-230.

Clarke, R. (1992). Evaluating USAF vehicle maintenance productivity over time: an application of data envelopment analysis. *Decision Sciences*, 23, 376-384.

Coelli, T. (1996). *A Guide to DEAP Version 2.1: A Data Envelopment Analysis (Computer)Program*. CEAP Working Paper.

Colbert, D., Levary, R. R., & Shaner, M. C. (2000). Determining the relative efficiency of MBA programs using dea. *European Journal of Operational Research*, 125, 656-669.

Cook, W. D., Kress, M., & Seiford, L. M. (1996). Data envelopment analysis in the presence of both quantitative and qualitative factors. *Journal of the Operational Research Society*, 47, 945-953.

Cooper, W. W., Deng, H., Gu, B., Li, S., & Thrall, R. M. (2001). Using dea to improve the management of congestion in Chinese industries (1981-1997). *Socio-Economic Planning Sciences*, 35, 227-242.

Cooper, W. W., Park, K. S., & Pastor, J. T. (1999). RAM: A range adjusted measure of inefficiency for use with additive models and relations to other models and measures in DEA. *Journal of Productivity Analysis*, 11, 5-42.

Cooper, W. W., Seiford, L. M., & Tone, K. (2000). *Data Envelopment Analysis —A Comprehensive Text with Models, Applications, References and DEA-Solver Software*. Boston: Kluwer Academic Publishers.

Deprins, D., Simar, L., & Tulkens, H. (1984). Measuring labor efficiency in post offices. In M. Marchand, P. Pestieau, and H. Tulkens (Eds.) *The Performance of Public Enterprises: Concepts and Measurement*. North Holland: Amsterdam, 243-267.

Dolye, J. & Green, R. (1991). Comparing products using data envelopment analysis. *Omega*, 19(6), 631-638.

Doyle, J. & Green, R. (1994). Efficiency and cross-efficiency in DEA: Derivations, meanings and uses. *Journal of Operational Research Society*, 45(5), 567-578.

Dyson, R. G. & Thanassoulis, E. (1988). Reducing the weight flexibility in data envelopment analysis. *Journal of Operational Research Society*, 39(6), 567-578.

Elango, B. & Meinhart, W. A. (1994). Selecting a flexible manufacturing system-A strategic approach. *Long Range Planning*, 27(3), 118-126.

Falkner, C. H. & Behajla, S. (1990). Multi-attribute decision models in the justification of CIM systems. *Engineering Economist*, 35(2), 91-114.

Färe, R. & Grosskopf, S. (1985). A nonparametric cost Approach to scale efficiency. *Scandinavian Journal of Economics*, 87(4), 594-604.

Färe, R., Grosskopf, S., & Lovell, C. A. K. (1985). *Measurement of Efficiency of Production*. Boston: Kluwer-Nijhoff Publishing Co., Inc.

Farrell, M. J. (1957). The measurement of productive efficiency. *Journal of Royal Statistical Society —Series A*, 120 (3), 253-290.

Farrell, M. J. & Fieldhouse, M. (1962). Estimating efficient production functions under increasing returns to scale. *Journal of Royal Statistical Society Series —Series A*, Part II, 252-267.

Ferrier G. D. & Valdmanis, V. (1996). Rural hospital performance and its correlates. *The Journal of Productivity Analysis*, 7, 63-68.

Finkler, M. D. & Whirtschafter, D. D. (1993). Cost-effectiveness and data envelopment analysis. *Health Care Management Review*, 18(3), 81-88.

Giokas, D. I. & Pentzaropoulos, G. C. (2000). Evaluating productive efficiency in telecommunications: Evidence from Greece. *Telecommunications Policy*, 24, 781-794.

Golany, B. & Roll, Y. (1989). An application procedure for DEA. *Omega*, 17(3), 237-250.

Griliches, Z. & Regev, H. (1995). Firm productivity in Israeli industry. *Journal of Econometrics*, 65, 175-203.

Grosskopf, T. W. & Valdmanis, V. (1987). Measuring hospital performance: A non-parametric approach. *Journal of Health Economics*, 6, 89-107.

Hämäläinen, R. P. & Lauri, F. (1995). *HIPRE3+ Decision Support Software*, Systems Analysis Laboratory, Helsinki University.

Hibiki, N. & Sueyoshi, T. (1999). DEA sensitivity analysis by changing a reference set: Regional contribution to Japanese Industrial Development. *Omega*, 27, 139-153.

Huang, Y. G. L. & McLaughlin, C. P. (1989). Relative efficiency in rural primary health care: An application of data envelopment analysis. *Health Services Research*, 24(2), 143-158.

Johnes, G. & Johnes, J. (1993). Measuring the research performance of UK economics departments: an application of data envelopment analysis. *Oxford Economic Papers*, 45, 332-347.

Johnes, G. & Johnes, J. (1995). Research funding and performance in U. K. university departments of economics: An frontier analysis. *Economic of Education Review*, 14(3), 301-314.

Kaplan, R. S. & Norton, D. P. (2001). *The Strategy-focused Organization: How Balanced Scorecard Companies Thrive in the New Business Environment (1st ed.)*. Boston Massachusetts: Harvard Business School Press.

Kao, C. (1994). Evaluation of junior colleges of Technology: The Taiwan case. *European Journal of Operational Research*, 72, 43-51.

Kerstens, K. (1996). Technical efficiency measurement and explanation of French urban transit companies. *Transportation Research, Part A*, 30(6), 431-452.

Khouja, M. (1995). The use of data envelopment analysis for technology selection. *Computers and Industrial Engineering*, 28(1), 123-132.

Kolli, S. & Parsaei, H. R. (1992). Multi-criteria analysis in the evaluation of advanced manufacturing technology using PROMETHEE. Paper presented at the 14th Conference of Computers and Industrial Engineering, Cocoa Beach, Florida.

Kolli, S., Wilhelm, M. R., Parsaei, H. R., & Lies, D. H. (1992). A classification scheme for traditional and non-traditional approaches to the economic justification of advanced automated manufacturing systems. In H. R. Parsaei (Eds.) *Economic and Financial Justification of Advanced Manufacturing Technologies*. Amsterdam: Elsevier Publishing, 165-187.

Korhonen, V., Tainio, R., & Wallenius, J. (2001). Value efficiency analysis of academic research. *European Journal of Operational Research*, 130, 211-132.

Kumbhakar, S. C., Hesmati, A., & Hjalmarsson, L. (1997). Temporal Patterns of technical efficiency: Results from competitive models. *International Journal of Industrial Organization*, 15, 597-616.

Lefley, F. (1996). Strategic methodologies of investment appraisal of AMT projects: a review and synthesis. *Engineering Economist*, 41, 345-363.

Linton, J. D. & Cook, W. D. (1998). Technology implementation: A comparative study of Canadian and U.S factories. *INFOR*, 36 (3), 142-150.

Lotfi, V. & Suresh, N. C. (1994). Flexible automation investments: a problem formulation and solution procedure. *European Journal of Operational Research*, 79, 383-404.

Luggen, W. W. (1994). *Fundamentals of Computer Numerical Control* (3rd Ed), Albany, NY: Delmar Publishers.

Lynch, J. R. & Ozcan, Y. A. (1994). Hospital closure: an efficiency analysis. *Hospital & Health Services Administration*, 39(2), 205-220.

Meredith, J. & Hill, M. M. (1987). Justifying new manufacturing systems: a managerial approach. *Sloan Management Review*, Summer, 258-271.

Meredith, J. & Suresh, N. C. (1986). Justification techniques for advanced manufacturing technologies. *International Journal of Production Research*, 24(5), 1043-1057.

Mohanty, P. R. & Venkataraman, S. (1993). Use of the analytic hierarchy process for selecting automated manufacturing systems. *International Journal of Operations and Production Management*, 13(8), 45-47.

Morey, R. C., Fine, D. J., & Loree, S. W. (1990). Comparing the allocative efficiencies of hospitals. *Omega*, 18, 71-83.

Myint, S. & Tabucanon, M. T. (1994). A multiple-criteria approach to machine selection for flexible manufacturing systems. *International Journal of Production*

Economics, 33, 121-131.

Nishimizu, M. & Page, J. M. (1982). Total factor productivity growth, technological progress and technical efficiency change: Dimensions of productivity change in Yugoslavia. *The Economic Journal*, 36, 920-936.

Nolan, J. F. (1996). Determinants of productive efficiency in urban transit. *Logistics and Transportation Review*, 32(3), 319-341.

Nunamaker, T. R. (1985). Using data envelopment analysis to measure the efficiency of non-profit organization: A critical evaluation. *Managerial and Decision Economics*, 26(1), 50-58.

Obeng, K. (1994). The economic cost of subsidy-induced technical Inefficiency. *International Journal of Transport Economics*, 551(1), 3-20.

Ozcan Y. A., Roice, D. L., & Haksaver, C. (1992). Ownership and organizational performance: a comparison of technical efficiency across hospital types. *Medical Care*, 30(9), 781-794.

Parkan, C. & Wu, M. L. (1999). Measuring the performance of operations of Hong Kong's manufacturing industries. *European Journal of Operational Research*, 118, 235-258.

Parsaei, H. R., Wilhelm, M. R., & Kolli, S. S. (1993). Application of outranking methods to economic and financial justification of CIM systems. *Computer and Industrial Engineering*, 25(4), 357-360.

Proctor, M. D. & Canada, J. R. (1992). Past and present methods of manufacturing investment evaluation: a review of the empirical and theoretical literature. *Engineering Economist*, 38(1), 1992: 45-58.

Puig-Junoy, J. (2000). Partitioning input cost efficiency into its allocative and technical components: An empirical dea application to hospital. *Socio-Economic Planning Sciences*, 34, 199-218.

Ray, S. C. & Hu, X. W. (1997). On the technically efficient organization of an industry：A study of U. S. airlines. *Journal of Productivity Analysis*, 8, 5-18.

Roll, Y., Golany, B., & Seroussy, D. (1989). Measuring the efficiency of maintenance units in the Israeli Air Force. *European Journal of Operational Research*, 43(2), 136-142.

Saaty, T. L. (1980). *The Analytic Hierarchy Process*. New York: McGraw-Hill.

Sarkis, J. (1992). The evolution to strategic justification of advanced manufacturing systems. In H. R. Parsaei (Eds.) *Economic and Financial Justification of Advanced Manufacturing Technologies.* Amsterdam: Elsevier Publishing, 141-163.

Sarkis, J. (1997). Evaluating flexible manufacturing systems alternatives using data envelopment analysis. *The Engineering Economist*, 43(1), 25-47.

Sarkis, J. & Liles, D. (1996). Using IDEF and QFD to develop an organizational decision support methodology for the strategic justification of computer integrated technologies. *The International of Project Management,* 13(3), 177-185.

Sarkis, J. & Lin, L. (1994). A general IDEF0 model for the strategic implement of CIM systems. *International Journal of Computer Integrated Manufacturing,* 7(2), 100-115.

Sarkis, J. & Talluri, S. (1996). Efficiency valuation and business process improvement through internal benchmarking. *Engineering Valuation and Cost Analysis,* 1, 43-54.

Sarkis, J. & Talluri, S. (1999). A decision model for evaluation of flexible manufacturing systems in the presence of both cardinal and ordinal factors. *International Journal of Production Research,* 37(13), 2927-2938.

Sarrico, C. S., Hogan, S. M., Dyson, R. G., & Athanassopoulous, A. D. (1997). Data envelopment analysis and university selection. *Journal of Operational Research Society,* 48(12), 1163-1177.

Schefczyk, M. (1993). Operational performance of airlines: an extension of traditional measurement paradigms. *Strategic Management Journal,* 14, 301-317.

Seifert, L. M. & Zhu, J. (1998). Identifying excesses and deficits in Chinese industrial productivity (1953-1990): A weighted data envelopment analysis approach. *Omega,* 26, 279-296.

Seiford, L. M. (1996). Data envelopment analysis: The evolution of the state of the art (1978-1995). *The Journal of Productivity Analysis,* 7, 99-137.

Sengupta, J. K. (1999). A dynamic efficiency model using data envelopment analysis. *International Journal of Production Economics,* 62, 209-218.

Sexton, T. R. (1986). The methodology of data envelopment analysis. In R. H. Silkman (Eds.), *Measuring Efficiency: An Assessment of Data Envelopment Analysis.* San Francisco: Jossey-Bass Publishers.

Sexton, T. R., Leiken, A. M., Nolan, A. H., Liss, S. Hogan, A., & Silkman, R. H. (1989b). Evaluating managerial efficiency of veterans administration medical centers using data envelopment analysis. *Medical Care,* 27(12), 1175-1188.

Sexton, T. R., Leiken, A. M., Sleeper, S., & Coburn, A. (1989a). The impact of prospective reimbursement on nursing home efficiency. *Medical Care,* 27(2), 154-163.

Sexton, T. R., Silkman, R. H., & Hogan, A. J. (1986). Data envelopment analysis: Critique and extensions. In R.H. Silkman (Eds.), *Measuring Efficiency: An Assessment of Data Envelopment Analysis.* San Francisco: Jossey-Bass Inc., Publishers, 73-105.

Shafer, S. & Bradford, J. W. (1995). Efficiency measurement of alternative machine component grouping solutions via data envelopment analysis. *IEEE Transaction on Engineering Management,* 42(2), 159-165.

Shang, J. & Sueyoshi, T. (1995). A unified framework for the selection of a flexible manufacturing system. *European Journal of Operations Research*, 85, 297-315.

Shephard, R. W. (1970). *Theory of Cost and Production Functions*. Princeton University Press, NJ.

Sherman, H. D. (1984). Hospital efficiency measurement and evaluation—empirical test of a new technique. *Medical Care*, 22(10), 922-938.

Siha, S. (1993). A decision model for selecting mutually exclusive alternative technologies. *Computers and Industrial Engineering*, 24(3), 459-475.

Simar, L. & Wilson, P. W. (1998). Sensitivity analysis of efficiency scores: how to bootstrap in nonparametric frontier models. *Management Science*, 44, 49-61.

Sinuany-Stern, Z., Mehrez, A., & Barboy, A. (1994). Academic department efficiency via dea. *Computers and Operations Research*, 21(5), 543-556.

Son, Y. K. (1992). A comprehensive bibliography on justification advanced manufacturing technologies. *Engineering Economics*, 38(1), 59-71.

Stam, A. & Kuula, M. (1991). Selecting a flexible manufacturing systems (FMS) using multiple criteria analysis. *International Journal of Production Research*, 29(5), 803-820.

Studit, E. F. (1995). Productivity measurement in industrial operations. *European Journal of Operational Research*, 85, 435-453.

Sueyoshi, T. (1999). DEA duality on returns to scale (RTS) in production and cost analysis: an occurrence of multiple solutions and differences between production-based and cost-based RTS estimates. *Management Science*, 45(11), 1593-1608.

Suresh, N. C. & Kaparthi, S. (1992). Flexible automation investments: A synthesis of two multi-objective modeling approaches. *Computers and Industrial Engineering*, 22(3), 257-272.

Sverre, A. C. & Finn, R. F. (1992). Efficiency analysis of Norwegian Courts. *The Journal of Productivity Analysis*, (3), 277-306.

Talluri, S. & Yoon, K. P. (2000). A cone-ratio DEA approach for AMT justification. *Internal Journal of Production Economics*, 66, 119-129.

Talluri, S., Huq, F., & Pinney, W. E. (1997). Application of data envelopment analysis for cell performance evaluation and process. *International Journal of Production Research*, 35(8), 1997: 2157-2170.

Talluri, S., Whiteside, M. M., & Seipei, S. (2000). A nonparametric stochastic procedure for FMS evaluation. *European Journal of Operational Research*, 124, 529-538.

Tambour, M. (1997). The impact of health care policy initiatives on productivity. *Health Economics*, 6, 57-70.

Thanassoulis, E. & Dyson, R. G. (1992). Estimating preferred input and output levels using data envelopment analysis. *European Journal of Operations Research*, 56,

80-97.

Thanassoulis, E., Boussofiane, A., & Dyson, R. G. (1995). Exploring output quality targets in the provision of prenatal care in England using DEA. *European Journal of Operations Research*, 80(3), 80-97.

Thompson, R. G., Dharmapala, P. S., & Rothenberg, L. J. (1996). DEA/AR efficiency and profitability of 14 major oil companies in U.S. exploration and production. *Computers and Operations Research*, 23(4), 357-373.

Thompson, R. G., Langemeier, L. N., Lee, C. H., Lee, E., & Thrall, R. M. (1990). The role of multiplier bounds in efficiency analysis with application to Kansas farming. *Journal of Econometrics*, 46, 93-108.

Thompson, R. G., Langemeier, L. N., Lee, C. H., Lee, E., & Thrall, R. M. (1986). Comparative site evaluations for locating high energy lab in Texas. *Interfaces*, 16, 1380-1395.

Thore, S., Kozmetsky, G., & Phillips, F. (1994). DEA of financial statements data: The U.S. computer industry. *The Journal of Productivity Analysis*, 5, 229-248.

Thore, S., Phillips, F., Rusfli, T. W., & Yue, P. (1996). DEA and the management of the product cycle: The U.S. computer industry. *Computers and Operations Research*, 23(4), 341-356.

Thyer, G. E. (1991). *Computer Numerical Control of Machine Tools* 2nd Ed. New York: Industrial Press, Inc.

Tofallis, C. (1997). Input efficiency profiling: An application to airlines. *Computers and Operations Research*, 24(3), 253-258.

Tomkins, C. & Green, R. (1988). An experiment in the use of data envelopment analysis for evaluating the efficiency of U.K. university department of accounting. *Financial Accountability Management*, 14(2), 147-164.

Tone, K. (1997). DEA with controllable category levels. *Proceedings of the 1997 Spring National Conference of the Operations Research Society of Japan*, 126-127.

Tone, K. (1993). *Data Envelopment Analysis* (in Japanese). Tokyo: JUSE Press, Ltd.

Tone, K. (1993). On DEA models. *Communications of the Operations Research Society of Japan*, 38, 34-40.

Tone, K. (1997). A slacks-based measure of efficiency in data envelopment analysis. Research Reports, Graduate School of Policy Science, Saitama University, Urawa, Saitama.

Tulkens, H. (1993). On FDH efficiency analysis: some methodological issues and applications to retail banking, courts, and urban transit. *The Journal of Productivity Analysis*, 4, 183-210.

Vivian, G. & Valdmanis, V. G. (1990). Ownership and technical efficiency of hospitals. *Medical Care*, 28(6), 552-561.

Wipper, L. R. (1994). Oregon Department of Transportation Steers Improvement with

Performance Measurement. *National Productivity Review*, Summer, 359-367.

Wu, Y. (1995). *The productive efficiency of Chinese iron and steel firms. Resources Policy*, 21(3), 215-222.

Wu, Y. (2000). Is China's economic growth sustainable? A productivity analysis. *China Economic Review*, 11, 278-296.

Youns, M. Y. & Hawdon, D. (1997). The efficiency of the National Electricity Board in Malysisa: An intercountry comparison using dea. *Energy Economics*, 19, 255-269.

Zhu, J. (1996). DEA/AR analysis of the 1988-1989 performance of the Najing textiles corporation. *Annals of Opeations Research*, 66. 311-335.

三、網站

中華徵信社，http://www.credit.com.tw/。
天下雜誌網站，http://www.cw.com.tw/。
行政院主計處全球資訊網，http://www.dgbasey.gov.tw/。
財政部暨期貨管理委員會全球資訊網，http://www.sfc.gov.tw/。

資料包絡分析法——理論與應用 商學叢書 34

著　　者☞ 孫遜

出 版 者☞ 揚智文化事業股份有限公司

發 行 人☞ 葉忠賢

總 編 輯☞ 林新倫

登 記 證☞ 局版北市業字第 1117 號

地　　址☞ 台北市新生南路三段 88 號 5 樓之 6

電　　話☞ （02）23660309

傳　　真☞ （02）23660310

劃撥帳號☞ 19735365　　戶名：葉忠賢

法律顧問☞ 北辰著作權事務所　蕭雄淋律師

印　　刷☞ 偉勵印刷事業股份有限公司

初版一刷☞ 2004 年 2 月

ＩＳＢＮ☞ 957-818-581-2

定　　價☞ 新台幣 550 元

E-mail☞ service@ycrc.com.tw

網　　址☞ http://www.ycrc.com.tw

本書如有缺頁、破損、裝訂錯誤，請寄回更換。

國家圖書館出版品預行編目資料

資料包絡分析法：理論與應用 ＝Data
envelopment analysis: theory and
applications / 孫遜著. – 初版. – 臺北
市：揚智文化, 2004[民 93]
面；　公分. – （商學叢書；34）
參考書目：面
ISBN　957-818-581-2（平裝）

1.管理科學

494.1　　　　　　　　　　　　92020332